Kaggleで勝つ
データ分析の技術

門脇大輔、阪田隆司、保坂桂佑、平松雄司 ● 著

技術評論社

●免責

記載内容について

本書に記載された内容は、情報の提供だけを目的としています。したがって、本書を用いた運用は、必ずお客様自身の責任と判断によって行ってください。これらの情報の運用の結果について、技術評論社および著者はいかなる責任も負いません。

本書に記載がない限り、2019年8月現在の情報ですので、ご利用時には変更されている場合もあります。

以上の注意事項をご承諾いただいた上で、本書をご利用願います。これらの注意事項をお読みいただかずにお問い合わせいただいても、技術評論社および著者は対処しかねます。あらかじめ、ご承知おきください。

商標、登録商標について

本書に登場する製品名などは、一般に各社の登録商標または商標です。なお、本文中に™、®などのマークは省略しているものもあります。

はじめに

はじめに

　データサイエンスの認知の高まりとともに、データ分析のコンペティションが多数開催されるようになってきました。最も有名なコンペティションプラットフォームであるKaggleにおけるプレイヤー数は10万人を越えており、データサイエンティストの多くが自分の腕を試すためにコンペティションに参加するようになっています。

　分析コンペでは、実際のデータを相手にするため、機械学習の書籍にはあまり載っていないような手法やテクニックが数多く活用されています。これらを理解し自身で使えるようにしておくことはコンペだけでなく、実務でのモデル構築において非常に役に立ちます。例えば、xgboostをはじめとする勾配ブースティング木のライブラリは、一般的には有名でなかったものの、コンペでの圧倒的な実績を通じて実務でも使われるようになってきました。また、多くの参加者がさまざまなアプローチでさまざまなデータセットの分析に取り組んでおり、その結果の良し悪しといった情報が共有されます。そのため、どのようなデータセットに対してどのようなテクニックが役立つのかの知見を得ることができるのも1つの魅力です。

　本書では、これらのテクニックや事例を多くの方に知っていただくために、現時点での最新のものを整理してまとめました。分析コンペにこれから参加してみたい方、あるいはもっと上を目指したい方にぜひ読んでいただけると幸いです。また、分析コンペのテクニックは実務にも役立つので、コンペに興味がない方もぜひご一読ください。

本書で何を扱うか

　本書は分析コンペで勝つための参考書を目指して執筆されました。なお、分析コンペのうち、テーブルデータと呼ばれる形式のデータを扱うコンペを対象としています。また、本書の記述内容は執筆時点の2019年8月の状況に基づいています。

　予測対象やモデルの評価指標などの問題設定が明確に与えられた中で、精度の高い

モデルを作るためにはどうしたらよいか、何に気をつけたらよいか、という観点から執筆しました。また、分析コンペにおいて一般的に注意しなければならないことをできるだけ網羅するように解説すると同時に、過去の上位入賞者が用いたテクニックも多数紹介し、精度改善のヒントが得られるよう努めました。

すべての最適化問題に対して万能なアルゴリズムは存在しないように、本書で紹介するテクニックがどのコンペでも通用するわけではありません。むしろ、あるコンペで有効だったテクニックが他のコンペで有効でないことはよくあります。このような背景もあるため、精度を上げる可能性のある道具やヒントとなる可能性のある事柄を多数紹介するスタンスをとっています。また、「AUTHOR`S OPINION」では、手法がよく使われる/あまり使われない、役に立つ/役に立たないといった点に言及していますが、問題やデータによって有効な手法は異なり、役に立たないとした手法が活躍する場面もあることに留意ください。

説明において数式はあまり使わず、言葉、コードや表を主に用いるようにしました。分析のためのプログラミング言語はPythonを前提とし、例示するコードはすべてPythonで記述されています。コードはGitHubで公開しています。

本書で何を扱わないか

機械学習応用のビジネス的な側面、例えば分析目的が……問題設定が……顧客との連携が……といった話はしません。また、機械学習の理論的な面は他の書籍にゆずり、分析手法のアルゴリズムや理論的側面はあまり細かく説明しません。ただし、分析コンペでは有用であるにもかかわらず、一般的にはそれほど説明されていない手法については一部詳細に説明しています。モデルの精度を上げるために重要な、各手法の得意・不得意といった特性については可能な限り言及するよう努めています。また、テーブルデータを対象とするため、画像、音声、自然言語などのデータを扱うテクニックの詳細までは取り扱いません。

対象読者

本書は分析コンペに参加している方、これから参加しようとする方を対象として書かれています。しかし、分析コンペに限らず一般的に役立つ内容を含んでおり、予測モデルを作成してデータ分析を行う方に広く参考になるでしょう。特に、特徴量の作り方、バリデーション、パラメータチューニングなどについて、一般的な書籍ではあ

まり言及されない暗黙知やポイントについても記述しています。

また、本書では、以下の基本的な知識は前提として、特に解説していません。

- Pythonとそのパッケージ（numpy、pandas、scikit-learn）の使い方
- 機械学習の基本的な考え方
- 微分や行列演算の基本的な考え方

とはいえ、できる限り文章によって説明し、一部の知識が欠けていても読み進められるように努めています。また、一部の章で数式を記載していますが、本文での解説を読んで理解できれば、数式自体は読み飛ばしていただいても構いません。

本書の構成と読み方

本書は以下の構成となっています。

- 第1章 分析コンペとは？
- 第2章 タスクと評価指標
- 第3章 特徴量の作成
- 第4章 モデルの作成
- 第5章 モデルの評価
- 第6章 モデルのチューニング
- 第7章 アンサンブル

各章の内容は関連する部分もありますが、どの章からでも読み始められるように、他の章にあまり依存しないよう努めました。各章では基本的な内容から、小さな精度改善を求める細かな内容まで説明しています。また、他の章の内容を知っているとより理解が深まる部分もあります。そのため、隅々まで理解しようとするよりは、まずは流し読みしながら興味のある部分のみ深く読むことをお勧めします。また、分析コンペに参加する中でヒントを得るために読み返したり、気になる点を事典的に参照する読み方も良いでしょう。

手法が有用かどうかの評価などは正しい答えがあるわけではなく、経験や感覚による部分もあるため、「AUTHOR'S OPINION」として筆者の意見を記述しています（KaggleのIDのイニシャルで誰の意見かを明示しています。(T)：門脇大輔、(J)：阪

田隆司、(H):保坂桂佑、(M):平松雄司、(N):山本祐也です)。また、各章の記述の流れから外れる情報について、「INFORMATION」として記述しています。

　資料を注釈で適宜提示するとともに、分析コンペ全般や各章の参考になる資料は付録「A.1 分析コンペの参考資料」「A.2 参考文献」に記載しています。分析コンペのURLは「A.3 本書で参照した分析コンペ」でまとめて記載しています。

サンプルコード

　本書のサンプルコードは、https://github.com/ghmagazine/kagglebookで公開しています。Pythonおよび主なライブラリのバージョンについて、Python 3.7、numpy 1.16.2、pandas 0.24.2、scikit-learn 0.21.2で動作確認をしています。

　本書のサンプルコードにおいては、以下のようにモジュールのimportやデータの読み込みが行われているものとします。

　まず、numpy、pandasモジュールが以下のように読み込まれているものとします。

```
import numpy as np
import pandas as pd
```

　また、特に説明がない場合は、学習データ、学習データの目的変数、テストデータが以下のように読み込まれているものとします。これらのデータは二値分類タスクを想定したものとなっています。

- 学習データ train_x
  pandasのDataFrameで、行数は学習データのレコード数、列数は特徴量の数
- 学習データの目的変数 train_y
  pandasのSeriesで、行数は学習データのレコード数
- テストデータ test_x
  pandasのDataFrameで、行数はテストデータのレコード数、列数は特徴量の数

　学習データとテストデータを読み込むコードは以下のとおりです。

```
# train_xは学習データ、train_yは目的変数、test_xはテストデータ
train = pd.read_csv('../input/sample-data/train.csv')
train_x = train.drop(['target'], axis=1)
```

```
train_y = train['target']
test_x = pd.read_csv('../input/sample-data/test.csv')
```

一部の章では、学習データをさらに学習データとバリデーションデータに分けたものを使用することもあります（バリデーションについては、5章で説明しています）。

- 学習データ tr_x
- 学習データの目的変数 tr_y
- バリデーションデータ va_x
- バリデーションデータの目的変数 va_y

学習データを学習データとバリデーションデータに分けるコードは以下のとおりです。

```
from sklearn.model_selection import KFold

# KFoldクロスバリデーションによる分割の1つを使用し、学習データとバリデーションデータに分ける
kf = KFold(n_splits=4, shuffle=True, random_state=71)
tr_idx, va_idx = list(kf.split(train_x))[0]
tr_x, va_x = train_x.iloc[tr_idx], train_x.iloc[va_idx]
tr_y, va_y = train_y.iloc[tr_idx], train_y.iloc[va_idx]
```

謝辞

本書の作成にあたり以下の方々にご協力いただき、より良い本とするための大きな助けとなりました。この場を借りて感謝申し上げます。

- 全般の議論への参加、2章の一部の執筆、およびレビューいただきました、山本祐也さん
- コードについて丁寧にレビューいただきました、本橋智光さん
- ニューラルネットの記述などの議論に参加いただき、またレビューいただきました、山本大輝さん
- 「3.13.3 KaggleのInstacart Market Basket Analysis」の記述にご協力いただきました、小野寺和樹さん
- 「3.13.4 KDD Cup 2015」の記述にご協力いただきました、加藤亮さん
- レビューいただきました、株式会社ディー・エヌ・エーの野上大介さん、半田豊和さん、山川要一さん、大西克典さん、奥村エルネスト純さん、加納龍一さん、林俊宏さん

目 次

第1章 分析コンペとは?   1

1.1 分析コンペって何?   2
- 1.1.1 何をするものか 2
- 1.1.2 予測結果の提出と順位表（Leaderboard）................. 3
- 1.1.3 チームでの参加 5
- 1.1.4 入賞賞金・特典 6

1.2 分析コンペのプラットフォーム   7
- 1.2.1 Kaggle 8
- 1.2.2 Rankings（ランキング・称号制度）....................... 9
- 1.2.3 Kernel 11
- 1.2.4 Discussion 15
- 1.2.5 Datasets 16
- 1.2.6 API 19
- 1.2.7 Newsfeed 23
- 1.2.8 開催された分析コンペの種類と具体例 24
- 1.2.9 分析コンペのフォーマット 26

1.3 分析コンペに参加してから終わるまで   29
- 1.3.1 分析コンペに参加 29
- 1.3.2 規約に同意 30
- 1.3.3 データをダウンロード 31
- 1.3.4 予測値の作成 31
- 1.3.5 予測値の提出 32
- 1.3.6 Public Leaderboardをチェック 32
- 1.3.7 最終予測値を選ぶ 33
- 1.3.8 Private Leaderboardをチェック 34

1.4 分析コンペに参加する意義   35
- 1.4.1 賞金を得る 35

- 1.4.2 称号やランキングを得る ... 35
- 1.4.3 実データを用いた分析の経験・技術を得る ... 38
- 1.4.4 データサイエンティストとのつながりを得る ... 39
- 1.4.5 就業機会を得る ... 39

1.5 上位を目指すためのポイント 40

- 1.5.1 タスクと評価指標 ... 40
- 1.5.2 特徴量の作成 ... 42
- 1.5.3 モデルの作成 ... 44
- 1.5.4 モデルの評価 ... 44
- 1.5.5 モデルのチューニング ... 47
- 1.5.6 アンサンブル ... 48
- 1.5.7 分析コンペの流れ ... 49
- COLUMN 計算リソース ... 51

第2章 タスクと評価指標 53

2.1 分析コンペにおけるタスクの種類 54

- 2.1.1 回帰タスク ... 54
- 2.1.2 分類タスク ... 55
- 2.1.3 レコメンデーション ... 56
- 2.1.4 その他のタスク ... 57

2.2 分析コンペのデータセット 59

- 2.2.1 テーブルデータ ... 59
- 2.2.2 外部データ ... 60
- 2.2.3 時系列データ ... 60
- 2.2.4 画像や自然言語などのデータ ... 61

2.3 評価指標 62

- 2.3.1 評価指標(evaluation metrics)とは ... 62
- 2.3.2 回帰における評価指標 ... 63
- 2.3.3 二値分類における評価指標〜正例か負例かを予測値とする場合 ... 67
- 2.3.4 二値分類における評価指標〜正例である確率を予測値とする場合 ... 72
- 2.3.5 多クラス分類における評価指標 ... 78

2.4 評価指標と目的関数　　87

- 2.3.6 レコメンデーションにおける評価指標 84

2.4.1 評価指標と目的関数の違い 87
2.4.2 カスタム評価指標とカスタム目的関数 87

2.5 評価指標の最適化　　90

2.5.1 評価指標の最適化のアプローチ 90
2.5.2 閾値の最適化 91
2.5.3 閾値の最適化をout-of-foldで行うべきか? 92
COLUMN out-of-foldとは? 94
2.5.4 予測確率とその調整 95

2.6 評価指標の最適化の例　　98

2.6.1 balanced accuracyの最適化 98
2.6.2 mean-F1における閾値の最適化 99
2.6.3 quadratic weighted kappaにおける閾値の最適化 100
2.6.4 カスタム目的関数での評価指標の近似によるMAEの最適化 101
2.6.5 MCCのPR-AUCによる近似とモデル選択 103

2.7 リーク (data leakage)　　107

2.7.1 予測に有用な情報が想定外に漏れている意味でのリーク 107
2.7.2 バリデーションの枠組みの誤りという意味でのリーク 109

第3章　特徴量の作成　　111

3.1 本章の構成　　112

3.2 モデルと特徴量　　114

3.2.1 モデルと特徴量 114
3.2.2 ベースラインとなる特徴量 115
3.2.3 決定木の気持ちになって考える 116

3.3 欠損値の扱い　　117

3.3.1 欠損値のまま取り扱う 118
3.3.2 欠損値を代表値で埋める 118

3.3.3 欠損値を他の変数から予測する 119
3.3.4 欠損値から新たな特徴量を作成する 120
3.3.5 データ上の欠損の認識 121

3.4 数値変数の変換 123

3.4.1 標準化（standardization） 123
COLUMN データ全体の数値を利用して変換を行うときに、学習データのみを使うか、テストデータも使うか 124
3.4.2 Min-Maxスケーリング 126
3.4.3 非線形変換 127
3.4.4 clipping 130
3.4.5 binning 132
3.4.6 順位への変換 132
3.4.7 RankGauss 133

3.5 カテゴリ変数の変換 136

3.5.1 one-hot encoding 137
3.5.2 label encoding 139
3.5.3 feature hashing 141
3.5.4 frequency encoding 142
3.5.5 target encoding 142
3.5.6 embedding 151
3.5.7 順序変数の扱い 152
3.5.8 カテゴリ変数の値の意味を抽出する 152

3.6 日付・時刻を表す変数の変換 153

3.6.1 日付・時刻を表す変数の変換のポイント 153
3.6.2 日付・時刻を表す変数の変換による特徴量 156

3.7 変数の組み合わせ 160

3.8 他のテーブルの結合 163

3.9 集約して統計量をとる 166

3.9.1 単純な統計量をとる 167
3.9.2 時間的な統計量をとる 168
3.9.3 条件を絞る 169
3.9.4 集計する単位を変える 169

3.9.5	ユーザ側でなく、アイテム側に注目する	169

3.10 時系列データの扱い　　171

3.10.1	時系列データとは?	171
3.10.2	予測する時点より過去の情報のみを使う	176
3.10.3	ワイドフォーマットとロングフォーマット	177
3.10.4	ラグ特徴量	179
3.10.5	時点と紐付いた特徴量を作る	183
3.10.6	予測に使えるデータの期間	187

3.11 次元削減・教師なし学習による特徴量　　189

3.11.1	主成分分析（PCA）	189
3.11.2	非負値行列因子分解（NMF）	190
3.11.3	Latent Dirichlet Allocation（LDA）	191
3.11.4	線形判別分析（LDA）	192
3.11.5	t-SNE、UMAP	193
3.11.6	オートエンコーダ	195
3.11.7	クラスタリング	196

3.12 その他のテクニック　　197

3.12.1	背景にあるメカニズムから考える	197
3.12.2	レコード間の関係性に注目する	199
3.12.3	相対値に注目する	201
3.12.4	位置情報に注目する	201
3.12.5	自然言語処理の手法	202
3.12.6	自然言語処理の手法の応用	204
3.12.7	トピックモデルの応用によるカテゴリ変数の変換	204
3.12.8	画像特徴量を扱う手法	205
3.12.9	decision tree feature transformation	205
3.12.10	匿名化されたデータの変換前の値を推測する	206
3.12.11	データの誤りを修正する	206

3.13 分析コンペにおける特徴量の作成の例　　208

3.13.1	Kaggleの「Recruit Restaurant Visitor Forecasting」	208
3.13.2	Kaggleの「Santander Product Recommendation」	209
3.13.3	Kaggleの「Instacart Market Basket Analysis」	211
3.13.4	KDD Cup 2015	212
3.13.5	分析コンペにおけるその他のテクニックの例	214

第4章　モデルの作成　　217

4.1 モデルとは何か？　　218
4.1.1 モデルとは何か？　　218
4.1.2 モデル作成の流れ　　218
4.1.3 モデルに関連する用語とポイント　　226

4.2 分析コンペで使われるモデル　　229

4.3 GBDT（勾配ブースティング木）　　232
4.3.1 GBDTの概要　　232
4.3.2 GBDTの特徴　　234
4.3.3 GBDTの主なライブラリ　　235
4.3.4 GBDTの実装　　235
4.3.5 xgboostの使い方のポイント　　236
4.3.6 lightgbm　　238
4.3.7 catboost　　241
COLUMN xgboostのアルゴリズムの解説　　243

4.4 ニューラルネット　　247
4.4.1 ニューラルネットの概要　　247
4.4.2 ニューラルネットの特徴　　249
4.4.3 ニューラルネットの主なライブラリ　　250
4.4.4 ニューラルネットの実装　　250
4.4.5 kerasの使い方のポイント　　251
4.4.6 参考になるソリューション - 多層パーセプトロン　　254
4.4.7 参考になるソリューション - 最近のニューラルネットの発展　　255

4.5 線形モデル　　256
4.5.1 線形モデルの概要　　256
4.5.2 線形モデルの特徴　　257
4.5.3 線形モデルの主なライブラリ　　257
4.5.4 線形モデルの実装　　258
4.5.5 線形モデルの使い方のポイント　　259

4.6 その他のモデル　260

- 4.6.1 k近傍法（k-nearest neighbor algorithm、kNN） ... 260
- 4.6.2 ランダムフォレスト（Random Forest、RF） ... 260
- 4.6.3 Extremely Randomized Trees（ERT） ... 262
- 4.6.4 Regularized Greedy Forest（RGF） ... 262
- 4.6.5 Field-aware Factorization Machines（FFM） ... 263

4.7 モデルのその他のポイントとテクニック　265

- 4.7.1 欠損値がある場合 ... 265
- 4.7.2 特徴量の数が多い場合 ... 265
- 4.7.3 目的変数に1対1で対応するテーブルでない場合 ... 265
- 4.7.4 pseudo labeling ... 266
- COLUMN　分析コンペ用のクラスやフォルダの構成 ... 267

第5章　モデルの評価　271

5.1 モデルの評価とは？　272

5.2 バリデーションの手法　273

- 5.2.1 hold-out法 ... 273
- 5.2.2 クロスバリデーション ... 275
- 5.2.3 stratified k-fold ... 277
- 5.2.4 group k-fold ... 278
- 5.2.5 leave-one-out ... 279

5.3 時系列データのバリデーション手法　281

- 5.3.1 時系列データのhold-out法 ... 281
- 5.3.2 時系列データのクロスバリデーション（時系列に沿って行う方法） ... 282
- 5.3.3 時系列データのクロスバリデーション（単純に時間で分割する方法） ... 284
- 5.3.4 時系列データのバリデーションの注意点 ... 285
- 5.3.5 Kaggleの「Recruit Restaurant Visitor Forecasting」 ... 287
- 5.3.6 Kaggleの「Santander Product Recommendation」 ... 287

5.4 バリデーションのポイントとテクニック　290

- 5.4.1 バリデーションを行う目的 ... 290

5.4.2	学習データとテストデータの分割をまねる	291
5.4.3	学習データとテストデータの分布が違う場合	294
5.4.4	Leaderboardの情報を利用する	296
5.4.5	バリデーションデータやPublic Leaderboardへの過剰な適合	299
5.4.6	クロスバリデーションのfoldごとに特徴量を作り直す	300
5.4.7	使える学習データを増やす	302

第6章　モデルのチューニング　305

6.1　パラメータチューニング　306

6.1.1	ハイパーパラメータの探索手法	306
6.1.2	パラメータチューニングで設定すること	309
6.1.3	パラメータチューニングのポイント	310
6.1.4	ベイズ最適化でのパラメータ探索	311
6.1.5	GBDTのパラメータおよびそのチューニング	315
COLUMN	xgboostの具体的なパラメータチューニングの方法	318
6.1.6	ニューラルネットのパラメータおよびそのチューニング	321
COLUMN	多層パーセプトロンの具体的なパラメータチューニングの方法	322
6.1.7	線形モデルのパラメータおよびそのチューニング	326

6.2　特徴選択および特徴量の重要度　328

6.2.1	単変量統計を用いる方法	329
6.2.2	特徴量の重要度を用いる方法	333
6.2.3	反復して探索する方法	338

6.3　クラスの分布が偏っている場合　341

COLUMN	ベイズ最適化およびTPEのアルゴリズム	343

第7章　アンサンブル　355

7.1　アンサンブルとは？　356

7.2　シンプルなアンサンブル手法　357

7.2.1	平均、加重平均	357

7.2.2 多数決、重みづけ多数決 ... 358
7.2.3 注意点とその他のテクニック ... 358

7.3 スタッキング　360

7.3.1 スタッキングの概要 ... 360
7.3.2 特徴量作成の方法としてのスタッキング ... 363
7.3.3 スタッキングの実装 ... 364
7.3.4 スタッキングのポイント ... 365
7.3.5 hold-outデータへの予測値を用いたアンサンブル ... 369

7.4 どんなモデルをアンサンブルすると良いか？　371

7.4.1 多様なモデルを使う ... 371
7.4.2 ハイパーパラメータを変える ... 372
7.4.3 特徴量を変える ... 372
7.4.4 問題のとらえ方を変える ... 373
7.4.5 スタッキングに含めるモデルの選択 ... 373

7.5 分析コンペにおけるアンサンブルの例　375

7.5.1 Kaggleの「Otto Group Product Classification Challenge」 ... 375
7.5.2 Kaggleの「Home Depot Product Search Relevance」 ... 377
7.5.3 Kaggleの「Home Credit Default Risk」 ... 378

付　録　383

A.1 分析コンペの参考資料　384
A.2 参考文献　387
A.3 本書で参照した分析コンペ　395

索引 ... 399

著者プロフィール ... 406

第1章

分析コンペとは?

1.1　分析コンペって何?
1.2　分析コンペのプラットフォーム
1.3　分析コンペに参加してから終わるまで
1.4　分析コンペに参加する意義
1.5　上位を目指すためのポイント

1.1 分析コンペって何？

近年、データ分析の腕を競うデータ分析コンペティション（以下、分析コンペ）が多数開催され、話題を呼んでいます。本章では、分析コンペがどんなものかを紹介します。

1.1.1 何をするものか

分析コンペでは、主催者から与えられたデータを用いて、データの各レコードに紐づくラベルや値を予測する分析技術を競います。この予測するラベルや値を目的変数と呼びます。また、各レコードには目的変数を予測するために使うことができるさまざまな値が含まれます。これらの値を特徴量[注1]と呼びます。例えば、あるWebサービスのユーザが、1か月以内に有料の機能を利用するかどうかを予測する問題を考えてみます（図1.1）。この場合、1か月以内に有料機能を利用するかどうかの0か1のフラグが目的変数です。会員の年齢や性別、過去のサービス利用履歴などが特徴量となるでしょう。

ユーザID	年齢	性別	（その他のユーザ属性）	1か月以内の有料機能利用
1	M	42	…	0
2	F	34	…	1
3	M	5	…	1
…	…	…	…	…
999	M	10	…	0
1000	F	54	…	0

（特徴量：年齢、性別、その他のユーザ属性／目的変数：1か月以内の有料機能利用）

図1.1　目的変数と特徴量

主催者からは、予測モデルを作成するための学習データと、予測対象となるテストデータが与えられます（図1.2）。学習データには特徴量と目的変数が含まれ、この

注1　変数や説明変数と呼ぶこともあります。与えられたデータの列そのままの場合には変数や説明変数と呼び、加工を行うなどしてモデルへの入力とする場合には特徴量と呼ぶことが多いようですが、本書ではこれらの名称を特に区別せずに用います。

特徴量と目的変数の関係を学習するために用いられます。テストデータには特徴量のみが含まれ、目的変数は分からないようになっています。参加者は学習データをモデルに学習させ、学習したモデルでテストデータに対する予測を行います。そのテストデータの予測値を真の値にどれくらい近付けられたかで順位が決まります。その近さを測る評価指標はコンペによってさまざまで、その値をスコアと呼びます。評価指標の種類については、「2.3 評価指標」で詳しく説明します。

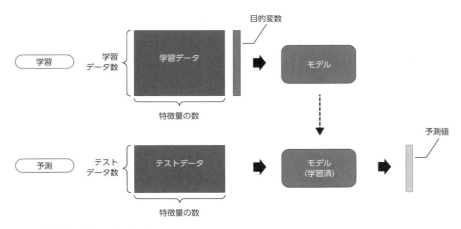

図1.2　学習データとテストデータ

　コンペで出題される問題の内容をタスクと呼びます。タスクにはさまざまな種類があり、予測する対象や与えられるデータが異なります。例えば、表形式のデータの各レコードに対して数値を予測するタスクや、画像に対してどのカテゴリに属するものかを予測するタスクなどがあります。出題されるタスクの種類については、2章で詳しく説明します。

1.1.2 予測結果の提出と順位表（Leaderboard）

　コンペ期間中に参加者はテストデータの予測値を提出できます。そうすると、予測値に対するスコアが表示されます。多くの場合、表示されるのはテストデータの一部を用いたスコアで、最終的な順位を決めるスコアではありませんが、目安としては活用できます。最終的な順位は残りのテストデータによって決められます。

　なぜこのようになっているかというと、モデルは未知のデータを正しく予測するためのものですので、コンペ期間中に表示されるスコアに過剰に適合したモデルがその

まま勝ってしまわないようにするためです。また、表示されるスコアを過剰に活用できないように、予測値の提出には1日ごとの回数制限があります。

また、順位表（Leaderboard）が用意されます。後述する分析コンペのプラットフォームのKaggleでは、テストデータの一部を用いたスコアに基づく順位表がPublic Leaderboardとして公開されます（図1.3）。Public Leaderboardは、それまでの予測値の最高スコアで順位付けしています。この順位を見て、モチベーションにしたり、他の参加者とのスコアの差を考察して戦略に役立てたりすることができます。

コンペ期間が終わるまでに、最終提出する予測値を選択します。最終的な順位は選択した予測値に基づいて決まります。

コンペ期間が終わったあと、Public Leaderboardでの評価に使われなかった残りのテストデータに基づくPrivate Leaderboardが公開され（図1.4）、これが最終的な順位表となります。分析コンペによっては、Public LeaderboardとPrivate Leaderboardの順位が大きく入れ替わるshake upと呼ばれる事象が起こります。参加者はshake upによって順位が下がらないよう、Private Leaderboardの対象のデータを適切に予測するモデルを作らなくてはなりません。

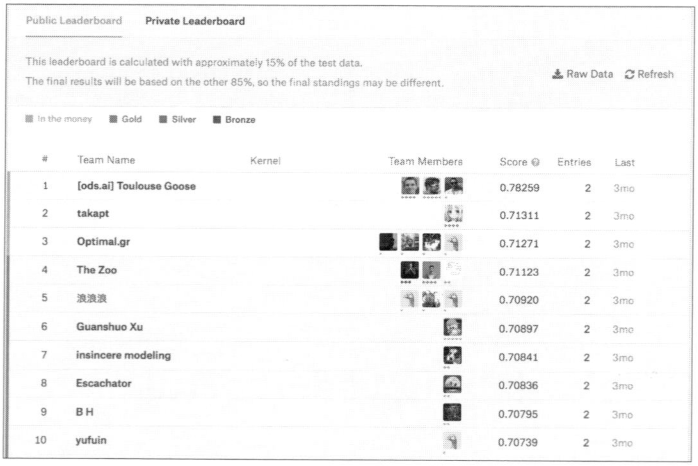
Public Leaderboard　Private Leaderboard

This leaderboard is calculated with approximately 15% of the test data.
The final results will be based on the other 85%, so the final standings may be different.

Raw Data　Refresh

In the money　Gold　Silver　Bronze

#	Team Name	Kernel	Team Members	Score	Entries	Last
1	[ods.ai] Toulouse Goose			0.78259	2	3mo
2	takapt			0.71311	2	3mo
3	Optimal.gr			0.71271	2	3mo
4	The Zoo			0.71123	2	3mo
5	浪浪浪			0.70920	2	3mo
6	Guanshuo Xu			0.70897	2	3mo
7	insincere modeling			0.70841	2	3mo
8	Escachator			0.70836	2	3mo
9	B H			0.70795	2	3mo
10	yufuin			0.70739	2	3mo

図1.3　Public Leaderboard [注2]

注2 「Public Leaderboard」https://www.kaggle.com/c/quora-insincere-questions-classification/leaderboard

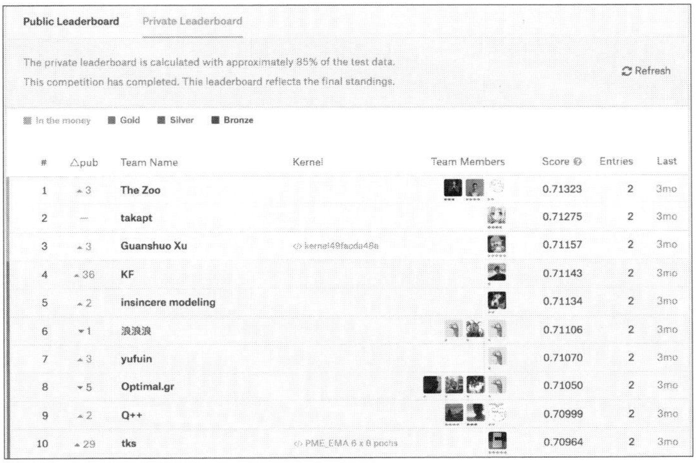

Public Leaderboard　Private Leaderboard

The private leaderboard is calculated with approximately 85% of the test data.
This competition has completed. This leaderboard reflects the final standings.

Refresh

In the money　Gold　Silver　Bronze

#	△pub	Team Name	Kernel	Team Members	Score	Entries	Last
1	▲3	The Zoo			0.71323	2	3mo
2	—	takapt			0.71275	2	3mo
3	▲3	Guanshuo Xu	</> kernel49facda48a		0.71157	2	3mo
4	▲36	KF			0.71143	2	3mo
5	▲2	insincere modeling			0.71134	2	3mo
6	▼1	浪浪浪			0.71106	2	3mo
7	▲3	yufuin			0.71070	2	3mo
8	▼5	Optimal.gr			0.71050	2	3mo
9	▲2	Q++			0.70999	2	3mo
10	▲29	tks	</> PME_EMA 6 x 8 pochs		0.70964	2	3mo

図1.4　Private Leaderboard[注3]

INFORMATION

コンペ期間の終了時刻は日本時間以外のタイムゾーンを基準に設定されることがあるので注意しましょう。例えばKaggleでは、ほとんどのコンペでUTCのタイムゾーンを基準に終了時刻が設定されており、日本時間とは9時間のずれがあります。

1.1.3 チームでの参加

コンペによっては、複数の参加者が1つのチームを作って参加することが許可されていることがあります。Kaggleでは、ほとんどのコンペにおいてチームでの参加が許可されています。チームを作ることはチームマージと呼ばれています。個人でコンペに参加したあと、他の参加者に対してチームを組むリクエストを出し、相手に承認されればチームマージができます。

チームメンバーごとに別々の考え方に基づいて特徴量やモデルを作っている場合には、各メンバーが作ったモデルの予測値の平均をとるなどの単純なアンサンブルを行うだけでもスコアが伸びることも多いです。また、チームの中でお互いの知見を共有したり、新しいアイデアを出し合うことで、1人では考えつかなかった手法を試みることができるかもしれません。このような背景もあり、Kaggleにおいてはコンペの終盤に上位入賞を目指して多くのチームマージが行われることがあります。

注3「Private Leaderboard」https://www.kaggle.com/c/quora-insincere-questions-classification/leaderboard

Kaggleで開催されたHome Credit Default Riskでは、アンサンブルの効果が大きいコンペだったこともあり、多くのチームマージが行われました。上位16位まではすべて複数人で構成されるチームとなっており、10名以上の人が属するチームも複数ありました。このコンペ以降、チームの人数の上限が5名に制限されるようになったようです。

なおKaggleでは、チームマージによって予測値を提出できる回数が増えて有利になることがないように、2つのチームの予測値の提出回数の和が（1日の提出回数上限）×（コンペ期間日数）を超える場合、それらのチームをマージすることはできないように制限されています。そのため毎日上限いっぱいまで予測値を提出しているとマージできる相手が限られてきますので、チームマージを考えている場合には注意しましょう。

1.1.4 入賞賞金・特典

分析コンペでは、上位に入賞するとさまざまな特典があります。最も一般的なのは入賞賞金で、概ね上位3位まで〜上位10位までが賞金の対象となります。賞金額は数万円程度から、大規模な分析コンペでは数千万円になることもあります。

また、コンペ主催企業の求人に対するインタビューを受ける機会が与えられることもあります。その他にも、グラフィックボード（GPU）やタブレット端末といった製品がもらえたり、学会で発表する権利を与えられることがあります。

1.2 分析コンペのプラットフォーム

分析コンペを開催するための機能・環境を提供する、分析コンペのプラットフォームがいくつか存在します。

分析コンペのプラットフォームは以下のような機能・環境を備えており、分析コンペの主催者はこれらを自前で用意することなくコンペを開催できます。

- 参加者がデータをダウンロードできる
- 予測値を提出すると、自動的に採点する
- 順位表（Leaderboard）
- スクリプト実行環境（後述のKaggleのKernelなど）
- 掲示板（後述のKaggleのDiscussionなど）

参加者は分析コンペのプラットフォームを訪れることで、さまざまなコンペの情報を得られ、その中から自分の好きなコンペを選んで参加できます。

最近は大きい分析コンペはこういったプラットフォームで開催されることが多いです。データマイニング、機械学習、人工知能に関する国際学会に付随して開催される分析コンペもこれらのプラットフォームを使って行われることがあります。

2019年8月時点では、以下の分析コンペのプラットフォームがよく知られています。

- Kaggle
    - https://www.kaggle.com/
    - 最もよく知られた分析コンペのプラットフォーム
    - これまでに賞金があるコンペが250個近く開催されてきた
    - 世界中の企業や省庁、研究機関がコンペを開催
- SIGNATE（旧OPT DataScienceLab）
    - https://signate.jp/
    - 国産のプラットフォーム
    - これまでに賞金があるコンペが40個近く開催されてきた
    - 国内の企業や省庁、研究機関がコンペを開催

- TopCoder
    - https://www.topcoder.com/
    - プログラミングコンテストのプラットフォームだが、分析コンペも開催される

ここまでは分析コンペについて一般的な視点から紹介してきましたが、プラットフォームとして存在感の大きいKaggleを中心に紹介していきます。

1.2.1 Kaggle

Kaggleは分析コンペのプラットフォームとして最もよく知られており、今までに多くのコンペが開催されてきました。常時いくつかの賞金付き分析コンペが開催されており、5～10個程度の賞金のないコンペも開催されています（図1.5）。

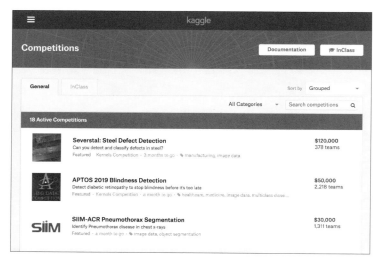

図1.5　Kaggleで開催されているコンペの一覧[注4]（2019年8月時点）

Kaggleは、前述した分析コンペを開催するにあたり必要となる基本的な機能（参加者にデータを提供する機能、提出された予測値に対して自動的に採点する機能、Leaderboardを表示する機能など）を備えているだけでなく、補助的な機能も充実しています。補助的な機能としては、次が挙げられます。

注4　https://www.kaggle.com/competitions

- ランキング・称号制度（Rankings）
- クラウド上のデータ分析環境（Kernel）
- 情報交換できる掲示板（Discussion）
- データセットを公開する機能（Datasets）
- プログラミング言語からKaggleにアクセスできるAPI（API）
- 個人ごとにカスタマイズされたさまざまなトピックが表示される機能（Newsfeed）

これらについて順に解説していきます。

1.2.2 Rankings（ランキング・称号制度）

Kaggleでは、ランキング・称号制度があります（図1.6）。ランキング・称号制度は以下のカテゴリごとに設定されています。

- Competition（分析コンペでの成績に与えられる）
- Kernel（良いKernelの公開に与えられる）
- Discussion（良いDiscussionの投稿に与えられる）

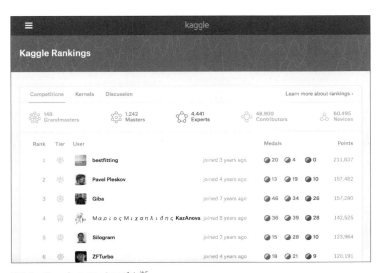

図1.6　Kaggleのランキング表[注5]

注5　https://www.kaggle.com/rankings

ランキング制度では、コンペの順位やKernel、DiscussionにおけるVote（賛成票、SNSにおけるいいねのようなもの）の獲得数に基づきポイントが与えられ、ポイント数により順位づけされます。過去の実績に対してはその古さに応じて徐々にポイントが少なくなっていくしくみのため、昔活躍していた人でも、Kaggleでの活動が少なくなると順位が下がってきます。

称号制度では、コンペで上位に入ったり、Kernel、Discussionの投稿に対して他のユーザが一定数以上Voteした場合にメダルを獲得できます。メダルには金、銀、銅の種類があり、上位のメダルほど獲得の条件が厳しくなっています。メダルを一定数以上獲得することで称号を得ることができます。

称号はCompetition、Kernel、Discussionのカテゴリごとに取得できます。また、称号には以下の5つの位があり、上位の称号を取得することが参加者の1つのモチベーションになっています。

- Novice
- Contributor
- Expert
- Master
- Grandmaster

例えば、CompetitionのカテゴリでMasterの条件を満たした場合、Kaggle Competitions Masterの称号を得ることができます。ランキングや称号について、より詳しくは「Kaggle Progression System」[注6]を参照してください。

カテゴリとして参加者から最も関心を持たれているのはCompetitionでしょう。中でもKaggle Competitions Master、Kaggle Competitions Grandmasterの称号を得ることは大きな価値として認知されています。

とはいえ、KernelやDiscussionにおける称号の取得は容易ではありませんし、これらのカテゴリにおいて称号を取得することをモチベーションとしている人も多くいるでしょう。例えば2018年6月には、heads or tails氏が初めてKaggle Kernels Grandmasterの称号を取得し、Kaggleによるインタビュー記事[注7]が公開されるなど話題となっていました。

注6　https://www.kaggle.com/progression
注7　http://blog.kaggle.com/2018/06/19/tales-from-my-first-year-inside-the-head-of-a-recent-kaggle-addict/

1.2.3 Kernel

Kernel[注8]は、クラウド上で計算や可視化のコードを実行できる環境です（図1.7）。

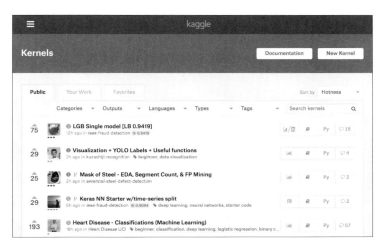

図1.7　Kernelのトップページ[注9]

コンペで提供されたデータを分析して可視化したり、予測値を作成してコンペに提出したりできます。コンペと無関係なデータの分析もできます。

また、Kernelは分析のコードを共有するための場所にもなっており、作者が公開の設定をすると他の人も見ることができます。公開されたコードにはVoteすることができ、一定数以上のVoteを得ると上述のメダルを獲得できます。

公開されたコードの中には、初心者向けの基本的なポイントが押さえられたものがあり、分析のテクニックを学ぶことができるでしょう。また、コンペ中にテクニックや発見・考察が含まれたコードが共有されることがあります。Kaggleにおいてはコンペに関する知見をプライベートにチーム外で共有することが禁止されており、コンペ参加者が平等にその知見に触れられるよう、KernelやDiscussionを用いて知見を共有しなければならないルールがあります。そのため、参加しているコンペに関して、他の参加者が公開した知見が知りたい場合には、基本的にKernelおよびDiscussionを見ておけば良いでしょう。

注8　執筆時点（2019年8月）でNotebooksという名称に変わっていますが、ランキング・称号制度などで引き続きKernelと呼ばれているため、本書ではKernelという名称で説明します。
注9　https://www.kaggle.com/kernels

> **INFORMATION**
> Kernelの使い方を簡単に紹介します。

コードの作成

コードを作成する方法には以下の3つがあります。

- Kernelのトップページから新規作成する

    Kernelのトップページから「New Kernel」を選択すると、コードやデータソースが空の状態のものを作成できます（図1.8）。コンペと関係ないデータを使うなど、自由に分析したい場合にはこの方法を使うと良いでしょう。あとからコンペのデータソースを追加して、コンペのための分析をすることも可能です。

    図1.8　Kernelのトップページからのコードの作成[注10]

- コンペのデータを分析するコードを新規作成する

    コンペのデータを分析するコードを作成する場合には、コンペのトップページのKernelsタブから「New Kernel」を選択します（図1.9）。データソースにあらかじめコンペのデータが追加されています。

    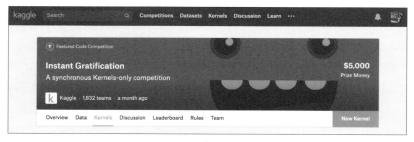

    図1.9　コンペのデータを分析するコードの作成[注11]

- 公開されたコードを自分用にコピーする

    公開されたコードのページから、「Copy and Edit」を選択します（図1.10）。公開され

注10 https://www.kaggle.com/kernels
注11 https://www.kaggle.com/c/instant-gratification/kernels

ているのと同じ内容を含むコードが作成されます。

図1.10　公開されたコードのコピー[注12]

　言語はPythonとRが選べます。新規作成する場合にはScriptとNotebookの選択肢があり、Scriptではコードを、NotebookではJupyter Notebookを実行できます。モデルの学習や予測値を提出するときはScript、対話的なデータ分析やデータ可視化のときはNotebookを選ぶと良いでしょう。いずれかを選ぶとKernelの実行画面に移動します。

コードの編集と対話的実行

　Kernelの実行画面ではコードエディタや、対話的にコード断片を実行できるコンソールなどを使いながら、コードを作成できます（図1.11）。

図1.11　Kernelの実行画面

注12 https://www.kaggle.com/rsakata/gmm-with-target-perfect-pred-random-shuffle/

コードのCommit

Kernelの実行画面右上の「Commit」を選択することで、コードがバージョン付きで保存されるとともに、コード全体が再度実行されます。実行結果のファイルをコンペで提出したい場合や、コードを公開したい場合にはCommitしておく必要があります。

コードはCommitを行わなくても、作成中のドラフト版として定期的に保存されています。そのため、作成を中断する際にコードを一時保存するためにCommitする必要はありません。

実行結果の確認

Commitされ、実行が完了したコードには、コードやその実行結果を閲覧するためのページが作成されます（図1.12）。

図1.12　コードの実行結果を閲覧するページ

予測値の提出

コードの中で予測値を計算し、ファイルとして書き出しておくことで、コンペに提出できます。コードの実行結果を閲覧するページのOutputセクションから該当ファイルを選択し、「Submit to Competiton」を選択します（図1.13）。

図1.13 予測値の提出[注13]

> ○ **INFORMATION**
>
> Kernelには、計算時間やメモリに制限があることなど、いくつか注意すべきこともあります。2019年8月時点では、以下のような制限があります。
>
> - 9時間の実行時間
> - 5GBのディスク容量
> - 16GBの一時的なディスク容量
>
> CPUのみとGPUがあるインスタンスが選択できます。
>
> - CPUのみのインスタンス
>   - 4コアのCPU
>   - 16GBのメモリ
> - GPUがあるインスタンス（GPUはNVIDIA Tesla P100）
>   - 2コアのCPU
>   - 13GBのメモリ
>
> Kernelに関するその他の情報は、Kaggleのドキュメント[注14]にまとまっています。

1.2.4 Discussion

Discussionは、分析コンペの内容に関わる議論をする掲示板です。
コンペ期間中には以下のような内容についての活発な議論が行われます。

- 初心者からの質問
- ルールに関する質問
- 知見や手法についての議論

注13 Kernel を自分用にコピーしたページでないと「Submit to Competition」のボタンは現れません。
注14 https://www.kaggle.com/docs/kernels#technical-specifications

コンペ期間終了後には、上位入賞者が自身の解法を書き込み、他の参加者から多数の質問が出て議論が盛り上がります。解法については手法のポイントが簡潔に記述される場合が多いですが、コードが共有される場合もあります。知見が多数共有されるため、特に自分が参加した分析コンペではチェックすると勉強になるでしょう。

DiscussionにはKaggle公式のスレッドと、参加者が作成したスレッドがあります（図1.14）。Kaggle公式のスレッドの中には、コンペ主催者からコンペ参加者に向けたメッセージや、Kaggle公式メンバーからスムーズにコンペに取り組むために見ておくと良いKernel（スターターカーネルと呼ばれます）の紹介、特殊なコンペにおける補足事項などが書き込まれます。参加者が見逃さないよう、公式のスレッドはDiscussionのページの先頭に表示されるようになっています。重要な情報を含んでいることが多いので、公式のスレッドにはできるだけ目を通しておくと良いでしょう。

Kernelと同様に、Discussionの投稿内容やコメントに対してVoteができ、一定数以上のVoteを得るとメダルを獲得できます。

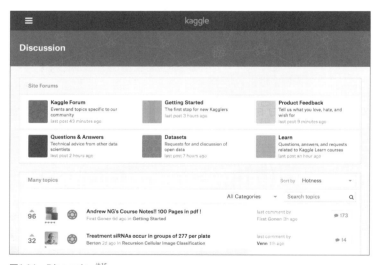

図1.14　Discussion[注15]

1.2.5 Datasets

Kaggleには分析コンペに関する機能以外に、Kaggle Datasetsというデータセットを共有するための機能があります（図1.15）。Kaggleのアカウントを持っていれば、

注15 https://www.kaggle.com/discussion

誰でもKaggle Datasets上にデータセットを追加・公開したり、他のユーザが公開したデータセットをダウンロードできます。データセットのプレビューを確認するだけならKaggleのアカウントは不要です。

データセットはファイル名や付与されたタグで検索し、次の順に並べ替えることができます。

- Hotness
- Votes数
- 登録日時
- 更新日時

データのHotnessはデータの新しさとデータへのVotesなどに基づいて算出される指標で、新しく登録され注目されつつあるデータセットや、長い期間安定して注目を集めているデータセットのHotnessが高くなります。タグはデータの所有者が付けたデータセットのトピックで、データ自体の種類や、どんなタスクに関係するのかを表します。また、多くのデータセットではライセンスが明記されており、どのようにデータを活用できるかがすぐ分かるようになっています。

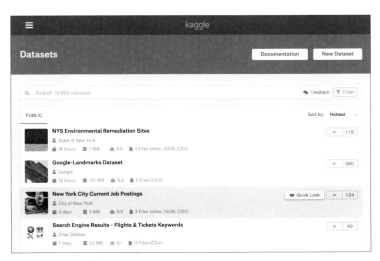

図1.15　Datasets[注16]

注16 https://www.kaggle.com/datasets

データセットを公開したいユーザは、Webサイト上または後述のAPIからデータを
アップロードします。アップロードするだけで、プレビューやデータエクスプローラ
の機能により、データの内容、統計量、カテゴリの一覧などが確認できる状態になり
ます（図1.16）。

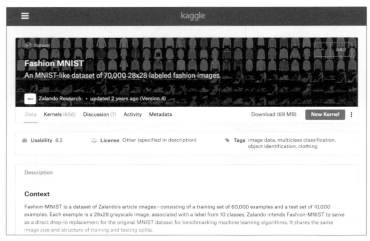

図1.16　データセットのプレビュー画面[注17]

データセットに含めるデータのフォーマットは、一般性が高くツールに依存せずア
クセスしやすい以下の形式が推奨されています。

- csv
- json
- sqlite
- アーカイブ（zip、7zなど）
- BigQuery Dataset

これらのフォーマットでアップロードしておけば、上述のデータのプレビューや
データエクスプローラが使用できます。他のフォーマットでのアップロードも可能で
すが、この場合プレビューやデータエクスプローラが使えない場合があります。また、
マイナーなフォーマットの場合には、Kernelでその形式のデータをどう扱うかを公開

注17 https://www.kaggle.com/zalando-research/fashionmnist

することが推奨されています。

データの所有者は、適切なユーザがデータを検索しやすくなるよう、タグ付けができます。公開のデータセット以外に非公開のデータセットを作成することもできます。

1.2.6 API

Kaggleの機能にアクセスできるPythonのライブラリが公開されています（図1.17）。これを用いることで、Webサイトを訪れることなく、さまざまな処理を自動化したりCUIで実行したりできます。Kaggleに慣れていない方はAPIを使う必要はありませんが、簡単に紹介しておきます。

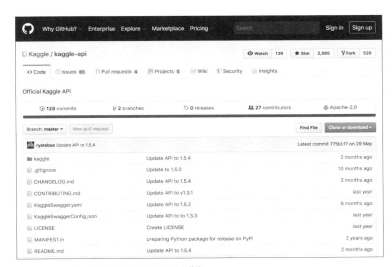

図1.17 Kaggle APIのGitHubリポジトリ[注18]

注18 https://github.com/Kaggle/kaggle-api

このライブラリは以下のような機能を持っています（2019年8月時点）。

- 分析コンペ関連情報の取得
    - 分析コンペ一覧の取得
    - 分析コンペ用に公開されたファイル一覧の取得
    - 分析コンペ用に公開されたファイルのダウンロード
    - 予測値の提出
    - これまでに提出した予測値一覧の取得
    - Leaderboardの取得
- オープンデータセット関連情報の取得
    - データセット一覧の取得
    - データセットのファイル一覧の取得
    - データセットのファイルのダウンロード
    - データセットの公開
    - データセットの新しいバージョンの作成
    - データセット公開用のローカル環境構築
    - データセットのメタデータの取得
    - データセット公開状況の取得
- Kernel関連情報の取得
    - Kernel一覧の取得
    - Kernel公開用のローカル環境構築
    - Kernelのファイルのアップロード
    - Kernelのファイルのダウンロード
    - Kernelの出力の取得
    - Kernelの実行状況の取得

INFORMATION

APIを使う手順は以下のとおりです。

APIをインストールする

Pythonのパッケージマネージャであるpipを用いて、以下のコマンドによりAPIをインストールできます[注19]。

```
pip install kaggle
```

APIトークンをダウンロードする

APIを使うためには、Kaggleにユーザ登録し、APIトークンをダウンロードする必要があります。Kaggleへのユーザ登録の説明はここでは省略します。

Kaggleのトップページの右上のユーザアイコンをクリックし、「My Account」を選択します（図1.18）。

図1.18　KaggleトップページのMy Accountメニュー

移動したMy Account画面の下の方にある、APIセクションの「Create New API Token」ボタンをクリックします（図1.19）。

図1.19　My Account画面のAPIセクション

注19 お使いの環境にpipコマンドがインストールされていない場合、コマンドをインストールする必要があります。pipコマンドのインストールについては https://docs.python.org/ja/3.7/library/ensurepip.html#command-line-interface を参考にしてください。

すると、kaggle.jsonというファイルが自動的にダウンロードされます。このファイルがAPIトークンです。

APIトークンを設置する

ダウンロードしたAPIトークンを環境内の適切なディレクトリに配置する必要があります。LinuxやmacOSなどのOSでは ~/.kaggle/kaggle.json に、Windowsでは C:\Users\<ユーザ名>\.kaggle\kaggle.json にファイルを移動します。LinuxやmacOSなどのOSでは、ターミナルから以下のコマンドを実行することでファイルを移動できます。

```
# ディレクトリがない可能性があるので作成する
mkdir ~/.kaggle
# ファイルを移動する
mv <ダウンロード先のパス> ~/.kaggle/kaggle.json
```

APIトークンのファイル権限を制限する[20]

APIトークンがあれば、Kaggleのホームページへログインせずにさまざまな機能を利用できるので、自分以外の人が使える状態になっていると危険です。ここではAPIトークンのファイルが自分自身からしか読み込めないように、ファイルの権限を制限します。ターミナルから以下のコマンドを実行して権限を制限できます。

```
chmod 600 ~/.kaggle/kaggle.json
```

ファイルの権限が正しく設定されていないと、APIのコマンドを実行したときにエラーが出て実行ができないため、注意してください。

コンペの一覧を取得してみる

それでは、実際にコンペの一覧を取得してみましょう。以下のコマンドを実行してみてください。

```
kaggle competitions list
```

コンペ終了日が遅い順に20件のコンペが表示されます。以下に、執筆時点での結果を示します。

注20 この手順は Linux や macOS でのみ必要です。Windows を使っている方は読み飛ばして構いません。

```
ref                                              deadline             category         reward    teamCount  userHasEntered
------------------------------------------------ -------------------  ---------------  --------  ---------  --------------
digit-recognizer                                 2030-01-01 00:00:00  Getting Started  Knowledge      3010           False
titanic                                          2030-01-01 00:00:00  Getting Started  Knowledge     11342           False
house-prices-advanced-regression-techniques      2030-01-01 00:00:00  Getting Started  Knowledge      4749           False
imagenet-object-localization-challenge           2029-12-31 07:00:00  Research         Knowledge        38           False
competitive-data-science-predict-future-sales    2019-12-31 23:59:00  Playground       Kudos          3223            True
recognizing-faces-in-the-wild                    2019-08-01 23:59:00  Playground       Knowledge       185           False
two-sigma-financial-news                         2019-07-15 23:59:00  Featured         $100,000       2927           False
aerial-cactus-identification                     2019-07-08 23:59:00  Playground       Knowledge       681           False
jigsaw-unintended-bias-in-toxicity-classification 2019-06-26 23:59:00 Featured         $65,000        2329           False
data-science-for-good-city-of-los-angeles        2019-06-21 23:59:00  Analytics        $15,000           0           False
instant-gratification                            2019-06-20 23:59:00  Featured         $5,000          745           False
imaterialist-fashion-2019-FGVC6                  2019-06-10 23:59:00  Research         Kudos           166           False
inaturalist-2019-fgvc6                           2019-06-10 23:59:00  Research         Kudos           198           False
freesound-audio-tagging-2019                     2019-06-10 11:59:00  Research         $5,000          753           False
iwildcam-2019-fgvc6                              2019-06-07 23:59:00  Playground       Kudos           291           False
imet-2019-fgvc6                                  2019-06-04 23:59:00  Research         Kudos           474           False
LANL-Earthquake-Prediction                       2019-06-03 23:59:00  Research         $50,000        4365           False
landmark-recognition-2019                        2019-06-03 23:59:00  Research         $25,000         281           False
landmark-retrieval-2019                          2019-06-03 23:59:00  Research         $25,000         144           False
tmdb-box-office-prediction                       2019-05-30 23:59:00  Playground       Knowledge      1335           False
```

細かな使い方を知るには、APIのリポジトリにあるドキュメントを読むか、以下のコマンドで表示されるヘルプを確認してみてください。

```
kaggle -h
```

1.2.7 Newsfeed

Newsfeedは、ユーザごとにカスタマイズされたさまざまなトピックが流れてくるページです（図1.20）。ユーザの好みを学習してトピックをおすすめしてくれるほか、自分自身がフォローした話題、Kernel、ユーザなどの情報も流れてくるようになっています。

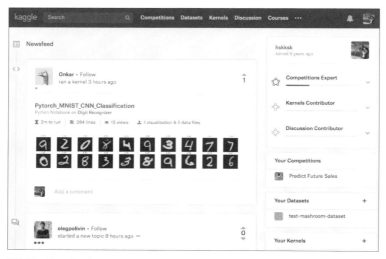

図1.20　Newsfeed

1.2.8 開催された分析コンペの種類と具体例

以下のような種類の分析コンペが開催されています。

- 企業主催の賞金や特典がある分析コンペ
    - 企業が自社のデータを一部秘匿化の上公開し、企業のサービスに関連するものを予測させるコンペ
    - データセットや予測対象に企業の特色が現れる
    - 海外企業の主催が多いが、日本企業が主催するものもある
- 研究機関主催の賞金や特典がある分析コンペ
    - 研究機関が持つデータを公開して行われるコンペ
    - 環境や医療などの社会的に重要なテーマに関するものもある
- 賞金のない分析コンペ
    - オープンなデータセットを用いた賞金のないコンペ
    - 分析入門者向けや新しい手法を試すなど自由な目的で参加できるものがある

以降では、過去に開催された特徴的なコンペをいくつか紹介します。

1.2 分析コンペのプラットフォーム

日本の企業が開催した分析コンペ

日本の企業が開催した分析コンペを紹介します（表1.1）。

表1.1 日本の企業が開催した分析コンペ

名称	主催	開催期間	開催プラットフォーム	使用データ	タスク	賞金総額	参加チーム数
RECRUIT Challenge Coupon Purchase Prediction	Recruit Institute of Technology（現Megagon Labs）	2015/7/16 〜 2015/10/1	Kaggle	ポンパレというクーポンの共同購入サイトのデータ	過去データから、将来のある期間に各ユーザの購入するクーポンを当てる	5万ドル	1076チーム
FR FRONTIERファッション画像における洋服の「色」分類	ファーストリテイリング	2017/4/28 〜 2017/7/17	SIGNATE	ユニクロが持つ商品の服画像	服の画像から、その服の色カテゴリ(全24種)を当てる	150万円	572チーム
東京電力需要予測コンテスト	東京電力ホールディングス	2017/6/26 〜 2017/9/9	TEPCO CUUSOO	過去数年間の電力需要データ、気象データ	過去データから、将来のある期間の1時間単位の電力需要を当てる	300万円	100チーム以上
Mercari Price Suggestion Challenge	メルカリ	2017/11/22 〜 2018/2/21	Kaggle	メルカリにおける商品の説明文、カテゴリ、ブランド名などのデータ	商品の情報からその販売価格を当てる	10万ドル	2384チーム

賞金の大きかった分析コンペ

続いて、賞金が大きかった分析コンペを紹介します（表1.2）。

表1.2 賞金の大きかった分析コンペ

名称	主催	開催期間	開催プラットフォーム	使用データ	タスク	賞金総額	参加チーム数
Passenger Screening Algorithm Challenge	アメリカの国土安全保障省	2017/6/22 〜 2017/12/15	Kaggle	旅行者の写真	体の17箇所の部位それぞれにセキュリティ脅威があるかを当てる	150万ドル	149チーム
Zillow Prize: Zillow's Home Value Prediction(Zestimate)	Zillow	2017/5/24 〜 2019/1/15	Kaggle	不動産物件の情報	中古不動産の売買価格を当てる	120万ドル	3779チーム
Data Science Bowl 2017	ブーズ・アレン・ハミルトン	2017/1/12 〜 2017/4/12	Kaggle	肺のレントゲン画像	肺のレントゲン画像が肺がん患者の画像かどうかを当てる	100万ドル	394チーム
Heritage Health Prize	Heritage Provider Network	2011/4/4 〜 2013/4/4	Kaggle	患者の情報	その患者が次の年に病院で過ごす日数を当てる	50万ドル	1353チーム

25

参加者の多かった分析コンペ

参加者が多かった分析コンペを紹介します（表1.3）。

表1.3 参加者の多かった分析コンペ

名称	主催	開催期間	開催プラットフォーム	使用データ	タスク	賞金総額	参加チーム数
Santander Customer Transaction Prediction	Santander Bank	2019/2/14 〜 2019/4/11	Kaggle	銀行の顧客の情報	顧客がトランザクションを行うかどうかを当てる	6万5千ドル	8802チーム
Home Credit Default Risk	Home Credit Group	2018/5/18 〜 2018/8/30	Kaggle	信用調査機関のデータやクレジットカードの収支など	顧客がローンを返済できるかを当てる	7万ドル	7190チーム
Porto Seguro's Safe Driver Prediction	Porto Seguro	2017/9/30 〜 2017/11/30	Kaggle	自動車保険加入者の情報	翌年に自動車保険金申請を行うかどうかを当てる	2万5千ドル	5163チーム
Santander Customer Satisfaction	Santander Bank	2016/3/3 〜 2016/5/3	Kaggle	銀行の顧客の情報	顧客が銀行のサービスに満足しているかどうかを当てる	6万ドル	5122チーム

1.2.9 分析コンペのフォーマット

コンペの中には、何を解答として提出するか、コンペの最終順位を決めるテストデータがいつ公開されるかでルールが異なるものがあります。Kaggleではこれらのルールをコンペのフォーマットと呼んでいます。

提出物

- 通常のコンペ（予測値を提出するコンペ）
  予測値を提出するコンペは、Kaggleにおいて標準的なフォーマットであり、最も初期から用いられています。学習データ、テストデータなどをダウンロードし、自分の環境やKernelなど自由な環境でモデルを学習させ、テストデータに対する予測値を出力し、その予測値を含むファイルを提出します。

- カーネルコンペ（コードを提出するコンペ）
  カーネルコンペは、Kaggleにおいては2016年末以降開催されるようになった新しいフォーマットで、予測値ではなくKernel上に記述したコードを提出物とします。2016年末のTwo Sigma Financial Modelingが初めてで、それ以降徐々にカーネルコンペの割合が増えてきています。

カーネルコンペでは、Kernelにコードを記述して提出すると、Kernel上の計算リソースを用いて学習や予測が行われ、その予測値に基づいてスコアが計算されます。以下

のような注意点があります。コンペごとに制限事項が異なることが多いので、ルールを確認するようにしてください。

- Kernel上でコードを実行する際のCPUとGPUの使用時間、メモリの量に制限がある
- 学習と予測のいずれもKernel上で行わなければならないコンペと、予測のみKernel上で行わなければならないコンペがある（後者のコンペの場合には、自分の環境で作成したモデルのバイナリファイルやウェイトをアップロードし、予測時に使用することができる）

> **INFORMATION**
>
> カーネルコンペは、以下のような良い点・悪い点があります。
>
> - 参加者全員が同じ制限のもとで予測値を提出しなければならないため、参加者の計算環境の差が反映されにくい
> - 計算リソースが限定されているため、学習や予測の速度と精度のバランスをとることが求められる。また、過度のアンサンブルが起こりにくい
> - 時系列データの予測について、日々新規のデータが与えられるオンラインでの予測を行うタスクが出題可能となる
> - 別途モデルやそれを再現するコードを提出しなくても良く、主催者がそのまま実務に活かしやすい
> - 提出したコードをそのまま最終的な評価用のテストデータに適用すれば良いので、後述の2ステージコンペが行いやすい
> - Kernelの不安定さや、時間やメモリの制限に悩まされることがある

テストデータが公開されるタイミング

- 通常のコンペ
  コンペに参加すると、学習データとともにテストデータにアクセスできます。目的変数は分からないのですが、テストデータの性質やそれに対する予測値のスコアの一部（=Public Leaderboard）をある程度確認しながらモデルを作成できます。

- 2ステージ制のコンペ
  コンペが第1ステージと第2ステージに分かれていて、第2ステージで初めて、最終的な評価用のテストデータにアクセスできるようになります。最近の2ステージコンペでは、第1ステージの終了時点でコードやモデルをKaggleにアップロードしておく必要が

あり、以降のコードやモデルの修正が禁止されることが多いです。第1ステージの段階では最終的な評価用のテストデータやそれに対する予測値のスコアが見えない中、それらを上手く予測できるモデルを作成する必要があります。

> **INFORMATION**
>
> 2ステージ制のコンペは、以下のような良い点・悪い点があります。
>
> - テストデータに対するスコアを過度に参考にして学習・予測に活用することを抑止できる
> - 半教師あり学習[注21]を用いてテストデータをモデル学習に活用することを抑止できる
> - 画像データのタスクなどで、目視してテストデータの予測値を与えるといった不正を抑止できる
> - 主催者が意図しない情報がデータに入ってしまった場合のリスクが少なくなる（リークと呼ばれ、「2.7.1 予測に有用な情報が想定外に漏れている意味でのリーク」で説明します）
> - 第1ステージ終了後にアップロードしたコードでソリューションが再現できないといったトラブルが起きやすい傾向がある[注22]

注21 目的変数があるデータだけでなく、目的変数がないデータについてもモデルの学習に活用する手法
注22 https://fujii.github.io/2018/05/11/kaggle-two-step-competition/

1.3 分析コンペに参加してから終わるまで

Kaggleを例として分析コンペに参加してから終わるまでの流れを紹介します。賞金のないPlaygroundコンペの1つである「Predict Future Sales」で解答を提出してみます。なお、以下で示すKaggleのWebページは2019年8月時点でのスクリーンショットであり、今後変化する可能性があります。

1.3.1 分析コンペに参加

分析コンペの解説ページの右上に「Join Competition」ボタンがありますので、それをクリックしてコンペに参加します（図1.21）。

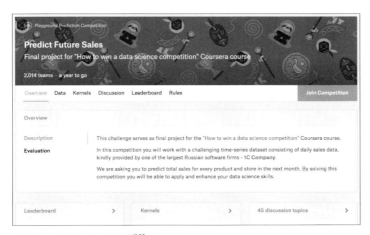

図1.21　分析コンペへの参加[注23]

注23 https://www.kaggle.com/c/competitive-data-science-predict-future-sales

1.3.2 規約に同意

どの分析コンペにも規約・ルールが存在します（図1.22）。コンペに参加するためにはこれに同意する必要があります。主に以下のようなルールがあります。

- 複数のアカウントを保持することの禁止
- 1日の提出回数の制限
- チームを組むことの可否とチームメンバー数の制限
  チームメンバー数に上限がある場合があります。コンペによるため確認すると良いでしょう。
- private sharing[注24]の禁止
- 外部データ[注25]の使用可否
  外部データは使用できないルールであることが多いですが、コンペによるため確認すると良いでしょう。

規約やルールを守らないとコンペ参加者から除外されたり、入賞時の賞金の権利が得られない可能性があるので気をつけましょう。

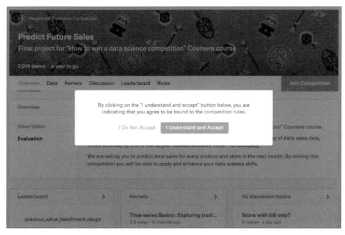

図1.22　規約に同意する

注24 チームメンバー以外に、Kaggle の Kernel や Discussion 以外の場所で、コードなどを共有すること
注25 コンペ主催者が提供したデータ以外のデータ

1.3.3 データをダウンロード

分析コンペに参加するとデータをダウンロードできるようになります。「Download All」のボタンをクリックしてデータをダウンロードしましょう（図1.23）。先に紹介したAPIを使ってダウンロードすることもできます。

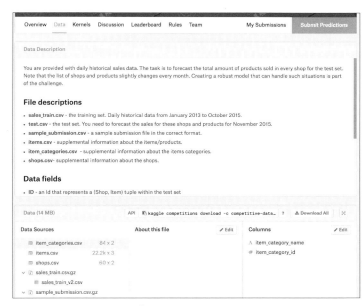

図1.23　データのダウンロード[注26]

1.3.4 予測値の作成

ダウンロードしたデータを使ってモデルを作り、予測値を作成します。予測値を作成する流れについては「1.5 上位を目指すためのポイント」で説明するので、そちらを参考にしてください。

注26 https://www.kaggle.com/c/competitive-data-science-predict-future-sales/data

1.3.5 予測値の提出

配布されるデータに必ず提出するファイルのサンプルが入っているので、これと同じ形式のファイルを作ります。sample_submission.csvといった名前のファイルです。作成したファイルを提出用画面から提出します（図1.24）。1日に提出できる予測値の数には制限があることが多いためよく考えて提出しましょう。

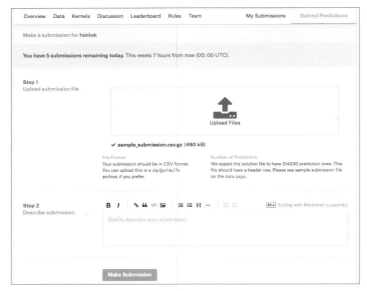

図1.24 予測値の提出[注27]

1.3.6 Public Leaderboardをチェック

予測値を提出したら、自分の順位をLeaderboardで確認します（図1.25）。テストデータの一部を用いた評価となっていて最終順位とは異なりますが、目安として活用できます。Public Leaderboardの順位を適度に参考にしながらも、Public Leaderboardの評価対象のデータに過剰に適合しすぎないように注意してスコアの改善を行っていきましょう。

注27 https://www.kaggle.com/c/competitive-data-science-predict-future-sales/submit

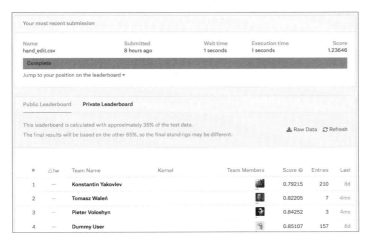

図1.25　Public Leaderboard[注28]

1.3.7 最終予測値を選ぶ

分析コンペの終了が近づいたら、最終評価のために使う予測値を選びます（図1.26）。いずれかの予測値の「Use for Final Score」にチェックを入れます。2つまで選ぶことができます。自分で選ばなかった場合には、Public Leaderboardのスコアが高いものが自動的に選ばれます。

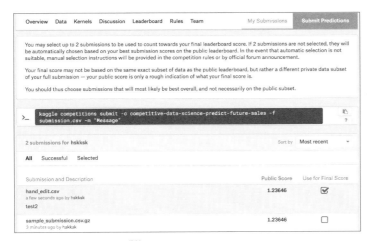

図1.26　最終予測値の選択[注29]

注28 https://www.kaggle.com/c/competitive-data-science-predict-future-sales/leaderboard
注29 https://www.kaggle.com/c/competitive-data-science-predict-future-sales/submissions

1.3.8 Private Leaderboardをチェック

分析コンペが終了したら、Private Leaderboardで自分の最終順位を確認します（図1.27）。

提出の締切直後に順位が発表されることが多いですが、コンペの形式によってはPrivate Leaderboardが公開されるまでに時間がかかることがあります。また、公開後も結果の検証や規約違反のチェックが行われた結果、順位が変動することがあります。

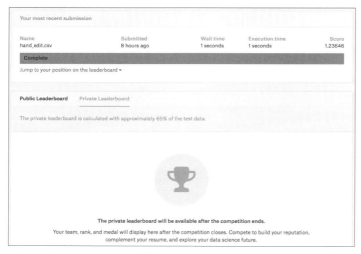

図1.27　Private Leaderboard[注30]

注30 https://www.kaggle.com/c/competitive-data-science-predict-future-sales/leaderboard　まだ分析コンペが終了していないため順位は発表されていません。

1.4 分析コンペに参加する意義

ここでは分析コンペに参加する意義や、どんなコンペに参加したら良いかについて考えてみます。

以下に分析コンペに参加することで得られるものを挙げます。

- 賞金
- 称号（Kaggle Master、Kaggle Grandmasterなど）
- ランキング
- 実データを用いたデータ分析の経験・技術
- 他のデータサイエンティストとのつながり
- 就業機会

1.4.1 賞金を得る

賞金は多くの人が重要とみなす要素でしょう。賞金を狙うのであれば、賞金があって上位を狙いやすいものに参加すると良いでしょう。データ量が多いものなど、人が参加したがらない分析コンペは比較的上位を取りやすいことがあります。また、自分の得意なデータや形式の分析コンペがあれば、それに絞って参加するのも良い選択です。

1.4.2 称号やランキングを得る

称号やランキングを得ようと頑張っている人も多いようです。称号やランキングを得たい場合には、その分析コンペの成績が称号やランキングの条件としてカウントされるかどうかをまず確認しましょう。分析コンペの概要ページの末尾に必ずこれらに関する記載があります（図1.28）。

図1.28　称号やランキングポイントに関する記載[注31]

> Points This competition does not award standard ranking points

とありますが、この分析コンペではランキングポイントが与えられないことを表しています。ランキングポイントが与えられる場合には、

> Points This competition awards standard ranking points

と記載されます。また、

> Tiers This competition does not count towards tiers

とありますが、この分析コンペの成績は称号付与の条件としてカウントされないことを表しています。称号付与の条件としてカウントされる場合には、

> Tiers This competition counts towards tiers

と記載されます。

　賞金があっても、ランキングおよび称号の条件としてカウントされない分析コンペも稀にありますので気を付けましょう。直近の分析コンペの中では、「Data Science for Good: City of Los Angels」が該当します（2019年8月時点）。

注31 https://www.kaggle.com/c/competitive-data-science-predict-future-sales　この分析コンペはPlaygroundコンペのため称号及びランキングの条件としてカウントされません。

> **AUTHOR'S OPINION**
>
> 分析コンペで上位に入賞することで、さまざまなメダルを獲得できたり、ランキングを上げたりできますが、その価値について筆者（T、J、H）らの考えを書いてみます。Kaggleにおけるメダルやランキングの基準はKaggleのWebサイトでまとめられています[注32]。
>
> - Competition、Kernel、Discussion
>   称号やランキングは、Competition、Kernel、Discussionの各カテゴリごとに付与されます。参加者から最も関心を持たれているのはCompetitionで、このカテゴリでのメダル・称号を目指す人が多いです。ですが、Kaggleの楽しみ方や学びへの活かし方は人それぞれで、Kernelで分かりやすい分析をスピーディーに行う技術を身に付けたり、Discussionで知見の共有や質の高い議論を行ってコミュニティに貢献するのも良いでしょう。
>
> 以下は、Competitionについての説明です。
>
> - メダルの価値
>   銅メダルはKernelをしっかりと追いかけて基本フローをしっかりと押さえていくことで取れることがあります。銀メダルはKernelに加えて自分自身での試行錯誤が必要になってくるでしょう。金メダルは参加人数にもよりますが概ね上位10～20位以内に入ることが必要で、かなり頑張らなければ獲得することは難しいでしょう。
>
> - 称号の価値
>   Masterになるための一番の難関が金メダルを取ることです。ただ、単独でメダルを取る必要はないので、チームを組んで取ってしまうことも可能です。とはいえ、他に2個の銀メダルも必要ですし、何度も根気強く分析コンペにチャレンジしなければ取れないものです。Grandmasterになるには、チームではなく単独で獲得したものを含んで金メダルを5つ獲得しなければならず、この称号を得るには相当の実力と努力が必要でしょう。
>
> - ランキングの価値
>   ランキングはチームメンバー数やポイントを獲得してからの経過日数を加味したシステムとなっています。コンペ参加数を増やすことによりランキングを高めることもできるので、必ずしもその人のコンペの強さを表す指標とはみなされないこともあるようです。そのため、最上位層を除いてはランキングよりもメダルや高い称号に価値を置いているコンペ参加者が多い印象です。
>
> また、仮にメダルのような明らかな成果を得られなくても、取り組みのプロセスやよく考えられたソリューションを公開することで、コミュニティからの認知や信頼を得ることもできるでしょう。

注32 https://www.kaggle.com/progression

1.4.3 実データを用いた分析の経験・技術を得る

機械学習に関する技術やノウハウを学ぶにあたっては分析対象のデータを得るのが1つの壁になるため、実データを用いた分析を経験できるのは大きな意義となるでしょう。テーブルデータや画像データなどのデータの種類や、医療や金融といった分野に応じたテクニックを学ぶこともできますので、経験や技術を得るのであれば、学びたいデータや分野の分析コンペに出るのが良さそうです。

また、すでに終了した分析コンペのソリューションを見るのは多くのことを学ぶ良い方法です。Kaggleの公式ブログNo Free Hunch[注33]では、分析コンペの進め方やソリューションが解説されたインタビュー記事が豊富に公開されています。

またDiscussionでは、上位者が書いたソリューションが公開されています。人により記載の詳細さは違いますが、概要のみが書いてある場合にも自分が知らないテクニックが使われているかを確認できますし、コードが公開されている場合には細かな点も参考にしていくことができます。

過去のソリューションをまとめてくれている人もいます[注34]。ソリューションを書いてくれたKagglerやまとめを作ってくれた人に感謝しながら活用させてもらいましょう。またその際にはVoteをすると良いでしょう。

また、Meetup[注35]に参加したり、その資料を読んでみるのも良いです。さまざまな分析コンペで使われたテクニックを短い時間で分かりやすく整理された形で知ることができます。国内の分析コンペのMeetupとして最も大きいのはKaggle Tokyo Meetup[注36]でしょう（筆者(T, J)も主催者として名を連ねています）。

賞金のない分析コンペの中には、さまざまなタスクがあることから、これらも候補として考えられます。ただ、賞金や称号が得られないコンペでは他の参加者の熱量が少ないこともあり、あまり新しいテクニックを学べない可能性もあるため注意が必要です。

注33 http://blog.kaggle.com/
注34 「Winning solutions of kaggle competitions」https://www.kaggle.com/sudalairajkumar/winning-solutions-of-kaggle-competitions
「Kaggle Past Solutions」http://ndres.me/kaggle-past-solutions/
注35 あるテーマに基づいた勉強会やオフ会のような集まり
注36 「Kaggler-ja Wiki」https://kaggler-ja-wiki.herokuapp.com/ の Kaggle 関連リンク集を参照ください。

1.4.4 データサイエンティストとのつながりを得る

分析コンペに取り組む他のデータサイエンティストとのつながりを得たり、さまざまなモデルや手法について議論できるのも1つの魅力です。

チームで分析コンペに参加するのが一番深く交流できる方法だと思います。また、先に挙げたMeetupに参加することで他の人と交流を深められます。他にも、Kagglerが多数参加するSlackのワークスペースがあるので、そこに参加してみるのも良いでしょう。

- kaggler-ja Slack[注37]
  日本のKagglerが多数参加しているSlack workspaceです。2019年8月時点で6,200人ほどが参加しています。
- KaggleNoobs Slack[注38]
  日本を問わず世界中のKagglerが参加しているSlack workspaceです。2019年8月時点で9,400人ほどが参加しています。

1.4.5 就業機会を得る

分析コンペに参加したり、上位入賞することで実力を示せば、データサイエンティストとしての就業機会を得やすくなるでしょう。2018年頃から国内でもKagglerを積極的に採用しようとする企業が現れてきています。

また、Kaggle上ではデータサイエンティストやデータエンジニアの求人が掲載されており、直接応募できます[注39]。ほぼ海外の企業の求人のみですが、海外で職を得たい人にとっては役に立つかもしれません。

一部の分析コンペ[注40]では、入賞者がコンペ開催企業の求人に対するインタビューを受ける機会が与えられます。これを活用するのも良いかもしれません。

注37 kaggler-ja Slack に参加するには次のページでメールアドレスを入力してください。https://kaggler-ja.herokuapp.com/
注38 KaggleNoobs Slack に参加するには次のページでメールアドレスを入力してください。http://kagglenoobs.herokuapp.com/
注39 https://www.kaggle.com/jobs
注40 https://www.kaggle.com/competitions?category=recruitment

1.5 上位を目指すためのポイント

本書では、分析コンペで必要となるテクニックや考え方を6つの章に分けて紹介しています。

- 第2章 タスクと評価指標
- 第3章 特徴量の作成
- 第4章 モデルの作成
- 第5章 モデルの評価
- 第6章 モデルのチューニング
- 第7章 アンサンブル

本節では、チュートリアル的なPlaygroundコンペであるKaggleの「Titanic: Machine Learning from Disaster」のデータ[注41]を使って、コードを交えながらこれらの基本的な方法を紹介していきます。データの件数や変数の数が少なく、賞金やメダルが獲得できるコンペとは様相が異なる部分もありますが、分析の流れを理解する参考になるでしょう。

1.5.1 タスクと評価指標

分析コンペに取り組むにあたって、まず問題（＝タスクの概要、データの内容、予測対象は何かなど）の理解が必要です。また、コンペの順位は、評価指標により予測値の良し悪しを評価したスコアによって決定されます。そのため、評価指標の確認も必要です。

このコンペでは、OverviewタブのDescription、Evaluationにタスクの概要や評価指標の説明があります。タスクは、タイタニック号の乗客が生存したかそうでないかを予測する二値分類で、生存していれば1、生存していなければ0と予測値を提出します。評価指標はaccuracyで、単純に予測が正しい割合（＝正しい予測の数÷全体の予

注41 https://www.kaggle.com/c/titanic

測の数）により評価されます。

　与えられたデータはtrain.csv（学習データ）、test.csv（テストデータ）、gender_submission.csv（サンプルの提出ファイル）です。ここでは、与えられたデータを読み込み、学習データを目的変数と特徴量に分けておきます。なお、テストデータには特徴量のみが含まれているので、特に分ける必要はありません。

　このコンペのデータはシンプルですが、コンペによっては複数のテーブルが与えられ、それらのテーブルを結合して特徴量を作成することが必要な場合もあります。また、評価指標もシンプルで特に気を付けることはありません。こちらも評価指標によっては、モデルが出力する予測値に後処理を行い、評価指標に最適な予測値としてから提出することが必要な場合もあります。

　2章「タスクと評価指標」では、分析コンペでのタスクやデータの種類、評価指標、評価指標に対して予測値を最適化する方法について説明しています。

(ch01/ch01-01-titanic.pyの抜粋)

```python
# 学習データ、テストデータの読み込み
train = pd.read_csv('../input/ch01-titanic/train.csv')
test = pd.read_csv('../input/ch01-titanic/test.csv')

# 学習データを特徴量と目的変数に分ける
train_x = train.drop(['Survived'], axis=1)
train_y = train['Survived']

# テストデータは特徴量のみなので、そのままで良い
test_x = test.copy()
```

> **INFORMATION**
>
> **データ理解（EDA）**
>
> 　モデルや特徴量を作る上でまず優先すべきなのがデータの理解です。事前に仮説やモデルを想定せず、データへの理解を深める意味でさまざまな観点からデータを見ていくことから、探索的データ分析（Exploratory Data Analysis, EDA）とも呼ばれます。EDAは本書の対象外としているのですが、簡単に説明します。
>
> 　どういったカラムがあるのか、各カラムの型や値の分布、欠損値、外れ値はどうなっているのかを理解したり、目的変数と各変数の相関や関係性を把握することで、このあとにやるべきことが分かってきます。

統計量としては、以下の値を見ることが多いでしょう。

- 変数の平均／標準偏差／最大／最小／分位点
- カテゴリ変数の値の種類数
- 変数の欠損値の数
- 変数間の相関係数

以下のような可視化手法を用います。

- 棒グラフ
- 箱ひげ図、バイオリンプロット
- 散布図
- 折れ線グラフ
- ヒートマップ
- ヒストグラム
- Q-Qプロット
- t-SNE、UMAP（「3.11.5 t-SNE、UMAP」を参照してください）

他にもデータの性質に応じて、さまざまな手法が用いられます。

また、Kaggleにはユーザが実施したEDAの実例が多数公開されています。コンペ開催中にも、親切な人やKernelでのメダルを狙っている人がEDAのスクリプトを共有してくれます。また、参考になる実例を手に入れるには、Vote数が多いKernel[注42]やKernelランキング上位のユーザの作成したKernelを見ると良いでしょう。

1.5.2 特徴量の作成

まずは学習データに最低限の前処理を行い、モデルが学習できる形に変換する必要があります。ここでは、GBDT[注43]というモデルを利用することを考えます。以下の前処理を行うことで、とりあえずモデルが学習できる形のデータになります。

注42 https://www.kaggle.com/kernels?sortBy=voteCount
注43 Gradient Boosting Decision Treesの略。分析コンペにおいてよく使われるモデルで、「4.3 GBDT（勾配ブースティング木）」で詳しく説明しています。また、「6.1.5 GBDT のパラメータおよびそのチューニング」で GBDT のパラメータチューニングについて説明しています。

1. PassengerIdは予測に寄与する変数ではなく、入れたままだとモデルが意味のある変数と勘違いしてしまう恐れがあるため、その変数の列を削除する
2. Name、Ticket、Cabinも、上手く使えば予測に有用そうだが、やや煩雑な処理が必要そうなので、一旦これらの変数の列を削除する
3. GBDTでは、文字列をそのまま入れてもエラーとなってしまうため、何らかの方法で数値に変換する必要がある。変換する方法にはいくつかの種類があるが、ここではlabel encodingという方法を使う。変数SexおよびEmbarkedにlabel encodingを適用して変換する
4. 欠損については、GBDTではそのまま扱うことができるため、特に処理を行う必要はない（欠損を補完するのも1つの方法）

より良い予測を行うには、値を変換したり集計したりして、現状のデータのままでは読みとりづらい有用な情報を特徴量として与えることが必要です。テーブルデータのコンペにおいて特徴量の作成は非常に重要な要素で、良い特徴量を作れたかどうかで順位が決まることがほとんどです。

3章「特徴量の作成」では、特徴量を作成するさまざまな手法や考え方を説明します。

(ch01/ch01-01-titanic.pyの抜粋)

```python
from sklearn.preprocessing import LabelEncoder

# 変数PassengerIdを除外する
train_x = train_x.drop(['PassengerId'], axis=1)
test_x = test_x.drop(['PassengerId'], axis=1)

# 変数Name, Ticket, Cabinを除外する
train_x = train_x.drop(['Name', 'Ticket', 'Cabin'], axis=1)
test_x = test_x.drop(['Name', 'Ticket', 'Cabin'], axis=1)

# それぞれのカテゴリ変数にlabel encodingを適用する
for c in ['Sex', 'Embarked']:
    # 学習データに基づいてどう変換するかを定める
    le = LabelEncoder()
    le.fit(train_x[c].fillna('NA'))

    # 学習データ、テストデータを変換する
    train_x[c] = le.transform(train_x[c].fillna('NA'))
    test_x[c] = le.transform(test_x[c].fillna('NA'))
```

1.5.3 モデルの作成

　学習データをモデルに与えて学習させ、そのあとにテストデータを与えてその予測値を出力させます。モデルにはさまざまな種類がありますが、テーブルデータの分析コンペでは安定して高い精度が期待できるGBDTが主流になっており、まずGBDTを試してみることがほとんどです。

　ここでは、GBDTのライブラリの1つであるxgboostを用いて、モデルを作成します。前項の方法で前処理した学習データをxgboostのモデルに与えて学習させ、同じ方法で前処理したテストデータを与えると予測値が出力されます。その予測値の提出を行うと、Public Leaderboardでは0.7560というスコアになりました。つまり、75.6%の予測は当たっているということになります。

　4章「モデルの作成」では、よく使用されるGBDTのほかに、タスクやデータによって使用されるニューラルネットや線形モデルなど、テーブルデータの分析コンペで使用されるモデルについて説明します。

（ch01/ch01-01-titanic.pyの抜粋）

```python
from xgboost import XGBClassifier

# モデルの作成および学習データを与えての学習
model = XGBClassifier(n_estimators=20, random_state=71)
model.fit(train_x, train_y)

# テストデータの予測値を確率で出力する
pred = model.predict_proba(test_x)[:, 1]

# テストデータの予測値を二値に変換する
pred_label = np.where(pred > 0.5, 1, 0)

# 提出用ファイルの作成
submission = pd.DataFrame({'PassengerId': test['PassengerId'], 'Survived': pred_label})
submission.to_csv('submission_first.csv', index=False)
```

1.5.4 モデルの評価

　モデルを作成する主な目的は、未知のデータに対して予測を行うことですが、未知のデータに対して予測する性能を評価する方法が必要です。一般的には、学習データを学習に用いるデータとバリデーションデータ（評価用のデータ）に分け、バリデー

ションデータへの予測の精度を何らかの評価指標によるスコアで表すことで評価します。これをバリデーションと言います。分析コンペでは、さまざまな特徴量を作ってそれが予測に有用かどうか、試行錯誤をして良いモデルを求めていきます。このときに正しくバリデーションが行えていないと、どの特徴量を採用したら良いか進むべき方向が分からなくなってしまいます。

バリデーションを行う手法はいくつかありますが、ここではクロスバリデーションにより評価します。クロスバリデーションは、データを複数のブロックに分けて、うち1つを評価用のデータとし、残りを学習用のデータとすることを評価用のデータを入れ替えて繰り返す方法です（図1.29）。

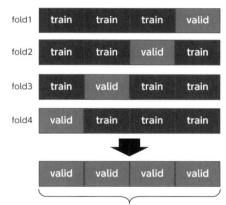

各foldのバリデーションデータへの予測のスコアを合わせて評価する

図1.29　クロスバリデーション

このコンペの評価指標はaccuracyですが、accuracyは小さな改善をとらえづらいので、合わせてloglossという指標も出力するようにします。loglossは予測確率が外れているほど高いペナルティが与えられ、低いほど良い指標です。loglossについて詳しくは「2.3.4　二値分類における評価指標〜正例である確率を予測値とする場合」を参照してください。

クロスバリデーションによって計算したスコアはaccuracy: 0.8059, logloss: 0.4782となりました。Public Leaderboardのスコアはaccuracy: 0.7560であったため、手元での評価とPublic Leaderboardにずれがあることになります。特に原因がなければ近い値となるため、ずれがあるのは注意が必要な状況ですが、ここではテストデータの

件数が少ないことが原因と思われるため[注44]、このまま進めるしかないようです。

このデータではクロスバリデーションを行えばおおむね問題なく評価できますが、タスクやデータによっては、バリデーションの方法を注意深く選ばないと適切に評価できないことがあります。

5章「モデルの評価」では、さまざまなバリデーションの手法と、適切なバリデーションを行うための考え方を説明します。

(ch01/ch01-01-titanic.pyの抜粋)

```python
from sklearn.metrics import log_loss, accuracy_score
from sklearn.model_selection import KFold

# 各foldのスコアを保存するリスト
scores_accuracy = []
scores_logloss = []

# クロスバリデーションを行う
# 学習データを4つに分割し、うち1つをバリデーションデータとすることを、バリデーションデータを変えて繰り返す
kf = KFold(n_splits=4, shuffle=True, random_state=71)
for tr_idx, va_idx in kf.split(train_x):
    # 学習データを学習データとバリデーションデータに分ける
    tr_x, va_x = train_x.iloc[tr_idx], train_x.iloc[va_idx]
    tr_y, va_y = train_y.iloc[tr_idx], train_y.iloc[va_idx]

    # モデルの学習を行う
    model = XGBClassifier(n_estimators=20, random_state=71)
    model.fit(tr_x, tr_y)

    # バリデーションデータの予測値を確率で出力する
    va_pred = model.predict_proba(va_x)[:, 1]

    # バリデーションデータでのスコアを計算する
    logloss = log_loss(va_y, va_pred)
    accuracy = accuracy_score(va_y, va_pred > 0.5)

    # そのfoldのスコアを保存する
    scores_logloss.append(logloss)
    scores_accuracy.append(accuracy)

# 各foldのスコアの平均を出力する
```

注44 学習データ891件、Publicテストデータ209件、Privateテストデータ209件でランダムに分割された状況を模擬し、分割を変えてクロスバリデーションのスコアとPublicテストデータのaccuracyの差についてシミュレーションを行ったところ、差が0.05以上となる確率が10%程度あり、偶然に起こり得る事象のようです。

```
logloss = np.mean(scores_logloss)
accuracy = np.mean(scores_accuracy)
print(f'logloss: {logloss:.4f}, accuracy: {accuracy:.4f}')
```

1.5.5 モデルのチューニング

ハイパーパラメータと呼ばれる、学習の前に指定し、学習の方法や速度、どれだけ複雑なモデルにするかを定めるパラメータがあります。最適でない場合にはモデルの力を十分に発揮できないことがあるため、ハイパーパラメータのチューニングが必要です。ここでは、グリッドサーチ[注45]という手法で、max_depthとmin_child_weightというパラメータをチューニングしてみます。

6章「モデルチューニング」では、ハイパーパラメータのチューニングの手法や考え方について説明します。そのほか、特徴量が多数あるときに予測に寄与しない特徴量を除外する特徴選択の手法、分類のタスクでクラスの分布が偏っている場合の取り扱いについても説明します。

(ch01/ch01-01-titanic.pyの抜粋)

```
import itertools

# チューニング候補とするパラメータを準備する
param_space = {
    'max_depth': [3, 5, 7],
    'min_child_weight': [1.0, 2.0, 4.0]
}

# 探索するハイパーパラメータの組み合わせ
param_combinations = itertools.product(param_space['max_depth'], param_space["min_child_weight"])

# 各パラメータの組み合わせ、それに対するスコアを保存するリスト
params = []
scores = []

# 各パラメータの組み合わせごとに、クロスバリデーションで評価を行う
for max_depth, min_child_weight in param_combinations:

    score_folds = []
    # クロスバリデーションを行う
    # 学習データを4つに分割し、うち1つをバリデーションデータとすることを、バリデーションデータを変えて繰り返す
```

注45 チューニング対象のハイパーパラメータのすべての組み合わせについて探索を行い、最もスコアが良いものを採用する手法

```python
        kf = KFold(n_splits=4, shuffle=True, random_state=123456)
        for tr_idx, va_idx in kf.split(train_x):
            # 学習データを学習データとバリデーションデータに分ける
            tr_x, va_x = train_x.iloc[tr_idx], train_x.iloc[va_idx]
            tr_y, va_y = train_y.iloc[tr_idx], train_y.iloc[va_idx]

            # モデルの学習を行う
            model = XGBClassifier(n_estimators=20, random_state=71,
                                  max_depth=max_depth, min_child_weight=min_child_weight)
            model.fit(tr_x, tr_y)

            # バリデーションデータでのスコアを計算し、保存する
            va_pred = model.predict_proba(va_x)[:, 1]
            logloss = log_loss(va_y, va_pred)
            score_folds.append(logloss)

        # 各foldのスコアを平均する
        score_mean = np.mean(score_folds)

        # パラメータの組み合わせ、それに対するスコアを保存する
        params.append((max_depth, min_child_weight))
        scores.append(score_mean)

# 最もスコアが良いものをベストなパラメータとする
best_idx = np.argsort(scores)[0]
best_param = params[best_idx]
print(f'max_depth: {best_param[0]}, min_child_weight: {best_param[1]}')
# max_depth=7, min_child_weight=2.0のスコアが最も良かった
```

1.5.6 アンサンブル

　単一のモデルでのスコアには限界があっても、複数のモデルを組み合わせて予測することでスコアが向上する場合があり、そのように予測することをアンサンブルと言います。アンサンブルでは、それぞれのモデルの精度が高いだけでなく、それらのモデルが多様なときにスコアが向上しやすいです。ここでは、前項までで作成したxgboostのモデルと、別に作成したロジスティック回帰モデルの予測値の平均をとってアンサンブルしてみます（xgboostの方が精度が高いことを考慮し、大きい重みをかけた加重平均をしています）。

　7章「アンサンブル」では、平均をとるようなシンプルなアンサンブル手法と、スタッキングと呼ばれる効果的な手法について説明します。

(ch01/ch01-01-titanic.pyの抜粋)

```
from sklearn.linear_model import LogisticRegression

# xgboostモデル
model_xgb = XGBClassifier(n_estimators=20, random_state=71)
model_xgb.fit(train_x, train_y)
pred_xgb = model_xgb.predict_proba(test_x)[:, 1]

# ロジスティック回帰モデル
# xgboostモデルとは異なる特徴量を入れる必要があるので、別途train_x2, test_x2を作成した
model_lr = LogisticRegression(solver='lbfgs', max_iter=300)
model_lr.fit(train_x2, train_y)
pred_lr = model_lr.predict_proba(test_x2)[:, 1]

# 予測値の加重平均をとる
pred = pred_xgb * 0.8 + pred_lr * 0.2
pred_label = np.where(pred > 0.5, 1, 0)
```

1.5.7 分析コンペの流れ

ここまで、Kaggleの「Titanic: Machine Learning from Disaster」を例として、分析コンペにおけるポイントを概観してきました。ただし、基本的なテクニックを用いて、最低限の分析をするのみとなっています。

実際のコンペでは、他にもさまざまなテクニックを用いながら、試行錯誤を繰り返して少しずつスコアを上げていくことになるでしょう。主に以下のようなサイクルで進んでいきます。

1. 特徴量を作成する
2. 作成した特徴量をそれまでの特徴量に加え、モデルの学習を行う
3. 予測が改善したかどうかを、バリデーションで評価する

このほかにも、EDAでデータの理解を深めて特徴量作成のヒントを得たり、異なるモデルを使ったり、パラメータチューニングを行ったり、アンサンブルを行ってスコアを伸ばしたりします。

2章からは、分析コンペにおけるテクニックや考え方、注意点について詳細に見ていきます。

> **AUTHOR'S OPINION**
>
> 　実はタイタニックのデータセットはあまり機械学習の初心者向けではありません。そのため、分析の流れを理解したあとは他のコンペに挑戦すると良いでしょう。
>
> 　1つの理由は、データの件数が少ないことです。効果的な特徴量を作って通常であれば精度が良くなる場合であっても、ぶれによって悪くなることがあります。逆に、Public Leaderboardのスコアが良いKernelが、実際には未知のデータに対する予測性能はなく、たまたまテストデータに過剰に適合した予測となっている可能性があります（さらに、このコンペは公開されているデータセットを利用しているため、答えであるテストデータの目的変数を別途取得できます。Leaderboardの上位にはその方法で完全な予測を行っている参加者がいます）。
>
> 　もう1つの理由は、レコード間の関係性があることです。レコード同士が家族関係にあるものがあり、同じ家族ではレコードが生存したか否かの相関は高いです。そのため、変数Nameなどから家族関係を推定し、他の家族が生存したか否かという情報を利用するというアプローチが効果的です。ただし、この手法は目的変数を使うため、リークと呼ばれる適切なバリデーションができない事象を引き起こしがちです（リークについては「2.7.2 バリデーションの枠組みの誤りという意味でのリーク」を参照してください）。
>
> 　タイタニックのデータでどのような手法を使うとどの程度のスコアが出るかは、「How am I doing with my score?[注46]」というKernelにまとまっています。興味深い手法もありますが、このデータ特有の部分があることに留意した方が良いでしょう。(T)

注46 https://www.kaggle.com/pliptor/how-am-i-doing-with-my-score

> ● COLUMN
>
> **計算リソース**
>
> 　Kaggleなどの分析コンペにおいて必要となる、ローカルやクラウドなどの計算リソースについての雑感です。以下の情報は執筆時点（2019年8月時点）で、将来状況は変わる可能性があります。
>
> 　テーブルデータのコンペでは、計算リソースが豊富にあることが有利なのは確かですが、決定的な差にはならないことが多く、分析やモデリングの工夫で上回ることができます。ノートPCだけで金メダルを複数獲得している人もいます。また、クラウドを上手く利用するとそこまでお金がかからないことが多いです。コンペによってはデータサイズが大きいなど計算リソースが必要なものもありますので、そういった場合にはクラウドを活用すると良いでしょう。なお、画像データのタスクを深層学習で解くようなコンペの場合では、GPUのリソースはより重要です。
>
> 　計算リソースとしては、主に以下が考えられます。
>
> - ローカル（手元）にある程度の性能のPCがあると、簡単な計算やモデリングのほか、可視化やスプレッドシートでのデータ確認などに便利
>   - もしCPUやメモリが不足する場合には、高性能なPCを購入するよりはクラウドを上手く使った方が便利でコストも低いと思われる
>   - GPUについても、ニューラルネットのモデルを学習させる場合など、性能が良いものを持っていると便利
> - クラウドとしてはGoogle Cloud Platform（GCP）やAmazon Web Services（AWS）があるが、比較的GCPが人気
>   - CPUやメモリについては、クラウドのコストパフォーマンスは非常に優れている
>   - GPUについては、継続して頻繁に使う場合にはローカルPCの方がコストパフォーマンスが良いと思われるが、一時的にリソースを増やせるなどのクラウドのメリットもある
>   - GCPのプリエンプティブルインスタンス（実行途中で強制的にインスタンスを止められる可能性があるものの、低価格で利用できる）などを使うことで節約ができる
> - KaggleのKernelもある程度の性能があり、またGPUも使えるため、これを主な計算リソースとして使っている人もいる
> - Google BigQueryなどのクラウド型データベースを利用して大きいデータから特徴量を高速に作成する方法もある
>
> 　また、時間のかかる計算を時々行うため、計算の進行状況や結果をSlackやLINEといったサービスに通知するコードを記述している人もいます。

第2章

タスクと評価指標

2.1 分析コンペにおけるタスクの種類
2.2 分析コンペのデータセット
2.3 評価指標
2.4 評価指標と目的関数
2.5 評価指標の最適化
2.6 評価指標の最適化の例
2.7 リーク（data leakage）

2.1 分析コンペにおけるタスクの種類

本章では、分析コンペを構成する要素である、タスク、データおよび評価指標を説明します。特に評価指標はコンペでの順位を決める重要な要素ですので、その最適化の方法についても説明します。また、リークと呼ばれる、本来利用できないはずの情報が利用できるようになってしまい、コンペや分析を台無しにしてしまう事象についても紹介します。

まず本節では、分析コンペにおけるタスクについて、何を予測するのか、どういった予測値を提出するのかという観点で分類して紹介します。

2.1.1 回帰タスク

物の値段、株価のリターンや店舗への来客数などといった数値を予測するのが回帰タスクです（図2.1）。

評価指標としては、RMSE、MAEなどが使われます[注1]。

目的変数

ID	目的変数
1	100
2	1000
3	450
4	250
5	900

予測値

ID	予測値
1	50
2	500
3	700
4	100
5	300

図2.1　回帰タスク

代表コンペ例

- Kaggleの「House Prices: Advanced Regression Techniques（Getting Started）」
- Kaggleの「Zillow Prize: Zillow's Home Value Prediction」

注1　評価指標については、「2.3 評価指標」で説明します。

2.1.2 分類タスク

二値分類

患者が病気にかかっているか否かなど、レコードがある属性に属しているかどうかを予測するのが分類タスクです（図2.2）。0か1の2種類のラベルで予測を提出する場合と0から1の間の確率を表す数値で予測を提出する場合に分けられます。

評価指標としては、前者の場合はF1-score、後者の場合はloglossやAUCなどが使用されます。

目的変数

ID	目的変数
1	0
2	1
3	1
4	1
5	0

予測値（ラベルを予測）

ID	予測値
1	0
2	1
3	0
4	1
5	0

予測値（確率を予測）

ID	正例（=1）である予測確率
1	0.1
2	0.9
3	0.4
4	0.8
5	0.2

図2.2　二値分類

代表コンペ例

- Kaggleの「Titanic: Machine Learning from Disaster（Getting Started）」
- Kaggleの「Home Credit Default Risk」

多クラス分類

レコードが複数のクラスのうちどれか1つに属しているマルチクラス分類（図2.3）と、同時に複数のクラスに属する場合があるマルチラベル分類（図2.4）に分けられます。こちらも二値分類と同様に、属していると予測されるクラスのラベルを提出する場合と、各クラスに属している確率を0から1の間の数値で提出する場合があります。

分析コンペで使われる主なモデルはマルチクラス分類に対応していることが多いです。また、マルチラベル分類では二値分類をクラスの数だけ繰り返すのが基本的な解法[注2]です。

評価指標としては、マルチクラス分類ではmulti-class logloss、マルチラベル分類ではmean-F1やmacro-F1などが使用されます。

注2　ニューラルネットでは、出力層において二値分類で用いる binary cross-entropy をクラスの数だけ用いることで、一度に行う方法があります。

図2.3 マルチクラス分類（A、B、Cの3クラスの場合）

目的変数

ID	目的変数
1	A
2	B
3	C
4	B
5	A

予測値（ラベルを予測）

ID	予測値
1	A
2	B
3	B
4	C
5	A

予測値（確率を予測）

ID	クラスAの予測確率	クラスBの予測確率	クラスCの予測確率
1	0.8	0.05	0.15
2	0.1	0.7	0.2
3	0.05	0.9	0.05
4	0.1	0.3	0.6
5	0.7	0.1	0.2

（各IDにおける各クラスの予測確率の和は1）

図2.3　マルチクラス分類（A、B、Cの3クラスの場合）

目的変数

ID	目的変数
1	A
2	B, C
3	A, B, C
4	B
5	A, C

予測値（ラベルを予測）

ID	予測値
1	A
2	B, C
3	A, B
4	C
5	A

予測値（確率を予測）

ID	クラスAの予測確率	クラスBの予測確率	クラスCの予測確率
1	0.8	0.4	0.3
2	0.2	0.9	0.7
3	0.6	0.9	0.1
4	0.1	0.1	0.6
5	0.6	0.05	0.2

（各IDにおける各クラスの予測確率の和は1ではない）

図2.4　マルチラベル分類（A、B、Cの3クラスの場合）

代表コンペ例

- Kaggleの「Two Sigma Connect: Rental Listing Inquiries」（マルチクラス分類）
- Kaggleの「Human Protein Atlas Image Classification」（マルチラベル分類）

2.1.3 レコメンデーション

　レコメンデーションとはユーザが購入しそうな商品や反応しそうな広告などを予測するタスクで、ユーザごとに商品や広告を複数個予測するケースが主になります（図2.5）。説明のため、ここではユーザが購入しそうな商品を複数個推薦するタスクで、正解となる商品についても複数ありうるものを考えます。

　予測した複数の商品について、購入可能性に応じた順位を付けて予測を提出する場合と順位を付けずに提出する場合があります。順位を付けない場合は、前述のマルチラベル分類のように複数の正解があり複数の予測値を提出するタスクになります。

　分析コンペにおいては、順位を付ける場合も付けない場合も、各ユーザが各商品を購入するかしないかという二値分類問題として解くことが一般的です。二値分類に

よって予測した各ユーザの各商品の購入確率をもとに、上位の商品から予測値として提出することになります。

評価指標としては、順位を付けて予測値を提出する場合にはMAP@Kなどが使われます。順位を付けない場合にはマルチラベル分類と同様のものが使われます。

目的変数

ID	目的変数
1	P5
2	P1, P5, P17
3	P5, P12
4	P2, P20
5	P7, P8

（購入した商品のリスト）

予測値（順位をつけて3個予測）

ID	予測値
1	P17, P5, P11
2	P5, P17, P8
3	P5, P20, P12
4	P2, P7, P20
5	P1, P17, P7

（購入したであろう商品を順位をつけて予測）

予測値（順位をつけずに任意の個数予測）

ID	予測値
1	P5, P17
2	P5
3	P5, P12, P20
4	P2
5	P1, P17

（購入したであろう商品を順位をつけずに予測）

図2.5　レコメンデーション

代表コンペ例

- Kaggleの「Santander Product Recommendation」
- Kaggleの「Instacart Market Basket Analysis」

2.1.4 その他のタスク

以下のように、画像データを扱うタスクなどでは、回帰問題や分類問題と異なる形式で予測を提出することがあります。

物体検出（object detection）

画像に含まれる物体のクラスとその存在する領域を矩形領域（bounding box）で推定するタスクです。

代表コンペ例

- Kaggleの「Google AI Open Images - Object Detection Track」

セグメンテーション（segmentation）

画像に含まれる物体の存在領域を画像のピクセル単位で推定するタスクです。

代表コンペ例

- Kaggleの「TGS Salt Identification Challenge」

2.2 分析コンペのデータセット

本節では、分析コンペで提供されるデータの形式や種類について説明します。

2.2.1 テーブルデータ

Excelなどのスプレッドシートやpandasのデータフレームで表されるような、行と列を持つ形式のデータをテーブルデータ (tabular data)[注3]と言います。

テーブルデータを対象とするコンペにおいて、提供されるデータが最もシンプルなケースでは以下の3つのファイルが与えられます。

- train.csv
- test.csv
- sample_submission.csv

train.csvとtest.csvはほぼ同じ形式のデータで、目的変数以外は同じ変数を持ち、test.csvに目的変数がないことのみ異なります。これらのファイルは、前処理や特徴量を作成したあとに次のような流れで使用します。

- train.csvを用いてモデルの学習
- test.csvに対して予測
- sample_submission.csvの形式で提出ファイルを作成

複数のテーブルが与えられるケースもあります。例えば、上記の3つのファイルのほか、user_log.csv、product.csv……のようなユーザの行動ログなどのデータや商品IDごとにその商品の詳細情報を表すデータが追加されます。それらのテーブルは、ユーザIDや商品IDなどのキーとなる列で結合したり、結合したあとに処理を行ったりして特徴量とします。結合や処理の方法によっては、その過程で行数や列数が非常に多くなり、計算量やメモリなどに注意しなくてはいけないことがあります。

注3 構造化データ (structured data) などと呼ばれることもあるようです。

2.2.2 外部データ

ルールはコンペごとに異なりますが、Kaggleでは外部データの使用は許可されていないことが多く、その場合は与えられたデータのみを用いて学習と予測を行わなくてはいけません。なお、与えられたデータでなくても、12月25日はクリスマスである、チーズと牛乳は同じ乳製品というカテゴリで表せるといった一般的な情報は使えますが、気になる場合はDiscussionで質問すると良いでしょう。また、画像認識や自然言語処理における学習済みモデルは外部データとして扱われます。

外部データが許可されているコンペでは、使用した外部データについてDiscussionの専用のスレッドで共有しなければいけないルールとなっていることが多いです。Discussionを注意深く読んでおくことで、他の参加者によく使われているであろう外部データを把握できます。

2.2.3 時系列データ

時間の推移とともに観測されたデータのことを時系列データと言います。分析コンペでは時系列データは頻繁に出てきますが、タスクやデータの形式によってどのように扱うべきかはさまざまです。

これまで分析コンペで出てきた時系列データやそれを扱うタスクの例を以下に挙げます。

- 各飲食店の日次の来客数などが与えられ、将来の来客数を予測するタスク：Kaggleの「Recruit Restaurant Visitor Forecasting」
- 各顧客の金融商品の購入履歴などが月単位で与えられ、最新月の購入商品を予測するタスク：Kaggleの「Santander Product Recommendation」
- 金融市場について変数が匿名化された時系列データが与えられ、ある変数の将来の値を予測するタスク：Kaggleの「Two Sigma Financial Modeling Challenge」
- 共同購入型クーポンサイトにおけるユーザ、過去に販売されたクーポンと購入履歴などが与えられ、将来に各ユーザがどのクーポンを購入するかを予測するタスク：Kaggleの「Coupon Purchase Prediction」

時系列データの性質は特徴量の作成やバリデーションの方法と関連するため、「3.10 時系列データの扱い」や「5.3 時系列データのバリデーション手法」で詳細に説明しています。

2.2.4 画像や自然言語などのデータ

本書はテーブルデータを対象としているので、画像や音声の分類、検知といったタスクにはあまり触れていません。それらの画像・動画・音声・波形といったデータを主に扱うタスクには、深層学習が用いられることがほとんどです。例えば、画像分類のタスクではImageNetなどのデータで学習済みのニューラルネットを使用した転移学習が行われますし、物体検出やセグメンテーションではそれぞれのタスクに適した深層学習のネットワーク構造が利用されます。

テーブルデータが主となるコンペであっても、画像や自然言語の情報が含まれる場合があります。このようなコンペでは、画像や自然言語を上手く特徴量に落とし込む必要があります。例えば、Kaggleの「Quora Question Pairs」は自然言語処理が主となるコンペでした。また、Kaggleの「Avito Demand Prediction Challenge」では、テーブルデータの列に、広告の画像（列には画像ファイル名が入り、別途画像データが提供されました）や、広告のタイトルや説明といった自然言語が含まれ、テーブルデータを扱う技術だけでなく画像データや自然言語を扱う技術も問われるコンペでした。

画像データや自然言語を含むデータから特徴量を作る方法については、「3.12.5 自然言語処理の手法」や「3.12.8 画像特徴量を扱う手法」で簡単に説明します。

2.3 評価指標

2.3.1 評価指標（evaluation metrics）とは

　評価指標とは、学習させたモデルの性能やその予測値の良し悪しを測る指標です。分析コンペでは、参加者は作成したモデルによる予測値を提出し、コンペごとに定められた評価指標でスコアが算出され、それに基づいて順位が決定されます。

　なお、実務においても、評価指標の性質を理解することや評価指標に合わせてモデルの予測値を最適化することが役立つことはあるでしょう。例えば、すでに機械学習のプロジェクトが始まっていて評価指標が与えられている場合であれば、それに合わせて予測を最適化する必要があるかもしれません。また、新しくプロジェクトを始める場合は、ビジネス上のKPI（Key Performance Indicator）との関係を考慮した上で評価指標を設定し、予測を改善した際のインパクトを評価していく必要があるでしょう。

　タスクの種類ごとの主な評価指標とその性質を以下で説明していきます。本節では、比較的代表的なもの、コンペでよく採用されるものを中心に紹介します。

> **○ INFORMATION**
>
> 　分析コンペに取り組むに当たっては、これらすべての評価指標やその性質を理解しておく必要はありません。コンペで評価指標が与えられたときに、その評価指標の性質を理解して、評価指標を最適化することでスコアを上げられる場合に適切に対処できることが重要です。
>
> 　また、分析コンペによっては、本節で紹介する以外の特殊な評価指標が使用されることもありますが、その場合には適宜その評価指標の性質を考察して取り組んでいくことになります。

2.3.2 回帰における評価指標

RMSE（Root Mean Squared Error：平均平方二乗誤差）

RMSEは回帰タスクで最も代表的な評価指標です。各レコードの目的変数の真の値と予測値の差の二乗をとり、それらを平均したあとに平方根をとることで計算されます。以下の式で表されます。

$$\mathrm{RMSE} = \sqrt{\frac{1}{N} \sum_{i=1}^{N} (y_i - \hat{y}_i)^2}$$

以降では、特にことわりのない限り、数式は以下の表記に従うものとします。

- N：レコード数
- $i = 1, 2, \ldots, N$：各レコードのインデックス
- y_i：i番目のレコードの真の値
- $\hat{y}_i$：i番目のレコードの予測値

RMSEの計算例は図2.6のとおりです。

ID	真の値 y_i	予測値 $\hat{y}_i$	$y_i - \hat{y}_i$	$(y_i - \hat{y}_i)^2$
1	100	80	20	400
2	160	100	60	3600
3	60	100	-40	1600

	1867	(=平均)
RMSE	43	(=平均の平方根)

図2.6　RMSE

RMSEのポイントは以下のとおりです。

- RMSEを最小化した場合に求まる解が、誤差が正規分布に従うという前提のもとで求まる最尤解と同じになるなど、統計学的にも大きな意味をもった評価指標
- 仮に1つの代表値で予測を行う場合、RMSEを最小化する予測値は平均値。例えば、[1, 2, 3, 4, 10]と値がある場合、1点で予測したときに最もRMSEが小さくなる予測値は平均

である4になる
- 後述のMAEと比較すると外れ値の影響を受けやすいので、あらかじめ外れ値を除く処理などをしておかないと外れ値に過剰に適合したモデルを作成してしまう可能性がある

以下のように、scikit-learnのmetricsモジュールのmean_squared_errorを用いて計算できます。

(ch02/ch02-01-metrics.pyの抜粋)

```python
from sklearn.metrics import mean_squared_error

# y_trueが真の値、y_predが予測値
y_true = [1.0, 1.5, 2.0, 1.2, 1.8]
y_pred = [0.8, 1.5, 1.8, 1.3, 3.0]

rmse = np.sqrt(mean_squared_error(y_true, y_pred))
print(rmse)
# 0.5532
```

代表コンペ例
- Kaggleの「Elo Merchant Category Recommendation」

RMSLE (Root Mean Squared Logarithmic Error)

RMSEが真の値と予測値の差の二乗の平均の平方根であることに対し、RMSLEは真の値と予測値の対数をそれぞれとったあとの差の二乗の平均の平方根によって計算される指標です。

$$\mathrm{RMSLE} = \sqrt{\frac{1}{N}\sum_{i=1}^{N}(\log(1+y_i) - \log(1+\hat{y}_i))^2}$$

RMSLEの計算例は図2.7のとおりです。

ID	真の値 y_i	予測値 $\hat{y}_i$
1	100	200
2	0	10
3	400	200

$\log(1+y_i)$	$\log(1+\hat{y}_i)$
4.615	5.303
0.000	2.398
5.994	5.303

$\log(1+y_i)$ $-\log(1+\hat{y}_i)$	$(\log(1+y_i)$ $-\log(1+\hat{y}_i))^2$
-0.688	0.474
-2.398	5.750
0.691	0.477
	2.234 (=平均)
RMSLE	1.494 (=平均の平方根)

図2.7　RMSLE

RMSLEのポイントは以下のとおりです。

- 目的変数の対数をとって変換した値を新たな目的変数とした上でRMSEを最小化すれば、RMSLEを最小化することになる。分析コンペでは、そのように取り扱うことが多い
- 目的変数が裾の重い分布を持ち、変換しないままだと大きな値の影響が強い場合や、真の値と予測値の比率に着目したい場合に用いられる。上式の二乗括弧内の式において、$\log(1+y_i) - \log(1+\hat{y}_i) = \log \frac{1+y_i}{1+\hat{y}_i}$ となることからも、この指標は比率に着目していることが分かる
- 対数をとるにあたっては、真の値が0のときに値が負に発散するのを避けるため、通常は上式のとおり1を加えてから対数をとる。numpyのlog1p関数が使用できる

scikit-learnのmetricsモジュールのmean_squared_log_errorを用いて計算できます。

代表コンペ例
- Kaggleの「Recruit Restaurant Visitor Forecasting」

MAE (Mean Absolute Error)

MAEは真の値と予測値の差の絶対値の平均によって計算される指標です。

$$\mathrm{MAE} = \frac{1}{N} \sum_{i=1}^{N} |y_i - \hat{y}_i|$$

MAEの計算例は図2.8のとおりです。

ID	真の値 y_i	予測値 $\hat{y}_i$
1	100	80
2	160	100
3	60	100

$y_i - \hat{y}_i$	$|y_i - \hat{y}_i|$
20	20
60	60
-40	40

MAE　40　(=平均)

図2.8　MAE

MAEのポイントは以下のとおりです。

- MAEは外れ値の影響を低減した形での評価に適した関数
- $\hat{y}_i$による微分が$\hat{y}_i = y_i$で不連続であったり、二次微分が常に0になってしまうという扱いづらい性質をもっている。このことに起因する問題点とその解消方法は、「2.6.4 カスタム目的関数での評価指標の近似によるMAEの最適化」で紹介する
- 仮に1つの代表値で予測を行う場合、MAEを最小化する予測値は中央値。例えば、[1, 2, 3, 4, 10]と値がある場合、1点で予測したときに最もMAEが小さくなる予測値は中央値である3になる

scikit-learnのmetricsモジュールのmean_absolute_errorを用いて計算できます。

代表コンペ例
- Kaggleの「Allstate Claims Severity」

決定係数（R^2）

決定係数は以下の式で表される指標で、回帰分析の当てはまりの良さを表します。分母は予測値に依らず、分子は二乗誤差を差し引いているため、この指標を最大化することはRMSEを最小化することと同じ意味です。

$$R^2 = 1 - \frac{\sum_{i=1}^{N}(y_i - \hat{y}_i)^2}{\sum_{i=1}^{N}(y_i - \bar{y})^2}$$

$$\bar{y} = \frac{1}{N}\sum_{i=1}^{N} y_i$$

決定係数は最大で1をとり、1に近づくほど精度の高い予測ができていることになります。
scikit-learnのmetricsモジュールのr2_scoreを用いて計算できます。

代表コンペ例
- Kaggleの「Mercedes-Benz Greener Manufacturing」

2.3.3 二値分類における評価指標〜正例か負例かを予測値とする場合

二値分類の評価指標は以下の2つに分けられます。

- 各レコードが正例であるか負例であるかを予測値とし、それに対して評価を行う評価指標
- 各レコードが正例である確率を予測値とし、それに対して評価を行う評価指標

まずは各レコードが正例であるか負例であるかを予測値とする評価指標について説明していきます。

混同行列（confusion matrix）

混同行列は評価指標ではないのですが、正例であるか負例であるかを予測値とする評価指標でよく利用されるため、初めに説明します。
予測値と真の値の組み合わせは、予測値を正例としたか負例としたか、その予測が正しいか誤りかによって、以下の4つに分けられます。

- TP（True Positive、真陽性）：予測値を正例として、その予測が正しい場合
- TN（True Negative、真陰性）：予測値を負例として、その予測が正しい場合
- FP（False Positive、偽陽性）：予測値を正例として、その予測が誤りの場合
- FN（False Negative、偽陰性）：予測値を負例として、その予測が誤りの場合

True/Falseは予測が正しいか誤りか、Positive/Negativeは予測値を正例としたか負例としたかと理解すると覚えやすいでしょう。
混同行列は、これらの場合のレコード数を図2.9左のようにマトリクスで表したものです。完全な予測を行ったモデルの混同行列ではTPとTNのみに値が入り、FNとFPが

0になります。図2.9右は、それぞれに属するレコード数が（TP, TN, FP, FN) = (3, 2, 1, 2)だった場合のイメージです。

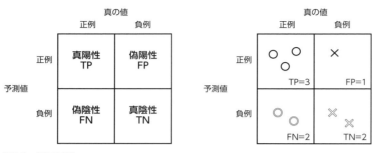

図2.9 混同行列

以下のコードで混同行列を作成できます。なお、正例や負例を数値で表すときには、正例を1、負例を0で表すこととします。

(ch02/ch02-01-metrics.pyの抜粋)

```
from sklearn.metrics import confusion_matrix

# 0, 1で表される二値分類の真の値と予測値
y_true = [1, 0, 1, 1, 0, 1, 1, 0]
y_pred = [0, 0, 1, 1, 0, 0, 1, 1]

tp = np.sum((np.array(y_true) == 1) & (np.array(y_pred) == 1))
tn = np.sum((np.array(y_true) == 0) & (np.array(y_pred) == 0))
fp = np.sum((np.array(y_true) == 0) & (np.array(y_pred) == 1))
fn = np.sum((np.array(y_true) == 1) & (np.array(y_pred) == 0))

confusion_matrix1 = np.array([[tp, fp],
                              [fn, tn]])
print(confusion_matrix1)
# array([[3, 1],
#        [2, 2]])


# scikit-learnのmetricsモジュールのconfusion_matrixでも作成できるが、
# 混同行列の要素の配置が違うので注意が必要
confusion_matrix2 = confusion_matrix(y_true, y_pred)
print(confusion_matrix2)
# array([[2, 1],
#        [2, 3]])
```

accuracy（正答率）とerror rate（誤答率）

accuracyは予測が正しい割合、error rateは誤っている割合を表す指標です。正解のレコード数をすべてのレコード数で割ることで求められる、直感的に理解のしやすい評価指標です。以下は混同行列の要素を用いた式です。

$$\text{accuracy} = \frac{TP + TN}{TP + TN + FP + FN}$$

$$\text{error rate} = 1 - \text{accuracy}$$

不均衡なデータ[注4]の場合は特にモデルの性能を評価しづらいです。そのためか、分析コンペで使用されることはあまり多くありません。

> **INFORMATION**
>
> 不均衡なデータの場合にモデルの性能を評価しづらいことについて説明します。
>
> 正例か負例かの予測を行う場合、各レコードが正例である予測確率を求めたあとに、閾値より確率が大きいものは正例、小さいものは負例とすることが通常です。accuracyの場合は、確率を正しく予測できている前提でその閾値は50%です。
>
> よって、accuracyが評価するのは、あるレコードが正例である確率を50%以上と50%以下に振り分ける判断能力のみです。モデルが10%以下の低い確率や90%以上の高い確率を正確に予測できる能力があったとしても、それぞれ負例、正例と予測することは変わらず、その能力は評価されません。
>
> 不均衡なデータのタスクの例として、重病の可能性が高い患者をスクリーニングしたいケースで、正例の割合は0.1%と低い中で、正例である確率が5%など比較的高いレコードを予測したい状況が考えられます。しかし、accuracyが評価指標の場合、予測確率が50%以下であれば負例と予測するしかないため、目的に合致したモデルがあったとしても、すべて負例と予測するモデルと変わらない評価になってしまうことがあります。

以下のように、scikit-learnのmetricsモジュールのaccuracy_scoreを用いて計算できます。

(ch02/ch02-01-metrics.pyの抜粋)

```
from sklearn.metrics import accuracy_score

# 0, 1で表される二値分類の真の値と予測値
```

[注4] 目的変数のクラスの割合が均一でないデータ。二値分類であれば、正例もしくは負例のどちらかの割合が小さいデータを言います。

```
y_true = [1, 0, 1, 1, 0, 1, 1, 0]
y_pred = [0, 0, 1, 1, 0, 0, 1, 1]
accuracy = accuracy_score(y_true, y_pred)
print(accuracy)
# 0.625
```

代表コンペ例

- Kaggleの「Text Normalization Challenge - English Language」

precision（適合率）とrecall（再現率）

precisionは、正例と予測したもののうち真の値も正例の割合、recallは真の値が正例のもののうちどの程度を正例の予測として含めることができているかの割合です。混同行列の要素を用いて以下の式で表されます。

$$\text{precision} = \frac{TP}{TP + FP}$$

$$\text{recall} = \frac{TP}{TP + FN}$$

図2.10のように表すことができます。

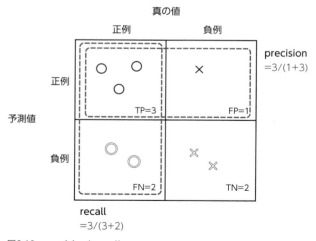

図2.10　precisionとrecall

それぞれ0から1の値をとり、1に近づくほど良いスコアです。

precisionとrecallは、互いにトレードオフの関係になっています。つまり、どちらかの値を高くしようとすると、もう一方の値は低くなります。逆に片方の指標を無視すればもう片方の指標を1に近づけることができるので、単体として分析コンペの指標となることはありません。

誤検知を少なくしたい場合はprecisionを重視し、正例の見逃しを避けたい場合はrecallを重視することになります。後述のF1-scoreなどの評価指標は、precisionとrecallのトレードオフを考慮したものです。

scikit-learnのmetricsモジュールのprecision_score、recall_scoreを用いて計算できます。

F1-scoreとFβ-score

F1-scoreは前述のprecisionとrecallの調和平均で計算される指標です。precisionとrecallのバランスをとった指標となっているため、実務でもよく使用されます。F値とも呼ばれることがあります。

Fβ-scoreは、F1-scoreからrecallとprecisionのバランスを、recallをどれだけ重視するかを表す係数βによって調整した指標です。過去のコンペでは、F2-scoreの採用例があります。

以下の式で表されます。

$$F_1 = \frac{2}{\frac{1}{\text{recall}} + \frac{1}{\text{precision}}} = \frac{2 \cdot \text{recall} \cdot \text{precision}}{\text{recall} + \text{precision}} = \frac{2TP}{2TP + FP + FN}$$

$$F_\beta = \frac{(1+\beta^2)}{\frac{\beta^2}{\text{recall}} + \frac{1}{\text{precision}}} = \frac{(1+\beta^2) \cdot \text{recall} \cdot \text{precision}}{\text{recall} + \beta^2 \text{precision}}$$

F1-scoreは分子にTPのみが含まれることから分かるように、正例と負例について対称に扱っていません。そのため、真の値と予測値の正例と負例をともに入れ替えると、スコアやその振る舞いが変わります。

scikit-learnのmetricsモジュールのf1_score、fbeta_scoreを用いて計算できます。

代表コンペ例
- Kaggleの「Quora Insincere Questions Classification」

MCC (Matthews Correlation Coefficient)

MCCは使われる頻度はあまり高くありませんが、不均衡なデータに対してモデルの性能を適切に評価しやすい指標です。以下の式で表されます。

$$\mathrm{MCC} = \frac{TP \times TN - FP \times FN}{\sqrt{(TP+FP)(TP+FN)(TN+FP)(TN+FN)}}$$

この指標は-1から+1の範囲の値をとり、+1のときに完璧な予測を、0のときにランダムな予測を、-1のときに完全に反対の予測を行っていることになります。F1-scoreと異なり、正例と負例について対称に扱っているため、真の値と予測値の正例と負例を入れ替えてもスコアは同じです。

図2.11は、正例が多い場合と負例が多い場合における、正例と負例のバランスが互いにちょうど逆転している状況を表しています。F1-scoreはTNを使用せずに計算しているため大きく値が異なりますが、MCCの場合は値が変わることはありません。

	TP	TN	FP	FN	accuracy	F1-score	MCC
正例が多い場合	70	10	10	10	80%	0.875	0.375
負例が多い場合	10	70	10	10	80%	0.5	0.375

図2.11　正例／負例が多い場合のaccuracy、F1-score、MCC

scikit-learnのmetricsモジュールのmatthews_corrcoefを用いて計算できます。

代表コンペ例

- Kaggleの「Bosch Production Line Performance」

2.3.4 二値分類における評価指標〜正例である確率を予測値とする場合

ここでは、各レコードが正例である確率を予測値とし、それに対して評価を行う評価指標について説明します。

logloss

loglossは以下の式で表される、分類タスクでの代表的な評価指標です。cross entropyと呼ばれることもあります。

$$\text{logloss} = -\frac{1}{N}\sum_{i=1}^{N}(y_i \log p_i + (1-y_i)\log(1-p_i))$$
$$= -\frac{1}{N}\sum_{i=1}^{N}\log p'_i$$

ここで、y_iは正例かどうかを表すラベル（正例が1，負例が0）を、p_iは各レコードが正例である予測確率を表します。p'_iは真の値を予測している確率で、真の値が正例の場合はp_i、負例の場合は$1-p_i$です。

loglossは低い方が良い指標です。上式のとおり、真の値を予測している確率の対数をとり、符号を反転させた値です。

loglossの計算例は図2.12のとおりです。

ID	真の値 （正例／負例）	正例の 予測確率	真の値の 予測確率 p'_i	$-\log(p'_i)$
1	1	0.9	0.9	0.105
2	1	0.5	0.5	0.693
3	0	0.1	0.9	0.105

logloss　0.301　（=平均）

図2.12　logloss

そのレコードが正例である確率を低く予測したにもかかわらず正例である場合や、正例である確率を高く予測したにもかかわらず負例である場合にペナルティが大きく与えられます。

真の値を予測している確率とloglossのスコアの関係は図2.13のとおりです。例えば、レコードが正例でそれを0.9と予測した場合は-log(0.9)=0.105ですが、0.5だと-log(0.5)=0.693、0.1だと-log(0.1)=2.303の値が与えられます。

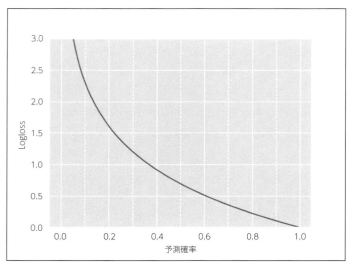

図2.13 予測確率とlogloss

レコード i についてのスコア $L_i = -(y_i \log p_i + (1 - y_i) \log (1 - p_i))$ を予測確率 p_i で微分すると、$\frac{\partial L_i}{\partial p_i} = \frac{p_i - y_i}{p_i(1-p_i)}$ となり、$p_i = y_i$ のときに L_i は最小となります。よって、確率を正しく予測できているときにloglossの値は最も小さくなります[注5]。また、モデルを学習する際の目的関数としてもよく使われます。

以下のように、scikit-learnのmetricsモジュールのlog_lossを用いて計算できます。

（ch02/ch02-01-metrics.pyの抜粋）

```
from sklearn.metrics import log_loss

# 0, 1で表される二値分類の真の値と予測確率
y_true = [1, 0, 1, 1, 0, 1]
y_prob = [0.1, 0.2, 0.8, 0.8, 0.1, 0.3]

logloss = log_loss(y_true, y_prob)
print(logloss)
# 0.7136
```

代表コンペ例

- Kaggleの「Quora Question Pairs」

注5　データに出現するラベルは1もしくは0の二値ですが、データが生成される過程においてラベルが確率的に定まると考えると、ラベルが1となる確率 y_i を予測していることになります。

AUC (Area Under the ROC Curve)

AUCはROC曲線（Receiver Operating Characteristic Curve）が描く曲線をもとに計算される、こちらも二値分類における代表的な評価指標です（図2.14）。

ROC曲線は、予測値を正例とする閾値を1から0に動かし、そのときの偽陽性率／真陽性率を(x, y)としてプロットすることで描くことができます。このROC曲線の下部の面積がAUCです。

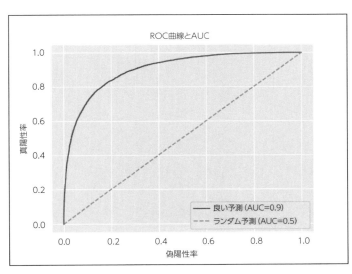

図2.14　ROC曲線とAUC

ここで、x軸の偽陽性率、y軸の真陽性率の定義は以下のとおりです。

- 偽陽性率：誤って正例と予測した負例は、全体の負例のうち何%か
  （混同行列の要素でFP/(FP + TN)）
- 真陽性率：正しく正例と予測した正例は、全体の正例のうち何%か
  （混同行列の要素でTP/(TP + FN)）

言い換えると、ROC曲線の描き方は次のように説明できます（全体の正例の個数をn_p、全体の負例の個数をn_nとします）。最初の点を左下の(0.0, 0.0)の点とします。正例と予測する閾値を徐々に低くしていくと、正例と予測されるレコードが増えていきます。それらのレコードに真の値が正例のものが1つ入ると$1/n_p$だけ上に進め、負例

のものが1つ入ると$1/n_n$だけ右に進めます。最終的には、右上の(1.0, 1.0)の点にたどり着きます。

図2.15のROC曲線は、予測値が大きい順番からレコードを並べ替えたときに、正例を1、負例を0として[1, 1, 0, 0, 1, 1, 0, 0, 0, 1, 0, 0, 0, 0, 0]となった場合に対応します。正例が5個、負例が10個のため、正例と予測されたレコードに正例が入ると上に0.2進み、負例が入ると右に0.1進みます。

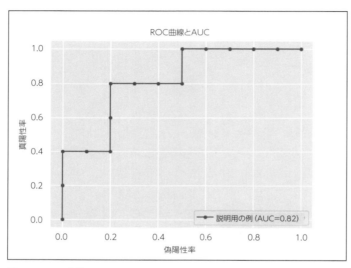

図2.15　ROC曲線とAUCの例

AUCの性質についていくつか説明します。

- 完全な予測を行った場合には、ROC曲線は図2.14の左上の(0.0, 1.0)の点を通り、AUCは1.0となる。ランダムな予測の場合には、ROC曲線はおおむね対角線（図2.14の点線）を通り、AUCは0.5程度となる
- 予測値を反対にした場合（すなわち、1.0 - 元の予測値とした場合）は、AUCは1.0 - 元のAUCになる
- AUCは「正例と負例をそれぞれランダムに選んだときに、正例の予測値が負例の予測値より大きい確率」としても定義できる。つまり、以下の式で表される（i, jはレコードのインデックス。予測値$\hat{y}_i, \hat{y}_j$が同率の場合の考慮は省略している）

$$\text{AUC} = \frac{(y_i = 1, y_j = 0, \hat{y}_i > \hat{y}_j)である(i, j)の組の個数}{(y_i = 1, y_j = 0)である(i, j)の組の個数}$$

- どの程度の予測を改善するとどの程度AUCが上がるかは、曲線による定義では解釈しづらく、上記の式による定義で考えた方が分かりやすい
- AUCは、各レコードの予測値の大小関係のみが値に影響する。レコードが4つの場合に、[0.1, 0.3, 0.9, 0.7]と予測しても[0.01, 0.02, 0.99, 0.03]と予測してもAUCは等しくなる。そのため、必ずしも予測値は確率でなくても構わない。例えば、各モデルの予測値をアンサンブルするときに、予測確率を順位に変換した平均が使われることがある
- 正例が非常に少ない不均衡データの場合、正例の予測値をどれだけ高確率の側に寄せることができるかが、AUCに大きく影響する。逆に、負例の予測値の誤差の影響はあまり大きくない
- Gini係数は$\mathrm{Gini} = 2 \cdot \mathrm{AUC} - 1$と表され、AUCと線形の関係にある。そのため、評価指標がGini係数の場合は評価指標がAUCであるのとほぼ同じ意味

scikit-learnのmetricsモジュールのroc_auc_scoreを用いて計算できます。

代表コンペ例
- Kaggleの「Home Credit Default Risk」

AUTHOR'S OPINION

　これまで紹介してきたとおり、二値分類のタスクに対する評価指標は大きく分けて、F1-scoreやMCCのような混同行列を元にしたものと、loglossやAUCのように確率値をもとにしたものの2種類があります。loglossやAUCでは確率値をそのまま提出すれば良いのですが、F1-scoreやMCCが評価指標に指定されている場合には、これらを最大化するように閾値を設定し二値化する必要があります。そのため、確信度の低い予測に対しても0.5などの中途半端な値が許されず、0か1のどちらかを選ぶ必要があるため、閾値の違いでスコアが大きく動いてしまうことがあります。

　本来、閾値はビジネスないし技術的な価値判断に基づいて設定すべきものです。例えば、病院の検査などでは病気の人を健康と誤診してしまうと命に関わる場合もあり、健康の人を病気と判断してしまった場合の追加検査の負担よりもずっと深刻でしょう。このようにFPよりもFNが問題であればrecallを重視する結果、閾値は低くなります。逆に、ダイレクトメールの反応予測などのように投入リソースに対するレスポンスが重要であれば、precision重視で閾値は高めになります。

> F1-scoreやMCCも単にrecallとprecisionのバランスをとった指標であり、このような価値判断に基づいた妥当性があるわけではないため、分析コンペなど予測モデルの性能を競うことが目的であればloglossやAUCのように確率値をもとにしたものの方が良いようにも思えます。ですが、実際にはF1-scoreなどもよく用いられますので、コンペで良い成績を収めるためには、これらの評価指標の性質をよく理解した上で取り組むことが重要です。(N)

2.3.5 多クラス分類における評価指標

ここでは、多クラス分類における評価指標を紹介します。なお、二値分類での評価指標を多クラス分類用に拡張したものも多くあります。

multi-class accuracy

二値分類のaccuracyを多クラスへ拡張したものです。予測が正しい割合を表す指標で、予測が正解であるレコード数をすべてのレコード数で割ったものです。

二値分類と同様に、scikit-learnのmetricsモジュールのaccuracy_scoreを用いて計算できます。

代表コンペ例

- Kaggleの「TensorFlow Speech Recognition Challenge」

multi-class logloss

loglossをマルチクラス分類に拡張したものです。マルチクラス分類の評価指標としてよく用いられます。各クラスの予測確率を提出し、レコードが属するクラスの予測確率の対数をとり符号を反転させた値がスコアです。

$$\text{multiclass logloss} = -\frac{1}{N}\sum_{i=1}^{N}\sum_{m=1}^{M} y_{i,m} \log p_{i,m}$$

Mはクラス数です。$y_{i,m}$はレコードiがクラスmに属する場合は1で、そうでない場合は0になります。$p_{i,m}$はレコードiがクラスmに属する予測確率を表します。

multi-class loglossの計算例は図2.16のとおりです。

ID	真の値(クラス)	クラス1の予測確率	クラス2の予測確率	クラス3の予測確率	真の値の予測確率 p'_i	$-\log(p'_i)$
1	1	0.2	0.3	0.5	0.2	1.609
2	2	0.1	0.3	0.6	0.3	1.204
3	3	0.1	0.2	0.7	0.7	0.357

multi-class logloss　1.057　(=平均)

図2.16　multi-class logloss

予測値はレコード数×クラス数の行列で提出します。レコードが属するクラスの確率を低く予測してしまうと、ペナルティが大きく与えられます。なお、各レコードに対して予測確率の合計は1になる必要があるので、そのようになっていない場合は評価指標の計算において自動的に調整されます。

以下のように、scikit-learnのmetricsモジュールのlog_lossを用いて計算できます。二値分類とはlog_loss関数に与える予測値の配列の形が異なります。

（ch02/ch02-01-metrics.pyの抜粋）
```python
from sklearn.metrics import log_loss

# 3クラス分類の真の値と予測値
y_true = np.array([0, 2, 1, 2, 2])
y_pred = np.array([[0.68, 0.32, 0.00],
                   [0.00, 0.00, 1.00],
                   [0.60, 0.40, 0.00],
                   [0.00, 0.00, 1.00],
                   [0.28, 0.12, 0.60]])
logloss = log_loss(y_true, y_pred)
print(logloss)
# 0.3626
```

代表コンペ例

- Kaggleの「Two Sigma Connect: Rental Listing Inquiries」

mean-F1とmacro-F1とmicro-F1

前述のF1-scoreを多クラス分類に拡張したものが、mean-F1、macro-F1、micro-F1です。主にマルチラベル分類で用いられる評価指標です。

マルチラベル分類では、各レコードが1つもしくは複数のクラスに属するため、真の値および予測値がそれぞれ1つもしくは複数あります。例えば、3クラスのマルチラベル分類では真の値および予測値は図2.17のようになります。

ID	真の値	予測値
1	1, 2	1, 3
2	1	2
3	1, 2, 3	1, 3
4	2, 3	3
5	3	3

図2.17　3クラスのマルチラベル分類の真の値と予測値

mean-F1では、レコード単位でF1-scoreを計算し、その平均値が評価指標のスコアとなります。上記の例では、IDが1のレコードについては、(TP, TN, FP, FN) = (1, 0, 1, 1)となり、F1-scoreは0.5です。これを各レコードについて計算し平均をとったものがスコアになります。

macro-F1では、各クラスごとのF1-scoreを計算し、それらの平均値が評価指標のスコアとなります。上記の例では、クラス1に着目すると、(TP, TN, FP, FN) = (2, 2, 0, 1)となるので、ここからF値を計算すると0.8です。これを各クラスで平均したものがスコアになります。なお、macro-F1はそれぞれのクラスで二値分類を行い、それらのF1-scoreを平均しているのと同じなので、マルチラベル分類ではそれぞれのクラスで独立に閾値を最適化することができます。

micro-F1では、レコード×クラスのペアのそれぞれに対してTP、TN、FP、FNのどれに当てはまるかをカウントします。その混同行列に基づきF値を計算したものが評価指標のスコアとなります。上記の例では、5個のレコード×3クラスでの(TP, TN, FP, FN) = (5, 4, 2, 4)となり、そこからF1-scoreを計算した0.625がスコアとなります。

各クラスのレコード数が不均衡な場合など、これらの指標の振る舞いは異なりますが、どれが採用されるかはコンペ主催者がどのような観点から評価したいかによるでしょう。

以下はこれらの評価指標の実装例です。

(ch02/ch02-01-metrics.pyの抜粋)

```python
from sklearn.metrics import f1_score

# マルチラベル分類の真の値・予測値は、評価指標の計算上はレコード×クラスの二値の行列とした方が扱いやすい
# 真の値 - [[1,2], [1], [1,2,3], [2,3], [3]]
y_true = np.array([[1, 1, 0],
                   [1, 0, 0],
                   [1, 1, 1],
                   [0, 1, 1],
                   [0, 0, 1]])

# 予測値 - [[1,3], [2], [1,3], [3], [3]]
y_pred = np.array([[1, 0, 1],
                   [0, 1, 0],
                   [1, 0, 1],
                   [0, 0, 1],
                   [0, 0, 1]])

# mean-f1ではレコードごとにF1-scoreを計算して平均をとる
mean_f1 = np.mean([f1_score(y_true[i, :], y_pred[i, :]) for i in range(len(y_true))])

# macro-f1ではクラスごとにF1-scoreを計算して平均をとる
n_class = 3
macro_f1 = np.mean([f1_score(y_true[:, c], y_pred[:, c]) for c in range(n_class)])

# micro-f1ではレコード×クラスのペアごとにTP/TN/FP/FNを計算し、F1-scoreを求める
micro_f1 = f1_score(y_true.reshape(-1), y_pred.reshape(-1))

print(mean_f1, macro_f1, micro_f1)
# 0.5933, 0.5524, 0.6250

# scikit-learnのメソッドを使うことでも計算できる
mean_f1 = f1_score(y_true, y_pred, average='samples')
macro_f1 = f1_score(y_true, y_pred, average='macro')
micro_f1 = f1_score(y_true, y_pred, average='micro')
```

代表コンペ例

- Kaggleの「Instacart Market Basket Analysis」(mean-F1)
- Kaggleの「Human Protein Atlas Image Classification」(macro-F1、画像コンペ)

quadratic weighted kappa

　この評価指標は、マルチクラス分類で、クラス間に順序関係があるような場合(例えば、映画の評価を1〜5のレーティングで表したもの)に使用されます。予測値とし

て各レコードがどのクラスに属しているかを提出します。

式は以下のとおりです。

$$\kappa = 1 - \frac{\sum_{i,j} w_{i,j} O_{i,j}}{\sum_{i,j} w_{i,j} E_{i,j}}$$

ここで、

- $O_{i,j}$ は真の値のクラスが i、予測値のクラスが j のレコード数。これを行列の形に並べると、多クラスでの混同行列となる
- $E_{i,j}$ は真の値のクラスと予測値のクラスの分布が互いに独立であるとした場合に、混同行列の各セル (i,j) に属するレコード数の期待値で、「真の値が i である割合×予測値が j である割合×データ全体のレコード数」として計算される
- $w_{i,j}$ は真の値と予測値の差の二乗 $(i-j)^2$。真の値に対して大きく離れたクラスを予測してしまうとこの値は二乗で大きくなることから、大きく予測を外してしまう場合に大きなペナルティが課せられていることになる

quadratic weighted kappaの計算例は図2.18のとおりです。

予測値の多クラスの混同行列（3クラス）
$O(i,j)$

真の値i／予測値j	1	2	3	計
1	10	5	5	20
2	5	35	0	40
3	15	0	25	40
計	30	40	30	100

分布を独立とした場合の多クラスの混同行列
$E(i,j)$

真の値i／予測値j	1	2	3	計
1	6	8	6	20
2	12	16	12	40
3	12	16	12	40
計	30	40	30	100

(E(1,1)は20×30/100=6, E(2,2)は40×40/100=16のように計算される)

ペナルティの係数
$w(i,j)$

真の値i／予測値j	1	2	3
1	0	1	4
2	1	0	1
3	4	1	0

$\sum w_{i,j} O_{i,j} = 90, \sum w_{i,j} E_{i,j} = 120$ より、
quadratic weighted kappa = 1 − 90/120 = 0.25
となる

図2.18 quadratic weighted kappa

完全な予測を行った場合は1、ランダムな予測を行った場合には0、ランダムよりも悪い予測になった場合は負の値になります。また、予測値の各クラスの割合によって

分母の値が変わるため、予測値を変えたときの動きが理解しづらいです。予測値の各クラスの割合を固定したものとして考えると、二乗誤差に近い指標となり、少し理解しやすくなります。

以下は、この評価指標の実装例です。

(ch02/ch02-01-metrics.pyの抜粋)

```python
from sklearn.metrics import confusion_matrix, cohen_kappa_score


# quadratic weighted kappaを計算する関数
def quadratic_weighted_kappa(c_matrix):
    numer = 0.0
    denom = 0.0

    for i in range(c_matrix.shape[0]):
        for j in range(c_matrix.shape[1]):
            n = c_matrix.shape[0]
            wij = ((i - j) ** 2.0)
            oij = c_matrix[i, j]
            eij = c_matrix[i, :].sum() * c_matrix[:, j].sum() / c_matrix.sum()
            numer += wij * oij
            denom += wij * eij

    return 1.0 - numer / denom


# y_trueは真の値のクラスのリスト、y_predは予測値のクラスのリスト
y_true = [1, 2, 3, 4, 3]
y_pred = [2, 2, 4, 4, 5]

# 混同行列を計算する
c_matrix = confusion_matrix(y_true, y_pred, labels=[1, 2, 3, 4, 5])

# quadratic weighted kappaを計算する
kappa = quadratic_weighted_kappa(c_matrix)
print(kappa)
# 0.6154

# scikit-learnのメソッドを使うことでも計算できる
kappa = cohen_kappa_score(y_true, y_pred, weights='quadratic')
```

代表コンペ例

- Kaggleの「Prudential Life Insurance Assessment」

2.3.6 レコメンデーションにおける評価指標

MAP@K

MAP@Kは、Mean Average Precision @ Kの略で、レコメンデーションのタスクでよく使われる指標です。各レコードが1つまたは複数のクラスに属しているときに、属している可能性が高いと予測する順にK個のクラスを予測値とします。Kの値は5や10など、さまざまな値が使われます。

以下の式で計算されます。

$$\mathrm{MAP@K} = \frac{1}{N} \sum_{i=1}^{N} \Big(\frac{1}{min(m_i, K)} \sum_{k=1}^{K} P_i(k) \Big)$$

ここで、

- m_i はレコード i の属しているクラスの数を表す
- $P_i(k)$ は、レコード i について、k ($1 \leq k \leq K$) 番目までの予測値で計算される precision。ただし、k番目の予測値が正解である場合のみ値をとり、それ以外は0になるものとする[注6]

図2.19は、K=5の場合にあるレコードのスコアを計算する例です。

以下のレコードのMAP@5を評価する
・真の値のクラス B, E, F
・予測値のクラス E, D, C, B, A（左の方が高い順位での予測）

予測順位 k	予測値	正解／不正解	$P_i(k)$	
1	E	○	1/1 = 1	(=順位1までで、1個中1個正解)
2	D	×	-	
3	C	×	-	
4	B	○	2/4 = 0.5	(=順位4までで、4個中2個正解)
5	A	×	-	

$\sum P_i(k)$	1.5	
$min(m_i, K)$	3	(真の値のクラス数 m_i=3, 予測可能な個数 K=5)
MAP@5[注7]	0.5	(=1.5/3)

図2.19 MAP@K

注6 この点について、Kaggle の MAP@K が評価指標であるコンペでの Evaluation の記述は明確でないように思います。
注7 あるレコードのスコアを表す場合は Mean ではないので、本来は AP@5 という。

各レコードに対してK個未満の予測を行うことはできますが、そのようにすることでスコアが上がることはないので、通常はK個を予測値とします。K個の中での正解数が同じであっても、正解である予測値が後ろになってしまうとスコアが下がります。そのため、予測値の順序が重要です。完全な予測を行った場合は1、まったく誤っている予測を行った場合は0になります。

以下は、この評価指標の実装例です。

(ch02/ch02-01-metrics.pyの抜粋)

```python
# K=3、レコード数は5個、クラスは4種類とする
K = 3

# 各レコードの真の値
y_true = [[1, 2], [1, 2], [4], [1, 2, 3, 4], [3, 4]]

# 各レコードに対する予測値 - K=3なので、通常は各レコードにそれぞれ3個まで順位をつけて予測する
y_pred = [[1, 2, 4], [4, 1, 2], [1, 4, 3], [1, 2, 3], [1, 2, 4]]


# 各レコードごとのaverage precisionを計算する関数
def apk(y_i_true, y_i_pred):
    # y_predがK以下の長さで、要素がすべて異なることが必要
    assert (len(y_i_pred) <= K)
    assert (len(np.unique(y_i_pred)) == len(y_i_pred))

    sum_precision = 0.0
    num_hits = 0.0

    for i, p in enumerate(y_i_pred):
        if p in y_i_true:
            num_hits += 1
            precision = num_hits / (i + 1)
            sum_precision += precision

    return sum_precision / min(len(y_i_true), K)


# MAP@K を計算する関数
def mapk(y_true, y_pred):
    return np.mean([apk(y_i_true, y_i_pred) for y_i_true, y_i_pred in zip(y_true, y_pred)])


# MAP@Kを求める
print(mapk(y_true, y_pred))
# 0.65
```

```
# 正解の数が同じでも、順序が違うとスコアも異なる
print(apk(y_true[0], y_pred[0]))
print(apk(y_true[1], y_pred[1]))
# 1.0, 0.5833
```

代表コンペ例

- Kaggleの「Santander Product Recommendation」

2.4 評価指標と目的関数

2.4.1 評価指標と目的関数の違い

ここまで評価指標に関して説明をしてきましたが、目的関数（objective function）との違いについて説明します。

目的関数はモデルの学習において最適化される関数です。モデルの学習では、目的関数が最小となるように決定木の分岐や線形モデルの係数の追加／更新などを行っていきます。上手く学習が進むためには、目的関数は微分可能なものでなければならないなどの制約があります。回帰タスクではRMSE、分類タスクではloglossが目的関数として使われることが多いです。

評価指標はモデルや予測値の性能の良し悪しを測る指標で、真の値と予測値から計算できれば特に制約はありません。これまで説明したとおりさまざまな種類があり、ビジネス上の価値判断などを考慮して評価指標を定めることもできます。一方で、予測値を変えたときのスコアの変化が数学的に扱いにくいなど、目的関数として使おうとしても上手くモデルの学習が進まないものも多いです。

分析コンペにおいては、そのコンペで定められた評価指標に対して最適化した予測値を提出する必要があります。その評価指標とモデルの学習で使用する目的関数が一致していれば分かりやすく、そのままで評価指標に対しておおむね最適化されている予測値を出力するモデルになっていると言えるでしょう。しかし、それらが一致していない場合には評価指標に対して最適化されていないことがあります。そのときにどう対応するかを「2.5 評価指標の最適化」で説明します。

2.4.2 カスタム評価指標とカスタム目的関数

モデルやライブラリによっては、そのモデルやライブラリで提供していない評価指標や目的関数をユーザが定義して使用できます。これをカスタム評価指標、カスタム目的関数と言います。

カスタム目的関数を指定すると、その関数を最小化するように学習が進んでいきます。カスタム評価指標を指定すると、その評価指標によるスコアが学習時のモニタリングで表示されるようになります。

これらを作成するには、使用するライブラリのAPIに沿う形で関数を実装する必要があります。xgboostにおけるカスタム評価指標とカスタム目的関数の実装例は以下のとおりです。

(ch02/ch02-02-custom-usage.pyの抜粋)

```python
import xgboost as xgb
from sklearn.metrics import log_loss

# 特徴量と目的変数をxgboostのデータ構造に変換する
# 学習データの特徴量と目的変数がtr_x, tr_x、バリデーションデータの特徴量と目的変数がva_x, va_yとする
dtrain = xgb.DMatrix(tr_x, label=tr_y)
dvalid = xgb.DMatrix(va_x, label=va_y)


# カスタム目的関数（この場合はloglossであり、xgboostの'binary:logistic'と等価）
def logregobj(preds, dtrain):
    labels = dtrain.get_label()  # 真の値のラベルを取得
    preds = 1.0 / (1.0 + np.exp(-preds))  # シグモイド関数
    grad = preds - labels  # 勾配
    hess = preds * (1.0 - preds)  # 二階微分値
    return grad, hess


# カスタム評価指標（この場合は誤答率）
def evalerror(preds, dtrain):
    labels = dtrain.get_label()  # 真の値のラベルを取得
    return 'custom-error', float(sum(labels != (preds > 0.0))) / len(labels)


# ハイパーパラメータの設定
params = {'silent': 1, 'random_state': 71}
num_round = 50
watchlist = [(dtrain, 'train'), (dvalid, 'eval')]

# モデルの学習の実行
bst = xgb.train(params, dtrain, num_round, watchlist, obj=logregobj, feval=evalerror)

# 目的関数にbinary:logisticを指定したときと違い、確率に変換する前の値で予測値が出力されるので変換が必要
pred_val = bst.predict(dvalid)
```

```
pred = 1.0 / (1.0 + np.exp(-pred_val))
logloss = log_loss(va_y, pred)
print(logloss)

# （参考）通常の方法で学習を行う場合
params = {'silent': 1, 'random_state': 71, 'objective': 'binary:logistic'}
bst = xgb.train(params, dtrain, num_round, watchlist)

pred = bst.predict(dvalid)
logloss = log_loss(va_y, pred)
print(logloss)
```

「2.6.4 カスタム目的関数での評価指標の近似によるMAEの最適化」では、これを使って評価指標を最適化する例を紹介します。

2.5 評価指標の最適化

分析コンペにおいて、そのコンペで定められた評価指標は順位を決定するものですので、スコアを改善できるのであれば何らかの処理を行うことは必須と言えます。ここでは、どのように評価指標に対して最適化された予測値を出力するかと注意すべき点について紹介します。

2.5.1 評価指標の最適化のアプローチ

CourseraのHow to Win a Data Science Competition: Learn from Top Kagglers[注8]では、評価指標の最適化について以下のアプローチを提示しています(なお、項目の見出しは翻訳したものですが、説明は筆者が加えたものです)。

- 単に正しくモデリングを行う
  例えば、評価指標がRMSEやloglossでは、モデルの目的関数も同じものを指定できる。この場合には、単にモデルを学習・予測させることで特段の処理を行わなくても評価指標にほぼ最適化される

- 学習データの前処理をして、異なる評価指標を最適化する
  例えば、評価指標がRMSLEの場合に、与えられた学習データの目的変数の対数をとって変換し、目的関数をRMSEとして学習させたあと、指数関数で変換を元に戻して予測値を提出する方法が挙げられる

- 異なる評価指標の最適化を行い、後処理を行う
  モデルを学習・予測させたあと、評価指標の性質に基づいて計算したり、最適化アルゴリズムを用いて閾値などを最適化する方法(「2.5.2 閾値の最適化」や「2.6 評価指標の最適化の例」で説明)

- カスタム目的関数を使用する
  「2.6.4 カスタム目的関数での評価指標の近似によるMAEの最適化」で説明

注8 「Week3 Metrics Optimization - General approaches for metrics optimization」より引用:https://www.coursera.org/learn/competitive-data-science/

- 異なる評価指標を最適化し、アーリーストッピングを行う
  アーリーストッピングの評価対象に最適化したい評価指標を設定し、ちょうどその評価指標が最適になるような時点で学習を止める方法（アーリーストッピングについては「4.1.3 モデルに関連する用語とポイント」で説明）

2.5.2 閾値の最適化

予測確率でなく正例か負例のラベルを提出する評価指標では、通常は、モデルで予測確率を出力し、ある閾値以上の値を正例として出力します。

accuracyであれば、モデルの予測する確率が正しいとの仮定のもとで、0.5以上は正例と予測し、0.5以下は負例と予測すれば良いでしょう。しかし、F1-scoreの場合には、正例の割合や正しく予測できている割合によってF1-scoreを最大にする閾値が異なるため、その閾値を求める必要があります。

最適な閾値を求める方法として、以下の2つがあります。

- とりうる閾値をすべて調べる方法
  0.01から0.99まで0.01刻みなどですべての閾値を走査し、最も良いスコアとなるものを採用する

- 最適化アルゴリズムを用いる方法
  scipy.optimizeモジュールなどを用いて、「閾値を引数にしてスコアを返す関数」を最適化する

下記のコードは、目的関数[注9]が微分可能でなくても使用できる最適化アルゴリズムNelder-Meadを使用する例です。他には、COBYLAといった制約式を設定できるアルゴリズムや、SLSQPといった目的関数、制約式が微分可能であることを必要とするアルゴリズムがあります。目的関数や制約式の性質によってアルゴリズムを使い分ける必要がありますが、Nelder-MeadやCOBYLAは、比較的安定した解が得られるアルゴリズムですので、アルゴリズムの選択に迷ったら、まずはこれらを使用すると良いでしょう。

注9 ここでの目的関数は、モデルの学習における目的関数ではなく、最適化アルゴリズムによって最適化される対象の関数です。閾値の最適化のようなケースでは、目的変数と予測値を用いて評価指標のスコアを計算するため、関数の入力である閾値に対して出力であるスコアが滑らかに変化しないことに注意が必要です。

(ch02/ch02-03-optimize.pyの抜粋)

```python
from sklearn.metrics import f1_score
from scipy.optimize import minimize

# サンプルデータ生成の準備
rand = np.random.RandomState(seed=71)
train_y_prob = np.linspace(0, 1.0, 10000)

# 真の値と予測値が以下のtrain_y, train_pred_probであったとする
train_y = pd.Series(rand.uniform(0.0, 1.0, train_y_prob.size) < train_y_prob)
train_pred_prob = np.clip(train_y_prob * np.exp(rand.standard_normal(train_y_prob.shape) * 0.3),
                          0.0, 1.0)

# 閾値を0.5とすると、F1は0.722
init_threshold = 0.5
init_score = f1_score(train_y, train_pred_prob >= init_threshold)
print(init_threshold, init_score)


# 最適化の目的関数を設定
def f1_opt(x):
    return -f1_score(train_y, train_pred_prob >= x)


# scipy.optimizeのminimizeメソッドで最適な閾値を求める
# 求めた最適な閾値をもとにF1を求めると、0.756 となる
result = minimize(f1_opt, x0=np.array([0.5]), method="Nelder-Mead")
best_threshold = result['x'].item()
best_score = f1_score(train_y, train_pred_prob >= best_threshold)
print(best_threshold, best_score)
```

2.5.3 閾値の最適化をout-of-foldで行うべきか？

「2.5.2 閾値の最適化」では、学習データ全体の真の値と予測確率を用いてF1-scoreが最も良くなるような閾値を選択しました。ただ、こうすると、テストデータに対しては最適な閾値は分からないにもかかわらず、それを知っている状況でバリデーションスコアを計算していることになります。そのため、閾値の最適化についてもout-of-fold（後述の「out-of-foldとは？」参照）に行うべきかどうかという論点があります。

F1-scoreを最大にするようなシンプルな例では、特にout-of-foldとしなくても大きな影響はないでしょう。ただし、閾値のぶれやスコアのぶれを確認できたり、複雑な最適化を行うときに大きく有利なバリデーションスコアとなることを避けられるため、out-of-foldで最適化を行うメリットはあります。

2.5 評価指標の最適化

　以下は真の値と予測確率が与えられた状況で、out-of-foldにF1-scoreの最適化をするコードです。以下の手順で行っています。

1. 学習データをいくつかに分ける（ここでは4つに分け、それぞれfold1、fold2、fold3、fold4とする）
2. fold2、fold3、fold4の真の値と予測確率から最適となる閾値を求め、その閾値でfold1のF1-scoreを計算する
3. 他のfoldについても同様に、自身以外のfoldの真の値と予測確率から最適となる閾値を求め、その閾値でF1-scoreを計算する（このように、各foldで自身の値を使わずに計算した閾値でのF1-scoreが評価できるのが、この方法のメリット）
4. テストデータに適用する閾値は各foldの閾値の平均とする

(ch02/ch02-04-optimize-cv.pyの抜粋)

```python
from scipy.optimize import minimize
from sklearn.metrics import f1_score
from sklearn.model_selection import KFold

# サンプルデータ生成の準備
rand = np.random.RandomState(seed=71)
train_y_prob = np.linspace(0, 1.0, 10000)

# 真の値と予測値が以下のtrain_y, train_pred_probであったとする
train_y = pd.Series(rand.uniform(0.0, 1.0, train_y_prob.size) < train_y_prob)
train_pred_prob = np.clip(train_y_prob * np.exp(rand.standard_normal(train_y_prob.shape) * 0.3),
0.0, 1.0)

# クロスバリデーションの枠組みで閾値を求める
thresholds = []
scores_tr = []
scores_va = []

kf = KFold(n_splits=4, random_state=71, shuffle=True)
for i, (tr_idx, va_idx) in enumerate(kf.split(train_pred_prob)):
    tr_pred_prob, va_pred_prob = train_pred_prob[tr_idx], train_pred_prob[va_idx]
    tr_y, va_y = train_y.iloc[tr_idx], train_y.iloc[va_idx]

    # 最適化の目的関数を設定
    def f1_opt(x):
        return -f1_score(tr_y, tr_pred_prob >= x)

    # 学習データで閾値の最適化を行い、バリデーションデータで評価を行う
    result = minimize(f1_opt, x0=np.array([0.5]), method="Nelder-Mead")
    threshold = result['x'].item()
```

```
    score_tr = f1_score(tr_y, tr_pred_prob >= threshold)
    score_va = f1_score(va_y, va_pred_prob >= threshold)
    print(threshold, score_tr, score_va)

    thresholds.append(threshold)
    scores_tr.append(score_tr)
    scores_va.append(score_va)

# 各foldの閾値の平均をテストデータには適用する
threshold_test = np.mean(thresholds)
print(threshold_test)
```

● COLUMN

out-of-foldとは？

　分析コンペでは、ある変数を予測し、その予測した結果を使いたい、もしくはその予測が合っているかを評価したいという場面があります。ここで、各レコードについて自身の変数の値を使ってしまうと、それは答えを見てしまっているようなもので予測の意味をなさないので、自身の変数の値を使わずに予測を行う手続きをとりたいです。

　これは、データをいくつかに分割し、そのうちの1つを予測対象とし、残りを予測用の学習データとすることによって可能です。このような手続きである変数の予測を行う方法をout-of-foldと言います（図2.20）。

　以下の手順で行います。

1. 学習データをいくつかに分ける（ここでは、4つに分け、それぞれfold1、fold2、fold3、fold4とする）
2. fold2、fold3、fold4の変数を使ってfold1の変数の予測を行う
3. 2.と同様にfold2、fold3、fold4の変数の予測を、自身以外のfoldの変数を使って行う
4. このようにして作成した予測値を結合し、「自身の変数を使わない予測値」である変数を作成する
5. 予測値を何かの処理に用いたり、元々の変数と比較して予測の良さを評価したりする

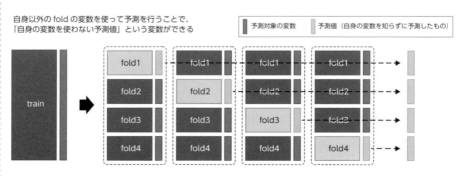

図2.20　out-of-fold

最もよく使われる例はクロスバリデーションで、目的変数の予測をout-of-foldで行い、その予測の良さを評価します。「5.2.2 クロスバリデーション」で説明します。

以下のように、その他にも使われる場面がいくつかあるため、out-of-foldの考え方を理解しておくと良いでしょう。

- 閾値の最適化（前述「2.5.3 閾値の最適化をout-of-foldで行うべきか？」）
- 特徴量作成のtarget encodingという手法（「3.5.5 target encoding」で説明）
- アンサンブルのスタッキングという手法（「7.3 スタッキング」で説明）

2.5.4 予測確率とその調整

分類タスクにおいて評価指標の最適化をするために、妥当な予測確率を必要とすることがあります。AUCでは確率が正確でなくとも大小関係さえ合っていれば良いですが、loglossでは予測確率がずれているとスコアは下がります。また、後述の「2.6.2 mean-F1における閾値の最適化」の例では、予測確率から最適となる閾値を計算し、その閾値に基づいて提出する予測値が決められました。

分析コンペでよく使用されるGBDT、ニューラルネット、ロジスティック回帰といったモデルではloglossを目的関数として学習するため、おおむね妥当な予測確率を出力すると考えて良いでしょう。ですが、下記のようにモデルが出力する予測確率が歪んでいる場合もあり、そういった場合、予測確率に調整を加えることでスコアが良くなることがあります。

予測確率が歪んでいる場合

以下のような場合、モデルによって出力される予測確率は歪んでいると考えられます。

- データが十分でない場合
  特に、データが少ないときに極端に0や1に近い確率を予測するのは難しい

- モデルの学習のアルゴリズム上、妥当な確率を予測するように最適化されない場合
  モデルがloglossを最小化するように学習する場合は、十分なデータがあれば妥当な確率を予測するようになるが、そうでないアルゴリズムでは予測される確率が歪んでいることがある。GBDT、ニューラルネット、ロジスティック回帰は、分類タスクでは通常

の設定でloglossを目的関数として学習するが、例えばランダムフォレストは異なるアルゴリズムで分類を行うため、確率が歪んでいる

予測確率の調整

予測確率を調整するには、以下のような方法があります。

- 予測値をn乗する
  予測値をn乗（nは0.9〜1.1程度）する処理を最後に加えることがある。確率を十分学習しきれていないと考えて、補正を試みていると言える

- 極端に0や1に近い確率のクリップ
  評価指標がloglossの場合に大きなペナルティを避けるためなどの理由で、出力する確率の範囲を例えば0.1〜99.9%に制限する方法がある

- スタッキング
  「7.3 スタッキング」で説明するスタッキングの2層目のモデルとして、GBDT、ニューラルネット、ロジスティック回帰などの妥当な確率を予測するモデルを使う方法。つまり、スタッキングで最終的な予測値を出力する場合は、2層目にこれらのモデルを使っていれば特に対応しなくても確率が補正される

- CalibratedClassifierCV
  scikit-learnのcalibrationモジュールのCalibratedClassifierCVを使用して予測値を補正する方法。補正の手法として、Plattの方法（sigmoid関数による補正）かisotonic regressionを選択できる

CalibratedClassifierCVについて補足します。

確率の補正に用いるデータはモデルの学習に使ったデータとは別のデータとする必要があるため、CalibratedClassifierCVではクロスバリデーションのようにデータを分割し、一部のデータを除いてモデルを学習させ、そのあと除いたデータを使って補正を行います。

図2.21は3クラス分類問題をRandom Forestで予測したあとに、Plattの方法にて確率補正を行った結果を示したものです。図2.21左は、確率の補正前後でテストデータにおける予測確率がどのように変化したかを矢印で示しています。グラフのx軸がClass1である確率を、y軸がClass2である確率、1-x-yがClass3である確率を表してい

ます。原点（0.0, 0.0）では、Class3である確率が1になりますので、Class3を示す丸記号があります。また、図2.21右は各予測確率値がどのように変化するかを、存在しうる確率範囲においてグリッド状に示したものとなります。極端に0や1に近い確率を補正するような効果が得られていることがみてとれます。

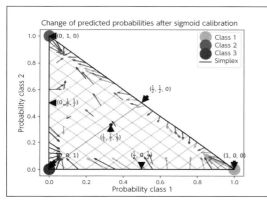
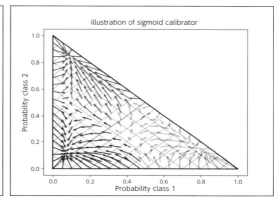

図2.21　CalibratedClassifierCVによる補正[注10]

注10 出典：「1.16. Probability calibration — scikit-learn 0.21.2 documentation」https://scikit-learn.org/stable/modules/calibration.html

2.6 評価指標の最適化の例

ここでは、実際の分析コンペにおける評価指標の最適化を見ていきます。

2.6.1 balanced accuracyの最適化

SIGNATEの「第1回 FR FRONTIER：ファッション画像における洋服の『色』分類」[注11]というコンペは、24クラスの多クラス分類で、評価指標はbalanced accuracyでした。

balanced accuracyは、通常のaccuracyを各クラスに属するデータ点数の逆数を重みとした加重平均としたもので、以下の式で表されます。

$$\text{balanced accuracy} = \frac{1}{M} \sum_{m=1}^{M} \frac{r_m}{n_m}$$

この数式の表記を以下に示します。

- M：クラス数
- n_m：クラスmに属するデータ数
- r_mはクラスmに属するデータのうち正しく予測できたデータ数

この評価指標は、通常のaccuracyを真の値のクラスの割合の逆数に比例した重みづけで計算したものです。そのため、例えば、1割しかないクラスを正しく予測することは、2割あるクラスを正しく予測することの倍の価値があります。

この場合、確率を正しく予測できているという仮定のもとで、（確率×クラスの割合の逆数）が最大となるクラスを選択することが、評価指標を最大化するための最適な戦略になります。例えば、1割を占めるクラスAの確率が0.2と予測され、2割を占めるクラスBの確率が0.3と予測された場合、0.2 * (1 / 0.1) = 2.0 が 0.3 * (1 / 0.2) = 1.5より大きいため、クラスAを予測値として出力すべきということになります。

注11 https://signate.jp/competitions/36（2019 年 7 月時点で非公開となっている）

他にも、モデルの学習時に、学習データにクラスの割合の逆数の重みを与え、少数しかないクラスの影響を高める方法もあります。

また、少数しかないクラスの予測の正誤による影響が大きいため、スコアの変動が大きくLeaderboardが信用しづらくなります。そのようなクラスのレコード1つの予測を誤ることでどの程度スコアが変動するかを計算し、上位との差がランダム性によるものなのか、モデルの質が違うのかを考察し戦略に活かすことになります。

2.6.2 mean-F1における閾値の最適化

Kaggleの「Instacart Market Basket Analysis」は各オーダー IDごとに購入しそうな商品IDを複数予測するタスクで、評価指標はmean-F1でした。

このタスクを解くには、各オーダー IDごとの各商品の購入確率を予測し、それが閾値以上の商品IDを予測値として出力するという流れになります。ここで、mean-F1ではオーダー IDごとにF1-scoreを計算することを考えると、すべてのオーダー IDで共通の閾値を使うよりも、オーダー IDごとに最適な閾値を求める方がより評価指標を最適化できることが分かります。

図2.22は、商品の購入確率の状況ごとに閾値を変えなくてはいけないことを示しています。

一番左は商品の購入パターンごとの確率を計算している表で、2つ目以降はそれぞれ商品Aだけが購入される、商品Bだけが購入される、両方が購入されると予測した場合のF1-scoreの期待値を計算している表です。また、図2.22上は、商品Aが購入される確率が0.9、商品Bが購入される確率が0.3であった場合の例です。図2.22下は、商品Aが購入される確率が0.3、商品Bが購入される確率が0.2であった場合の例です。

図2.22上の場合、商品Aだけが購入されると予測するのが最もF1-scoreの期待値が大きくなり、最適となります。一方で、図2.22下の場合、商品AとBの両方が購入されると予測するのが最適となります。そのように予測を分ける閾値は図2.22上では0.3-0.9の間であり、図2.22下では0.2より小さいので、オーダー IDごとの状況に合わせて異なる閾値を設定する必要があることが分かります。

let's say itemA: 0.9, itemB:0.3		If recommend A		If recommend B		If recommend A and B	
	Probability	F1score	expected F1	F1score	expected F1	F1score	expected F1
only A	0.9*(1-0.3)=0.63	1	1*0.63=0.63	0	0*0.63=0	0.666...	0.666*0.63=0.42
only B	0.3*(1-0.9)=0.03	0	0*0.03=0	1	1*0.03=0.03	0.666...	0.666*0.03=0.02
A and B	0.9*0.3=0.27	0.666...	0.666*0.27=0.18	0.666...	0.666*0.27=0.18	1	1*0.27=0.27
None	(1-0.9)*(1-0.3)=0.07	0	0*0.07=0	0	0*0.07=0	0	0*0.07=0
			0.81		0.21		0.71

let's say itemA: 0.3, itemB:0.2		If recommend A		If recommend B		If recommend A and B	
	Probability	F1score	expected F1	F1score	expected F1	F1score	expected F1
only A	0.3*(1-0.2)=0.24	1	1*0.24=0.24	0	0*0.24=0	0.666...	0.666*0.24=0.16
only B	0.2*(1-0.3)=0.14	0	0*0.14=0	1	1*0.14=0.14	0.666...	0.666*0.14=0.0933...
A and B	0.3*0.2=0.06	0.666...	0.666*0.06=0.04	0.666...	0.666*0.06=0.04	1	1*0.06=0.06
None	(1-0.3)*(1-0.2)=0.56	0	0*0.56=0	0	0*0.56=0	0	0*0.56=0
			0.28		0.18		0.31333

図2.22 商品の購入確率とF1-score[注12]

2.6.3 quadratic weighted kappaにおける閾値の最適化

Kaggleの「Prudential Life Insurance Assessment」は、データが1-8までのレーティングのどれに属しているかを予測するタスクで評価指標がquadratic weighted kappaでした。

クラスに順序関係がある分類ですので、回帰として解くことも分類として解くこともできます。ですが、この評価指標では、回帰タスクを解くモデルによる予測値を四捨五入し得られるクラスや、分類タスクを解くモデルで予測したクラスをそのまま出力するだけでは良いスコアを出すことができません。

この評価指標での有力なアプローチは、連続値で予測値を出力したあとにクラス間の閾値を最適化計算で求めることです。まず、回帰モデルでの予測値や分類モデルでの各クラスの確率の加重平均による予測値（各クラスをi、クラスiの確率をp_iとするとき、$\sum_i i p_i$を予測値とする方法です）を出力します。そのあと、単に四捨五入してクラスを決めるのではなく、どの値を境にクラス分けをするかの区切りの値を求める最適化の計算を行います。最適化の方法としてはscipy.optimizeのminimize関数でNelder-Mead法などを用いることができます。

注12 「Instacart Market Basket Analysis, Winner's Interview: 2nd place, Kazuki Onodera」http://blog.kaggle.com/2017/09/21/instacart-market-basket-analysis-winners-interview-2nd-place-kazuki-onodera/

xgboostを使ってシンプルな特徴量で回帰を行い単純に四捨五入する場合では0.629、評価指標への最適化を行った場合は0.667と、後処理で大きな差がついてしまいます。金メダルは0.679、銀メダルは0.675がボーダーラインだったので、後処理がないとまったく勝負にならないことが分かります。

> **○ INFORMATION**
>
> 同じ評価指標だったKaggleの「Crowdflower Search Results Relevance」の1位のソリューション[注13]ではさらに深くいろいろな考察が行われています。ただ、結果的にはこのタスクでは上述の最適化で十分であったように思われます。

2.6.4 カスタム目的関数での評価指標の近似によるMAEの最適化

Kaggleの「Allstate Claim Severity」では、評価指標がMAEでした。2位のソリューションでは、目的関数にMAEの近似となる微分可能な関数を使用することで、評価指標に近い目的関数を最適化して精度を高める工夫がされています[注14, 注15]。

MAEは前述の通り外れ値に強い評価指標ですが、勾配が不連続になったり、二階微分値が微分可能な点において0になってしまう特性をもちます。そのため、勾配や二階微分値を利用するアルゴリズムの目的関数として使用するのは難しいです。

xgboostでも、MAEを目的関数として使用できません。分岐の計算において分母に二階微分値を用いるため、それが0になってしまい計算ができなくなってしまうためです。(4章の「xgboostのアルゴリズムの解説」を参照してください) こういった場合に、MAEの代わりとなる近似関数を目的関数として使用することが考えられます。以下のFairやPsuedo-Huberといった関数が考えられ、このソリューションではFair関数が使用されていました。

注13 「Solution for the Search Results Relevance Challenge」https://github.com/ChenglongChen/Kaggle_CrowdFlower/blob/master/Doc/Kaggle_CrowdFlower_ChenglongChen.pdf
注14 「Xgboost-How to use "mae" as objective function?」https://stackoverflow.com/questions/45006341/xgboost-how-to-use-mae-as-objective-function
注15 「Allstate Claims Severity Competition, 2nd Place Winner's Interview: Alexey Noskov」http://blog.kaggle.com/2017/02/27/allstate-claims-severity-competition-2nd-place-winners-interview-alexey-noskov/

$$\text{Fair} = c^2 \left(\frac{|y - \hat{y}|}{c} - \ln\left(1 + \frac{|y - \hat{y}|}{c}\right) \right)$$

$$\text{PseudoHuber} = \delta^2 \left(\sqrt{1 + ((y - \hat{y})/\delta)^2} - 1 \right)$$

以下は、これらの近似関数のxgboostのカスタム目的関数としてのコード[注16]です。

(ch02/ch02-05-custom-function.pyの抜粋)

```
# Fair 関数
def fair(preds, dtrain):
    x = preds - dtrain.get_labels()  # 残差を取得
    c = 1.0  # Fair関数のパラメータ
    den = abs(x) + c  # 勾配の式の分母を計算
    grad = c * x / den  # 勾配
    hess = c * c / den ** 2  # 二階微分値
    return grad, hess


# Pseudo-Huber関数
def psuedo_huber(preds, dtrain):
    d = preds - dtrain.get_labels()  # 残差を取得
    delta = 1.0  # Pseudo-Huber関数のパラメータ
    scale = 1 + (d / delta) ** 2
    scale_sqrt = np.sqrt(scale)
    grad = d / scale_sqrt  # 勾配
    hess = 1 / scale / scale_sqrt  # 二階微分値
    return grad, hess
```

Fair関数、Psuedo-Huber関数の形状は図2.23のとおりです。

注16 https://github.com/alno/kaggle-allstate-claims-severity/blob/68abacb50ba856e0c36103dd3be9e1f80565b7f9/train.py を参考にしました。

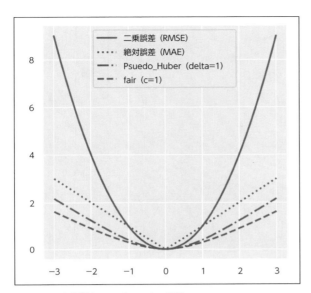

図2.23　Fair関数とPsuedo-Huber関数

2.6.5 MCCのPR-AUCによる近似とモデル選択

ここでは、これまで紹介してきた評価指標の最適化とは異なり、安定してモデルを改善するために代替となる評価指標を使用する例を紹介します。

Kaggleの「Bosch Production Line Performance」の評価指標はMCCでしたが、MCCは計算のためには閾値の最適化が必要な上、閾値にセンシティブでモデル選択の指標としては不安定という問題がありました。また、このコンペのデータが極度の不均衡データ（正例のデータ点数:負例のデータ点数=6879:1176868）であるために、二値分類でよく用いられるAUCについても、ほとんどの予測がTNとなってしまい、ROC曲線がY軸にはりついてしまって十分な表現力が得られず、モデル選択の指標として改善の余地がありました。

図2.24はBoschコンペにおける混同行列の一例ですが、99.4％と大半がTNになっていることがわかります。ここで、コンペを通じて特徴量とモデルの改良を進めていくとしても、基本的にはこのバランス自体は大きく変わらないと仮定します。すると、図2.25のように、このコンペ特有の条件下ではMCCはprecisionとrecallの幾何平均で近似できることがわかります。

	真の値 正例	真の値 負例
予測値 正例	TP 1,755	FP 477
予測値 負例	FN 5,124	TN 1,176,391

図2.24　Boschコンペでの混同行列

$$MCC = \frac{TP \times TN - FP \times FN}{\sqrt{(TP+FP)(TP+FN)(TN+FP)(TN+FN)}}$$

$$\sim \frac{TP \times TN - FP \times FN}{\sqrt{(TP+FP)(TP+FN)TN^2}} \quad \because \; TN \gg FP, \; TN \gg FN$$

$$\sim \frac{TP}{\sqrt{(TP+FP)(TP+FN)}} \quad \because \; TP \times TN \gg FP \times FN$$

$$= \sqrt{(Precison) \times (Recall)}$$

図2.25　BoschコンペでのMCCの近似

　ここで、図2.26のprecision-recall曲線（以下、PR曲線）を見てみると、PR曲線の非単調性から、最適な閾値におけるMCCが不安定であることが感覚的に理解できます。これは直感的にはPR曲線のギザギザに一喜一憂してしまうことに相当します。そのため、MCCをモデル選択の指標とした場合、本質的なモデル性能の改善に基づかないMCCのスコアのぶれによって、正しい判断（本質的なモデルの改善）が阻害される可能性があります。コンペ終盤の最終調整の局面であれば良いかもしれませんが、長丁場のKaggleでは大局的に良い方向にモデル選択を行うことの方が重要と考えられますので、ここではMCCとは別の良い指標はないかを検討する方が良いと考えられます。

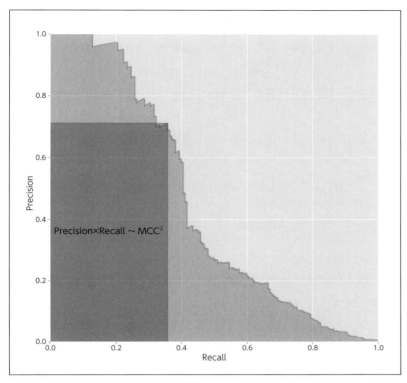

図2.26　BoschコンペでのMCCとPRの関係性

そこで、モデル選択のための評価指標として、PR曲線の下側面積で定義されるPR-AUCを用いることにしてみます。図2.26におけるMCCとの幾何学的関係性より、最適な閾値におけるMCCと大局的に良い相関を示しつつもモデル性能をしっかり表現できると期待できます。図2.27は実際の実験結果ですが、AUCと比較してMCCと良好な相関を示し、良いモデル選択の指標になることが確認できます。PR-AUCは、MCCより安定しているので特徴選択の結果に対して実験結果の一貫性が向上し、閾値の最適化が必要ないので検討スループットの向上が期待できます。

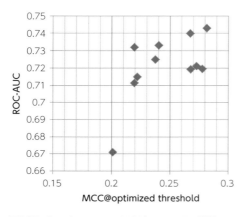 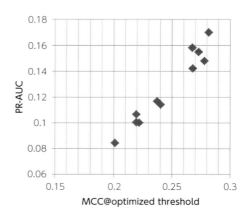

図2.27　BoschコンペでのMCCとPR-AUCの相関

　なお、ここではPR-AUCを使う方法について説明してきましたが、シンプルにモデル選択のための評価指標をloglossとして進めていく方法も有力です。loglossであれば、それぞれの予測確率の改善がスコアの上昇につながるので、loglossを伸ばしていけば自然に良いモデルができていくという発想です。ただ、どの方法を使うにしても、このような思索によって評価指標の性質を理解したり、スコアが高くなった理由はぶれが原因なのかモデルが改善したことが原因なのかというのを推測していくことは有用です。

2.7 リーク (data leakage)

機械学習や分析コンペでしばしば使われるリークという単語について説明します。以下のように2つの意味があります。

1つは、分析コンペの設計の問題で、使うことが想定されていない予測に有用な情報が想定外に漏れて使える状況になってしまうことです。KaggleのDiscussionなどでコンペの開催期間中に言及されるリークはこちらを指すことが多いです。

もう1つは、モデル作成における技術的な問題で、バリデーションの枠組みを誤ったためにバリデーションで不当に高いスコアが出てしまうことです。本書の各章の説明でリークについて言及している場合、通常こちらを指しています。

2.7.1 予測に有用な情報が想定外に漏れている意味でのリーク

前者の意味のリークは、分析コンペにおいて主催者が使うことを想定していない情報を何らかの形で漏らしてしまい、参加者がそれを利用することでフェアな予測を超えて良いモデルや予測値を作成できることです。

Kaggleの公式ドキュメント[注17]によると、「予期せず学習データに現れる追加の情報で、モデルや機械学習アルゴリズムに現実的でない良い予測を可能とさせるもの」と定義され、リークの種類として以下が挙げられています。

- テストデータが学習データに入っている
- テストデータの特徴量に予測対象の値が入っている
- 将来の情報が過去のデータに入っている
- 利用できないように削除した変数の代理となる変数が残っている
- 難読化・ランダム化・匿名化などを解析して元に戻すことができる
- モデルを実際に学習・予測するときに利用できない情報が含まれている
- 第三者のデータに上記の情報が含まれている

主催者にとってリークを完全に防ぐのは難しいようでときどき発生してしまってい

注17 「Competition/leakage (How to use Kaggle)」より引用：https://www.kaggle.com/docs/competitions#leakage

ます。リークの重大性には幅があり、使うことでわずかに精度を上げることができるものから、それによりコンペが成立しなくなるものまであります。

実際のコンペでのリークの例としては、以下が挙げられます。

- 公開されているデータとしてテストデータの目的変数が入手可能なケース
Kaggleの「Google Analytics Customer Revenue Prediction」において、テストデータがGoogle Analyticsのデモアカウントのデータに含まれていたため、テストデータをコンペ期間終了後の将来のデータに変更する形でリスタートが行われた[注18]

- テストデータと同じユーザが学習データに存在したケース
Kaggleの「Home Credit Default Risk」において、各種特徴量を比較することで、テストデータと同じユーザが学習データに少数存在することが分かった[注19]。同じユーザということが分かっていると、そのユーザの過去の目的変数などを関連づけてテストデータの予測を行えるため有利になることがある

- IDが重要な特徴量となっているケース
Kaggleの「Caterpillar Tube Pricing」では、tube_assembly_idが特徴量として意味を持っていた[注20]。分析コンペでは予測に使えないようにIDはランダムに振り直されることが多いが、時間順に付番されたIDなどがそのまま残っていると、予測に有用な情報になることがある

コンペで、ある程度スコアに影響があるリークが発生した場合、それを使用せずに上位に行くことは難しいです。そのため、分析という観点では本質的ではありませんが、リークがあることが疑われる場合には積極的に見付けざるを得ません。リークが存在する可能性がある場合、サインとして最も気づきやすいのは、コンペの中盤以降にLeaderboard上に極端にスコアが高い参加者が突然発生しているような状況です。また、これまで開催されたコンペでは、リークが発覚した場合、KaggleのDiscussionで情報が共有され、またリークに対する検証、予測への反映の仕方なども共有される傾向にありました[注21]。重大なリークに関しては、コンペの運営側が公式見解をDiscussionに投稿する場合もあります。

注18「Important Competition Update（Google Analytics Customer Revenue Prediction）」https://www.kaggle.com/c/ga-customer-revenue-prediction/discussion/68353
注19「Home Credit Default Risk - 2nd place solutions -」https://speakerdeck.com/hoxomaxwell/home-credit-default-risk-2nd-place-solutions?slide=11
注20「Solution sharing（Caterpillar Tube Pricing）」https://www.kaggle.com/c/caterpillar-tube-pricing/discussion/16264
注21「The Property by Giba」https://www.kaggle.com/titericz/the-property-by-giba

2.7 リーク (data leakage)

> **AUTHOR'S OPINION**
>
> 特にひどいリークについては、データ分析の本質ではなく興ざめではありますが、分析の技術でリークを見付けることもできるので、分析コンペを競技としてみた場合には意味がなくはないと思っています。また、データの生成過程において何らかのパターンが現れた場合にそれを特徴量として使うのは適切な分析ですが、主催者がデータを整理する過程で付けたIDのパターンを利用するとリークとみなされうることからも、リークであるかないかの境界は必ずしも明確ではないように思います。(T)

2.7.2 バリデーションの枠組みの誤りという意味でのリーク

　後者の意味のリークは、モデル作成における技術的な問題であり、バリデーションの枠組みに誤りがあったために、バリデーションデータの目的変数の情報を誤って取り込んで学習してしまい、バリデーションで不当に高いスコアが出てしまうことです。

　時系列データを扱うタスクで、学習データとテストデータが時間で分割され、将来の予測が求められるケースを考えます。このとき、時間的な情報を考慮せずに特徴量の作成やバリデーションを行うと、バリデーションでは良いスコアが出るにもかかわらず、テストデータを予測し提出してみると良いスコアが出ないことがあります。

　例えば、時系列データを単純にランダムに分割するバリデーションを行い、同じ時刻で性質が似たレコードの目的変数をほぼそのまま予測値とするモデルを学習してしまうことが考えられます。こうすると、バリデーションでは高いスコアが出るかもしれませんが、テストデータには同じ時刻のデータの目的変数は使えずそのような予測はできないため、そのスコアはまったく意味をなしません。

　なお、リークしないように適切にバリデーションを行う方法については、5章で詳しく解説します。

　このように、バリデーションデータにおける目的変数の情報が学習データへと漏れ出ている事象もリークと言います。このようなリークは、参加者が特徴量の作成やバリデーションを行う際に注意し、技術的に対処すべきものです。

第 3 章

特徴量の作成

- **3.1** 本章の構成
- **3.2** モデルと特徴量
- **3.3** 欠損値の扱い
- **3.4** 数値変数の変換
- **3.5** カテゴリ変数の変換
- **3.6** 日付・時刻を表す変数の変換
- **3.7** 変数の組み合わせ
- **3.8** 他のテーブルの結合
- **3.9** 集約して統計量をとる
- **3.10** 時系列データの扱い
- **3.11** 次元削減・教師なし学習による特徴量
- **3.12** その他のテクニック
- **3.13** 分析コンペにおける特徴量の作成の例

3.1 本章の構成

　本章では、分析コンペでモデルの精度を上げるために最も重要な要素である、特徴量の作成方法について説明します。分析コンペごとに有効な特徴量は異なり、あるコンペで効いた手法が他のコンペでは効かないことはよくあります。また、データの性質から効くに違いないと思った特徴量が作ってみたら効かないこともよくあります。そのため、さまざまな特徴量を作り試してみることが重要で、その参考となるようにさまざまな手法や観点を紹介します。

　本章の構成としては、まずモデルと特徴量の関係について「3.2 モデルと特徴量」の節で説明したあと、以下の流れで特徴量の作り方を見ていきます。実際の分析コンペでの例についても適宜紹介するとともに、節を設けて「3.13 分析コンペにおける特徴量の作成の例」で紹介します。

変数を変換することで特徴量を作成する方法
- 「3.3 欠損値の扱い」
- 「3.4 数値変数の変換」
- 「3.5 カテゴリ変数の変換」
- 「3.6 日付・時刻を表す変数の変換」
- 「3.7 変数の組み合わせ」

　欠損値をどう処理するか、数値変数やカテゴリ変数をどう変換するか、日付・時刻からどういった情報を抽出できるかなど、単一の変数を変換することで特徴量を作成する方法を紹介します。また、変数の組み合わせによって特徴量を作成する方法についても考察します。

別のテーブルのデータや時系列データから特徴量を作成する方法
- 「3.8 他のテーブルの結合」
- 「3.9 集約して統計量をとる」
- 「3.10 時系列データの扱い」

別のテーブルとして与えられたデータを単に結合したり、集約して統計量を計算したあとに結合したりして特徴量とする方法について紹介します。また、時系列データの種類や扱い方について考察するとともに、過去の時点での値を特徴量とするラグ特徴量を紹介します。

次元削減・教師なし学習による特徴量
- 「3.11 次元削減、教師なし学習による特徴量」

次元削減、教師なし学習により、データ全体の情報からそれぞれのレコードの特徴を抽出する方法を紹介します。次元削減では、データの件数 n_{tr} ×特徴量の個数 n_f の行列を、データの件数 n_{tr} ×指定した次元 d の行列に変換しますが、これは各レコードを要素数 d のベクトルに変換する操作ととらえることができます。

その他のテクニック
- 「3.12 その他のテクニック」

データの背景にあるメカニズムを推測したり、レコード間の関係性・相対値・位置情報といった要素に注目するなど、特徴量を作る視点やアイデアを紹介します。また、自然言語処理の手法やそれを応用したテクニック、画像から特徴量を抽出する方法についても紹介します。

3.2 モデルと特徴量

3.2.1 モデルと特徴量

　特徴量の作成にあたっては、どのモデルの入力として特徴量を用いるかを意識するのが良いでしょう。

　4章でも説明しますが、テーブルデータを対象とする分析コンペでの主役となるモデルはGBDT（Gradient Boosting Decision Tree：勾配ブースティング木）と呼ばれる種類のモデルです。GBDTは決定木をベースとしたモデルで、以下のような特徴があります。

- 数値の大きさ自体には意味がなく、大小関係のみが影響する
- 欠損値があっても、そのまま扱うことができる
- 決定木の分岐の繰り返しによって変数間の相互作用を反映する

　ですので、数値の大小関係が変わらない変換をかけても結果は変わりませんし、欠損値を必ずしも埋める必要はありません。また、変数間の相互作用を明示的に与えなくてもある程度反映してくれます。カテゴリ変数については、one-hot encodingでなくlabel encodingによる変換としても、分岐の繰り返しによって各カテゴリの影響をある程度反映してくれます[注1]。逆に言うと、変数のスケール（変数の値が取りうる範囲）や分布をあまり気にしなくて良く、また欠損値やカテゴリ変数を扱いやすいことが、GBDTがよく使われている理由の1つです。

　対してニューラルネットは以下のような特徴があります。

- 数値の大きさが影響する
- 欠損値を埋めなくてはいけない
- 前の層の出力を結合する計算などによって変数間の相互作用を反映する

　数値のスケーリング（定数の乗算や加算などの操作により、変数の値がとりうる範囲を調整すること）は影響しますし、欠損値は何らかの方法で埋める必要があります。

注1　one-hot encoding、label encodingについては「3.5 カテゴリ変数の変換」で解説します。

label encodingで置き換えた数値がそのまま演算に使われてしまうため、カテゴリ変数の変換はlabel encodingよりはone-hot encodingの方が良いでしょう。

また、線形モデルでは、予測値を特徴量の線形和（各値に対して定数を乗算したものの和）でしか表現できません。ですので、対数に比例して影響のある変数は対数変換を行うなど、非線形な影響を表現するには非線形の変換を行う必要がありますし、相互作用を入れたい場合は明示的に変数を組み合わせた特徴量を作る必要があります。

なお、特徴量は直接モデルの入力とするだけでなく、平均などの統計量をとって特徴量にすることもあります。モデルとしてGBDTのみを使う場合でも、統計量をとる前段の処理としてスケーリングを行ったり、欠損値を埋めたりすることが有効もしくは必要な場合があります。

3.2.2 ベースラインとなる特徴量

例えば、図3.1のようにユーザごとに行があり、特徴量と目的変数の列がある整った形式のテーブルデータがあるとします。

保険加入の可否を予測するタスクの学習データ

ユーザID	年齢	性別	商品	身長	体重	（その他のユーザ属性）	目的変数
1	50	M	D1	166	65	…	0
2	68	F	A1	164	57	…	0
3	77	M	A3	167	54	…	1
4	17	M	B1	177	71	…	0
5	62	F	A2	158	65	…	1
…	…	…	…	…	…	…	…
1996	63	M	A3	181	64	…	1
1997	42	M	D1	177	69	…	0
1998	9	F	D1	159	63	…	0
1999	40	M	A1	165	52	…	0
2000	54	M	C2	176	52	…	0

図3.1　整った形式のテーブルデータ

GBDTであれば、ユーザIDの列を削除し、単にカテゴリ変数のlabel encodingを行うだけでベースライン（最低限の処理を加えた状態での基準）となる特徴量が作成できます。GBDTではこれで特徴量に含まれる情報をとらえた意味のある予測をできることも多く、スコアとしてもベースラインになるでしょう。

ニューラルネットや線形モデルであれば、カテゴリ変数をone-hot encodingし、欠損値を埋めることで、とりあえず学習させることができます。標準化も行っておいた方が良いでしょう。ただし、これらのモデルでは、少なくともこの段階ではGBDTほどのスコアが出ないことが多いです。ここから精度を上げていくために、工夫を凝らして特徴量を作成していくことになります。

3.2.3 決定木の気持ちになって考える

「決定木の気持ちになって考える」というフレーズがKagglerの間で使われることがあります。このフレーズは、どのような特徴量が有効かについて、Kagglerの感覚をよく表現しています。

GBDTは賢く、十分にデータ数があり、適切な情報を含んでいるデータを入力とすると、相互作用や非線形の関係性についてもちょうどよく反映して予測をします。決定木の分岐の組み合わせで相互作用や非線形の関係性について表現できるためです。しかし、当然ながら入力に存在しない情報を反映することはできませんし、相互作用を直接表現した特徴量が与えられた方がより反映しやすくなります。

そこで、モデルに現在与えられている入力から読み取れない・読み取りづらい情報を追加で与えるというのが、特徴量を作るイメージになります。具体的には、以下のような例が考えられます。

- 例1：別のテーブルにユーザの属性についての情報がある場合には、当然ながらそのテーブルの情報を付加しないとモデルはそれを反映できません。別テーブルを単純に結合するだけで良い場合もありますし、何らかの集約が必要になることもあります。
- 例2：ユーザの行動に大きく影響している要素が、購入額を購入数で除した平均購入単価だったとします。このとき、購入額と購入数のみが特徴量として入っていると、GBDTは購入額と購入数の相互作用として平均購入単価をある程度までは反映しますが、明示的に特徴量として加えた方がより適切に反映します。

なお、GBDT以外のモデルについては、例えば「ニューラルネットの気持ちになって考える」ことはなかなか難しいですが、入力から読み取りづらい特徴量を明示的に与える考え方はGBDTと変わらないでしょう。「線形モデルの気持ちになって考える」ことは簡単ですが、線形モデルの予測に役立つ特徴量を作るには、細かい変換を加えて明示的に予測値に影響させたい情報とする必要があり手間がかかるでしょう。

3.3 欠損値の扱い

分析コンペに限らず、私たちが扱うデータにはしばしば欠損が存在します。欠損値となっている理由としては、以下が考えられます[注2]。

- 値が存在しないケース
  例）個人と法人が混在しているデータでの法人の年齢、人数が0の場合の平均が存在しないなど

- 何らかの意図があるケース
  例）入力フォームにユーザが入力してくれない、その場所や時間については観測していないなど

- 値を取得するのに失敗したケース
  例）人為的ミスや観測機器のエラーで値があるにもかかわらず取得できなかったなど

分析コンペで主流となっているxgboostやlightgbmといったGBDTのライブラリでは欠損値をそのまま扱うことができます。ですので、GBDTを使う場合には、欠損値のまま取り扱うというのが基本的な選択となります。

GBDTでないモデルの多くは欠損値を含む学習データを扱うことができず、そのまま学習を行おうとすると実行時にエラーとなります。ですので、それらのモデルでは欠損値を何らかの値で埋める必要があります。欠損値を埋める方法としては、代表値で埋める方法と欠損値を他の変数から予測して埋める方法があります。

なお、GBDTでも欠損を補完した方が精度が向上する場合もあります。欠損値のまま扱う場合と埋める場合の両方を試してみるのも良いでしょう。

また、欠損値から新たな特徴量を作成するというのも有効な方法です。欠損値に含まれている情報をより有効に活用しようという考え方です。

ちなみに、欠損値を含むレコードを除外する、欠損値を含む変数を除外するという方法も考えられます。しかし、テストデータに欠損値が含まれていればそのレコードを除外するわけにはいきません。また、分析コンペでは与えられたデータからいかに

注2 「欠損値」（朱鷺の杜 Wiki）http://ibisforest.org/index.php? 欠損値 を参考にしました。

予測に有効な情報を抽出するかが問われるため、除外することで使える情報を減らしてしまうことは得策とは言えません。これらの点を考えると、分析コンペでは使いづらい方法と言えます。

3.3.1 欠損値のまま取り扱う

　　GBDTライブラリでは、欠損値を埋めずにそのまま取り扱うことができます。欠損値はその値が何らかの理由で欠損しているという情報を持っていると考えると、その情報を捨てるのはもったいないため、そのまま取り扱うのが自然な方法です。

　　scikit-learnのランダムフォレストなど、欠損値を扱えないライブラリであっても決定木をベースとしたモデルにおいては、欠損値に-9999などの通常取り得る範囲外の値を代入することで、欠損値のまま取り扱うのに近い方法とすることができます。決定木はある変数のある値でデータを二分することを繰り返すモデルであり、変数の値そのものではなく相対的な大小関係に依存してモデルが作成されるため、このようにすると欠損値か否かでデータを分離できます。

3.3.2 欠損値を代表値で埋める

　欠損値を埋めるシンプルな方法は、その変数の代表値で埋めることです。これは、欠損の発生がランダムならば、最もありそうな値で埋めれば良いだろうという考えに基づいていると言えます。逆に言えば、ランダムでなければあまり適切でない可能性があります。

　　数値変数の場合、代表値としてもっとも典型的なのは平均値でしょう。年収など分布が歪んでいる場合は平均値は代表値として適切でないため、中央値で欠損を埋めるのも良いでしょう。また、対数変換などにより歪みの少ない分布にしてから平均をとる方法もあります。

　　また、平均のとり方も、単純に全データの平均ではなく、別のカテゴリ変数の値でグループ分けし、そのグループごとの平均を代入する方法も考えられます。これは、欠損している変数の分布がグループごとに大きく変わることが想定される場合に有効です。

　　カテゴリ変数の値ごとに平均をとる際に、データ数が極端に少ないカテゴリが存在する場合、その平均値にはあまり信用がおけませんし、そのカテゴリの値はすべて欠

損しているかもしれません。そのような場合、以下の算式のように分子と分母に定数項を足して計算させるBayesian averageという方法があります。

$$\bar{x} = \frac{\sum_{i=1}^{n} x_i + Cm}{n + C}$$

この方法では、あらかじめ値mのデータをC個観測したことにして、平均の計算に加えています。データ数が少ない場合はmに、十分多い場合はそのカテゴリの平均に近付きます。mの値は事前知識として設定する必要がありますが、データ全体の平均値を用いるなどの方法で良いでしょう。

カテゴリ変数の場合は、欠損値を1つのカテゴリとみなして欠損を表すカテゴリを新たに作り置き換える方法や、最も多いカテゴリを代表値として置き換える方法があります。

3.3.3 欠損値を他の変数から予測する

欠損している変数が他の変数と関連を持っている場合には、それらの変数から本来の値を予測できます。特に、欠損している変数が重要な変数である場合、予測により精緻な補完ができれば精度を上げることができそうです。

予測による補完は、以下のような流れになります。

1. 欠損を補完したい変数を目的変数とみなし、その他の変数を特徴量とした補完のためのモデルを作成し、学習を行う
   以下の図3.2のように、補完したい変数が欠損していないレコードを学習データとし、欠損しているデータを予測対象のデータとする

2. 補完のためのモデルで予測を行った値で欠損値を埋める

学習データ

ユーザID	年齢	性別	商品	(その他のユーザ属性)	目的変数
1	50	M	D1	…	0
2	68	F	A1	…	0
3	NULL	M	A3	…	1
4	17	M	B1	…	0
5	NULL	F	A2	…	1

テストデータ

ユーザID	年齢	性別	商品	(その他のユーザ属性)	目的変数
6	63	M	A3	…	NULL
7	42	M	D1	…	NULL
8	NULL	F	D1	…	NULL
9	40	M	A1	…	NULL
10	NULL	M	C2	…	NULL

年齢を補完するための学習データ

ユーザID	性別	商品	(その他のユーザ属性)	目的変数(年齢)
1	M	D1	…	50
2	F	A1	…	68
4	M	B1	…	17
6	M	A3	…	63
7	M	D1	…	42
9	M	A1	…	40

年齢を補完する予測対象のデータ

ユーザID	性別	商品	(その他のユーザ属性)	目的変数(年齢)
3	M	A3	…	NULL
5	F	A2	…	NULL
8	F	D1	…	NULL
10	M	C2	…	NULL

図3.2　欠損値(年齢)を他の変数から予測する例

　この際、補完のためのモデルの特徴量に本来の目的変数を含めてしまうと、テストデータについて補完ができなくなりますので注意しましょう。逆に、テストデータの補完したい変数が欠損していないレコードは、補完のためのモデルの学習データに加えて使うことができます。

　Kaggleの「Airbnb New User Bookings」の2位のソリューションでは、年齢や「最初に予約した日とアカウント作成日の差をbinningしカテゴリ変数としたもの」などの重要と思われる特徴量について、予測による補完が行われています[注3, 注4]。

3.3.4 欠損値から新たな特徴量を作成する

　欠損の発生が完全にランダムに起こることはあまりなく、何らかの理由がある場合が多いでしょう。そのような場合、欠損していること自体に情報があるため、欠損値から特徴量を作成することが有効です。

注3　「Airbnb New User Bookings, Winner's Interview: 2nd place, Keiichi Kuroyanagi (@Keiku)」http://blog.kaggle.com/2016/03/17/airbnb-new-user-bookings-winners-interview-2nd-place-keiichi-kuroyanagi-keiku/
注4　「Kaggle – Airbnb New User Bookings のアプローチについて」https://www.slideshare.net/Keiku322/kaggle-airbnb-new-user-bookingskaggle-tokyo-meetup-1-20160305

シンプルな方法として、欠損かどうかを表す二値変数を作成する方法があります。欠損値を埋めたとしても、この二値変数を別に作ることで情報を減らさないことができます。欠損している変数が複数ある場合には、それぞれに対して二値変数を作成します。

他にも、以下のような手法が考えられます。

- レコードごとに欠損している変数の数をカウントする（カウントする対象を変数すべてでなく、ある変数のグループに限定する方法もある）
- 複数の変数の欠損の組み合わせを調べ、もしそれらがいくつかのパターンに分類できるのであれば、どのパターンであるかを特徴量とする

3.3.5 データ上の欠損の認識

欠損は、例えばcsvファイルでは空白やNAなどの表現で格納されていることが一般的です。しかし、データによっては、数値データの欠損が-1や9999などの何らかの数値として入力されていることがあるため注意が必要です。そのまま扱ってしまうと、本来欠損値とすべき値を通常の数値として解釈するため、モデルの学習は一見問題なく進みますが精度が十分に出ない場合があります。このような可能性を想定して、最初の段階で変数の分布をヒストグラムなどで見て、欠損として認識すべき値がないかを確認しておくことが望ましいでしょう。

特定の値を欠損値としてデータを読み込むためには、読み込む際に引数で明示的に指定する必要があります。以下のようにpandasモジュールのread.csv関数のna_values引数で欠損の表現を指定することができます（デフォルトでも空白やNAなどの文字列は欠損値として扱われます）。

（欠損値を指定してtrain.csvを読み込む）

```
# 欠損値を指定してtrain.csvを読み込む
train = pd.read_csv('train.csv', na_values=['', 'NA', -1, 9999])
```

ただし、ある変数では-1が欠損値として扱われている一方で、他の変数では有効な数値として-1が出現するといった場合、上記のようにデータの読み込み時に指定を行うことができません。そのような場合には、一旦数値や文字列として読み込んだあとに、改めて欠損値として置き換えると柔軟に対処できるでしょう。以下のように

replace関数を使うと置換を行うことができます。

(列の特定の値を欠損値で置き換える)
```
# 列col1の値-1を欠損値（nan）に置換
data['col1'] = data['col1'].replace(-1, np.nan)
```

3.4 数値変数の変換

数値変数は、基本的にはそのままモデルの入力に用いることができますが、適切な変換、加工をすることでより有効な特徴量となる場合があります。ここでは、単一の数値変数を変換する方法について説明します。複数の変数を組み合わせて作る変数については、「3.7 変数の組み合わせ」を参照してください。

なお、GBDTなど決定木をベースにしたモデルでは、大小関係が保存される変換は学習にほとんど影響を与えないので、以下で紹介する方法の多くは適用しても意味がありません。ですが、「3.9 集約して統計量をとる」で紹介するように統計量をとって特徴量を作る場合があり、その前段の処理として変換を行うことは意味があります。

3.4.1 標準化（standardization）

最も基本的な変換は、線形変換（乗算と加算のみによる変換）によって変数のスケールを変えることです。線形変換をして、変数の平均を0、標準偏差を1にする操作をすることが多く、この操作を標準化（standardization）と呼びます。

算式で表すと、以下のような変換になります（μは平均、σは標準偏差です）。

$$x' = \frac{x - \mu}{\sigma}$$

例えば、線形回帰やロジスティック回帰などの線形モデルにおいては、スケールが大きい変数ほどその回帰係数は小さくなりますので、標準化を行わないと、そのような変数に対して正則化[注5]がかかりにくくなってしまいます。ニューラルネットにおいても、変数同士のスケールの差が大きいままでは学習が上手く進まないことが多いです。また、平均は0から大きく離れていない方が良いでしょう。

scikit-learnのpreprocessingモジュールのStandardScalerクラスで標準化を行うことができます。各変数の平均値と標準偏差に基づいて標準化が行われます。以下のコードになります。

注5　正則化については、「4.1.3 モデルに関連する用語とポイント」で説明します。

(ch03/ch03-01-numerical.pyの抜粋)

```python
from sklearn.preprocessing import StandardScaler

# 学習データに基づいて複数列の標準化を定義
scaler = StandardScaler()
scaler.fit(train_x[num_cols])

# 変換後のデータで各列を置換
train_x[num_cols] = scaler.transform(train_x[num_cols])
test_x[num_cols] = scaler.transform(test_x[num_cols])
```

このように、複数の列を一度にスケーリングすることができます。学習データにおけるそれぞれの変数の平均値と標準偏差をfitメソッドで計算して覚えておき、それを用いて学習データとテストデータの変換を行っています。

また、0か1で表される二値変数については、0と1の割合が偏っている場合には標準偏差が小さいため、変換後に0か1のどちらかの絶対値が大きくなってしまう可能性があります。二値変数に対しては、標準化を行わなくても良いでしょう。

● COLUMN

データ全体の数値を利用して変換を行うときに、学習データのみを使うか、テストデータも使うか

標準化に限らず、データ全体の数値に対してスケーリングなどの変換を行うときに、テストデータを利用するかどうかはときどき議論になります。例えば標準化の場合では、以下の2つの方法があります。

1. 学習データで平均と分散を計算し、それを用いて学習データ・テストデータを変換する
2. 学習データとテストデータを結合して平均と分散を計算し、学習データ・テストデータを変換する

1.の方法は、以下のコード（再掲）です。

(ch03/ch03-01-numerical.pyの抜粋)

```python
from sklearn.preprocessing import StandardScaler

# 学習データに基づいて複数列の標準化を定義
scaler = StandardScaler()
scaler.fit(train_x[num_cols])
```

```
# 変換後のデータで各列を置換
train_x[num_cols] = scaler.transform(train_x[num_cols])
test_x[num_cols] = scaler.transform(test_x[num_cols])
```

2の方法は、以下のコードです。

(ch03/ch03-01-numerical.pyの抜粋)

```
from sklearn.preprocessing import StandardScaler

# 学習データとテストデータを結合したものに基づいて複数列の標準化を定義
scaler = StandardScaler()
scaler.fit(pd.concat([train_x[num_cols], test_x[num_cols]]))

# 変換後のデータで各列を置換
train_x[num_cols] = scaler.transform(train_x[num_cols])
test_x[num_cols] = scaler.transform(test_x[num_cols])
```

実務においては、モデル作成時に予測対象データが手元に揃っていることは少ないと思われますので、前者の方法をとるのが一般的でしょう。しかし、Kaggleをはじめとする分析コンペでは、最初からテストデータが揃っていることが多いため、後者の方法でテストデータの情報を貪欲に使おうとすることもできます。

AUTHOR'S OPINION

テストデータの情報を使ってデータ加工やモデル作成を行うべきではないという主張はあり、それは特に実務上の観点ではまっとうな意見です。そのような立場から言えば、学習データのみを基準にして標準化すべきということになります。一方で、学習データのみを基準にした変換は、学習データに対してのみ過度に最適化されており、過学習につながるという考えもあります。 この辺りは思想の違いですし、よほど学習データとテストデータの特性に違いがない限り、どちらでも大きな差異が生じることはありませんので、あまり神経質にならない方が良いでしょう。自身が納得できる方法を用いれば良いと思います。（J）

いずれにせよ、学習データとテストデータは同じ変換を行う必要があり、学習データとテストデータで、それぞれ別の変換を行うことは避けるべきです。悪い例としては、「学習データで平均と分散を計算し、学習データを変換する。それと別に、テストデータで平均と分散を計算し、テストデータを変換する」という方法があります。 悪い例は以下のようなコードになります。

```
(ch03/ch03-01-numerical.pyの抜粋)
from sklearn.preprocessing import StandardScaler

# 学習データとテストデータを別々に標準化（悪い例）
scaler_train = StandardScaler()
scaler_train.fit(train_x[num_cols])
train_x[num_cols] = scaler_train.transform(train_x[num_cols])
scaler_test = StandardScaler()
scaler_test.fit(test_x[num_cols])
test_x[num_cols] = scaler_test.transform(test_x[num_cols])
```

この方法では、学習データとテストデータで異なる平均と標準偏差によって変換をかけていることになります。両者の分布に大きな差がなければそれほど問題にはならないかもしれませんが、この方法をとるべきではないでしょう。

3.4.2 Min-Maxスケーリング

変数のスケールを揃えるもう1つの方法として、変数のとる範囲を特定の区間（通常は0から1の区間）に押し込める方法があります。算式で表すと、以下のような変換になります（x_{max}はxの最大値、x_{min}はxの最小値）。

$$x' = \frac{x - x_{min}}{x_{max} - x_{min}}$$

Pythonにおいては、scikit-learnのMinMaxScalerクラスを用いて行うことができます。

```
(ch03/ch03-01-numerical.pyの抜粋)
from sklearn.preprocessing import MinMaxScaler

# 学習データに基づいて複数列のMin-Maxスケーリングを定義
scaler = MinMaxScaler()
scaler.fit(train_x[num_cols])

# 変換後のデータで各列を置換
train_x[num_cols] = scaler.transform(train_x[num_cols])
test_x[num_cols] = scaler.transform(test_x[num_cols])
```

変換後の平均がちょうど0にならない、外れ値の悪影響をより受けやすいなどのデメリットがあるので、標準化の方がよく使われます。画像データの各画素の値などでは、

0～255ともともと範囲が決まっている変数なので、Min-Maxスケーリングを用いることも自然と言えるでしょう。

3.4.3 非線形変換

上記の標準化、Min-Maxスケーリングは線形変換なので、変数の分布は伸縮するだけで形状そのものは変化しません。一方で非線形変換により変数の分布の形状を変えることが望ましい場合もあります。一般的には、変数の分布はあまり偏っていない方が良いでしょう。

対数をとる、log(x+1)をとる、絶対値の対数をとる

例えば、何かの金額やカウントを表すような変数では一方向に裾が伸びた分布になりがちなので、対数変換を行うことがあります。なお、0が値として含まれる場合にはそのまま対数をとることができないので、log(x+1)による変換がよく使われます。log(x+1)による変換は、numpyモジュールのlog1p関数で行うことができます。また、負の値が含まれる場合にはそのまま対数変換は適用できませんが、絶対値に対数変換をかけたあとに、元の符号を付加するなどの方法で対処できます。

(ch03/ch03-01-numerical.pyの抜粋)

```python
x = np.array([1.0, 10.0, 100.0, 1000.0, 10000.0])

# 単に対数をとる
x1 = np.log(x)

# 1を加えたあとに対数をとる
x2 = np.log1p(x)

# 絶対値の対数をとってから元の符号を付加する
x3 = np.sign(x) * np.log(np.abs(x))
```

Kaggleの「PLAsTiCC Astronomical Classification」では、fluxという変数に対して多くの参加者がこの変換を行っていました。

Box-Cox変換、Yeo-Johnson変換

対数変換を一般化したBox-Cox変換（つまり、Box-Cox変換のパラメータ$\lambda = 0$の

場合が対数変換です）や、負の値を持つ変数にも適用可能なYeo-Johnson変換もあります。変換に使用するパラメータは、できるだけ正規分布に近づくようにライブラリ側で最適値を推定してくれることが多いので、必ずしも明示的に指定する必要はありません。図3.3と図3.4でBox-Cox適用前の分布と適用後の分布を示します。

Box-Cox変換:

$$x^\lambda = \begin{cases} \frac{x^\lambda - 1}{\lambda} & \text{if } \lambda \neq 0 \\ \log x & \text{if } \lambda = 0 \end{cases}$$

Yeo-Johnson変換:

$$x^\lambda = \begin{cases} \frac{x^\lambda - 1}{\lambda} & \text{if } \lambda \neq 0, x_i \geq 0 \\ \log(x+1) & \text{if } \lambda = 0, x_i \geq 0 \\ \frac{-[(-x+1)^{2-\lambda} - 1]}{2-\lambda} & \text{if } \lambda \neq 2, x_i < 0 \\ -\log(-x+1) & \text{if } \lambda = 2, x_i < 0 \end{cases}$$

以下にBox-Cox変換およびYeo-Johnson変換のコード例と、適用例を示します。

（Box-Cox変換）

(ch03/ch03-01-numerical.pyの抜粋)

```python
# 正の値のみをとる変数を変換対象としてリストに格納する
# なお、欠損値も含める場合は、(~(train_x[c] <= 0.0)).all() などとする必要があるので注意
pos_cols = [c for c in num_cols if (train_x[c] > 0.0).all() and (test_x[c] > 0.0).all()]

from sklearn.preprocessing import PowerTransformer

# 学習データに基づいて複数列のBox-Cox変換を定義
pt = PowerTransformer(method='box-cox')
pt.fit(train_x[pos_cols])

# 変換後のデータで各列を置換
train_x[pos_cols] = pt.transform(train_x[pos_cols])
test_x[pos_cols] = pt.transform(test_x[pos_cols])
```

(Yeo-Johnson変換)

(ch03/ch03-01-numerical.pyの実装)

```
from sklearn.preprocessing import PowerTransformer

# 学習データに基づいて複数列のYeo-Johnson変換を定義
pt = PowerTransformer(method='yeo-johnson')
pt.fit(train_x[num_cols])

# 変換後のデータで各列を置換
train_x[num_cols] = pt.transform(train_x[num_cols])
test_x[num_cols] = pt.transform(test_x[num_cols])
```

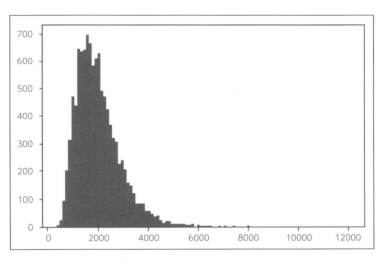

図3.3　Box-Cox変換適用前

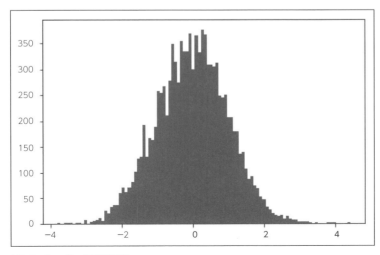

図3.4　Box-Cox変換適用後

generalized log transformation

また、generalized log transformationという変換も提案されています。あまり用いられている例はないですが、参考までに紹介します。

$$x^{(\lambda)} = \log(x + \sqrt{x^2 + \lambda})$$

その他の非線形変換

その他に以下のようなシンプルな変換も考えられます。他にもさまざまな変換が考えられますが、データの特性や変数の意味に応じて、有効な変換を見付けるのも重要な工程の1つです。

- 絶対値をとる
- 平方根をとる
- 二乗をとる、n乗をとる
- 正の値かどうか、ゼロかどうかなどの二値変数とする
- 数値の端数をとる（価格の100円未満の部分や小数点以下など）
- 四捨五入・切り上げ・切り捨てを行う

3.4.4 clipping

数値変数には外れ値が含まれることがありますが、上限や下限を設定し、それを外れた値は上限や下限の値で置き換えることにより、外れ値を排除することができます。分布を見た上で適当に閾値を設定することもできますが、分位点を閾値とすることで機械的に外れ値を置き換えることもできます。

pandasモジュールやnumpyモジュールのclip関数で行うことができます。学習データの1％点を下限、99％点を上限にして、外れた値をそれらの値で置き換えるコードは以下のようになります。

(ch03/ch03-01-numerical.pyの抜粋)

```
# 列ごとに学習データの1%点、99%点を計算
p01 = train_x[num_cols].quantile(0.01)
p99 = train_x[num_cols].quantile(0.99)
```

```
# 1%点以下の値は1%点に、99%点以上の値は99%点にclippingする
train_x[num_cols] = train_x[num_cols].clip(p01, p99, axis=1)
test_x[num_cols] = test_x[num_cols].clip(p01, p99, axis=1)
```

図3.5と図3.6でclipping適用前と適用後の分布を示します。

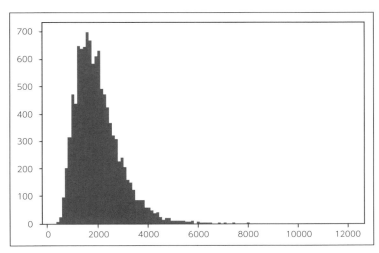

図3.5　clipping適用前

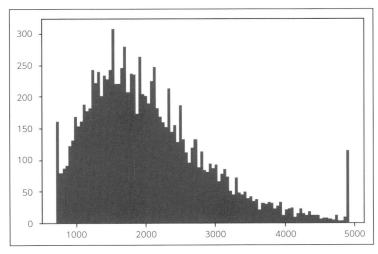

図3.6　clipping適用後

3.4.5 binning

数値変数を区間ごとにグループ分けして、あえてカテゴリ変数として扱う方法です。等間隔に分割する方法、分位点を用いて分割する方法、区間の区切りを指定して分割する方法などが考えられます。データに対する前提知識があり、どのような区間に分けるべきかの見当がついているとより有効です。

binningを行うと順序のあるカテゴリ変数となるので、順序をそのまま数値とすることも、カテゴリ変数としてone-hot encodingなどを適用することもできます。また、区間のカテゴリごとに他の変数の値を集計するといった、カテゴリ変数で可能な処理もできるようになります。

pandasモジュールのcut関数で行うことができます。その他、numpyモジュールのdigitize関数を使う方法もあります。

(ch03/ch03-01-numerical.pyの抜粋)

```python
x = [1, 7, 5, 4, 6, 3]

# pandasのcut関数でbinningを行う

# binの数を指定する場合
binned = pd.cut(x, 3, labels=False)
print(binned)
# [0 2 1 1 2 0] - 変換された値は3つのbinのどれに入ったかを表す

# binの範囲を指定する場合（3.0以下、3.0より大きく5.0以下、5.0より大きい）
bin_edges = [-float('inf'), 3.0, 5.0, float('inf')]
binned = pd.cut(x, bin_edges, labels=False)
print(binned)
# [0 2 1 1 2 0] - 変換された値は3つのbinのどれに入ったかを表す
```

Kaggleの「Coupon Purchase Prediction」の筆者（T）のソリューションでは、食事のクーポンの単価を1,500円以下、1,500円～3,000円、3,000円以上にbinningし、そのあとそれらの区間ごとに他の変数の値の集計を行っていました。同じ食事でも金額の範囲ごとに利用目的が異なることを反映しています。

3.4.6 順位への変換

数値変数を大小関係に基づいた順位へと変換する方法です。単に順位に変換するほ

かに、順位をレコード数で割ると0から1の範囲に収まり、値のスケールがレコード数に依存しないので扱いやすいです。数値の大きさや間隔の情報をあえて捨て、大小関係のみを抽出する方法と言えます。

例えば、店舗ごとの来店者数が日ごとに記録されているようなデータで、1週間の来店者実績から店舗の人気度を定量化したい場合、休日の来店者が多いと休日の傾向が強く出てしまいます。もし、来店者の少ない平日の傾向を休日と同じ重みで評価に組み込みたいと考えた場合、あらかじめ各日の来店者数を順位へ変換してから集約を行うことで実現できます。

また、次に紹介するRankGaussは、順位への変換からさらにそれを正規分布の形状に変換する手法です。

順位への変換はpandasモジュールのrank関数で行うことができます。その他、numpyモジュールのargsort関数を2回適用する方法もあります。

(ch03/ch03-01-numerical.pyの抜粋)

```
x = [10, 20, 30, 0, 40, 40]

# pandasのrank関数で順位に変換する
rank = pd.Series(x).rank()
print(rank.values)
# はじまりが1、同順位があった場合は平均の順位となる
# [2. 3. 4. 1. 5.5 5.5]

# numpyのargsort関数を2回適用する方法で順位に変換する
order = np.argsort(x)
rank = np.argsort(order)
print(rank)
# はじまりが0、同順位があった場合はどちらかが上位となる
# [1 2 3 0 4 5]
```

3.4.7 RankGauss

数値変数を順位に変換したあと、順序を保ったまま半ば無理矢理に正規分布となるように変換する手法です。Kaggle GrandmasterのMichael Jahrerが用いていたもので、Kaggleの「Porto Seguro's Safe Driver Prediction」の1位のソリューションの中で紹介されました[注6]。ニューラルネットでモデルを作成する際の変換として、通常の

注6 「1st place with representation learning (Porto Seguro's Safe Driver Prediction)」https://www.kaggle.com/c/porto-seguro-safe-driver-prediction/discussion/44629

標準化よりも良い性能を示すとのことです[注7]。

scikit-learnのpreprocessingモジュールのQuantileTransformerクラスにおいて、n_quantilesを十分大きくした上でoutput_distribution='normal'を指定すると、この変換を行うことができます。

(ch03/ch03-01-numerical.pyの抜粋)

```python
from sklearn.preprocessing import QuantileTransformer

# 学習データに基づいて複数列のRankGaussによる変換を定義
transformer = QuantileTransformer(n_quantiles=100, random_state=0, output_distribution='normal')
transformer.fit(train_x[num_cols])

# 変換後のデータで各列を置換
train_x[num_cols] = transformer.transform(train_x[num_cols])
test_x[num_cols] = transformer.transform(test_x[num_cols])
```

図3.7の分布にRankGaussを適用すると図3.8のように変換されます。

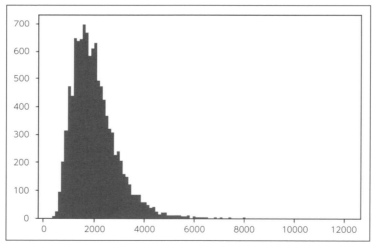

図3.7　RankGauss適用前

注7 「Preparing continuous features for neural networks with GaussRank（FastML）」http://fastml.com/preparing-continuous-features-for-neural-networks-with-rankgauss

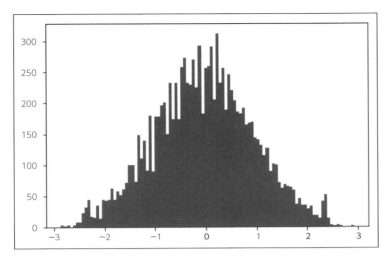

図3.8　RankGauss適用後

　仮に元の変数の分布が多峰であっても、変換後の分布は正規分布に近い形になります。ちなみに、output_distribution='uniform'とすれば一様分布に近付くように変換されますが、これは上述の順位への変換とほぼ同じです。

3.5 カテゴリ変数の変換

　ここまでは数値変数の変換について見てきましたが、もう1つ代表的な変数として挙げられるのがカテゴリ変数です。カテゴリ変数は、多くの機械学習のモデルでそのまま分析に用いることができず、モデルごとに適した形への変換が必要になります。

　なお、変数が文字列で表されているケースだけではなく、データ上は数値であっても値の大きさや順序に意味がない場合には、カテゴリ変数として扱うべきですので注意してください。

　また、テストデータにのみ存在する水準[注8]がある場合、カテゴリ変数の変換中にエラーが出たり、変換はできたとしてもモデルはその水準について学習できないため、その水準を含むレコードの予測値がおかしくなってしまう可能性があります。ですので、カテゴリ変数の変換を行う前に、テストデータにのみ存在するカテゴリがあるかどうかを確認し、もしある場合には以下のいずれかの対応をとると良いでしょう。

- 特に対応しなくても影響が微小であることを確認する
  テストデータにのみ存在するカテゴリを持つレコードが少ない場合、それらの予測を誤ってもスコアにほとんど影響を与えないことがあります。この場合には、そのままにしておいて良いでしょう。

- 最頻値や予測によって補完する
  最も頻度が多い水準で補完したり、欠損値とみなして「3.3.3 欠損値を他の変数から予測する」で紹介した方法で補完を行うことができます。

- 変換を行うときに、その変換における平均といえる値を入れる
  例えばtarget encodingであれば、テストデータにのみ存在する水準には、学習データ全体の目的変数の平均を入れることができます。

　以降で、カテゴリ変数を変換する代表的な方法について説明します。

注8　カテゴリ変数のカテゴリのことを水準と言います。

3.5 カテゴリ変数の変換

> **AUTHOR'S OPINION**
>
> 各手法について説明する前ではありますが、モデルごとのカテゴリ変数の変換手法について、筆者（J）の考えを先に述べておきます。
>
> GBDTなど決定木をベースとしたモデルではlabel encodingでカテゴリ変数を変換するのが最も簡便ですが、筆者の経験上はtarget encodingがより有効であることが多いです。ただし、target encodingはリークの危険性がありますので、やや上級者向きです。
>
> その他のモデルでは、one-hot encodingが最もオーソドックスな手法でしょう。また、ニューラルネットでは、embedding layerを変数ごとに構成するのが少し手間ですが、embeddingも有効です。

3.5.1 one-hot encoding

one-hot encodingはカテゴリ変数に対する最も代表的なハンドリング方法です（図3.9）。カテゴリ変数の各水準に対して、その水準かどうかを表す0、1の二値変数をそれぞれ作成します。したがって、n個の水準を持つカテゴリ変数にone-hot encodingを適用すると、n個の二値変数の特徴量が作成されます。これらの二値変数はダミー変数と呼ばれます。

変換前	変換後				
	(A1)	(A2)	(A3)	(B1)	(B2)
A1	1	0	0	0	0
A2	0	1	0	0	0
A3	0	0	1	0	0
B1	0	0	0	1	0
B2	0	0	0	0	1
A1	1	0	0	0	0
A2	0	1	0	0	0
A1	1	0	0	0	0

図3.9 one-hot encoding

pandasモジュールのget_dummies関数でone-hot encodingを行うことができます。引数columnsに指定した列がすべてone-hot encodingされ、それ以外の列と結合されたデータフレームを返します。get_dummies関数では、列名も元の列名とカテ

ゴリ変数の水準名から自動で生成してデータフレームを返してくれるため便利です。

なお、one-hot encodingの対象となる列は引数columnsで指定できます。引数columnsを省略すると、変数の型で自動的に判別しますが、明示的に指定する方が無難でしょう。

(ch03/ch03-02-categorical.pyの抜粋)

```
# 学習データとテストデータを結合してget_dummiesによるone-hot encodingを行う
all_x = pd.concat([train_x, test_x])
all_x = pd.get_dummies(all_x, columns=cat_cols)

# 学習データとテストデータに再分割
train_x = all_x.iloc[:train_x.shape[0], :].reset_index(drop=True)
test_x = all_x.iloc[train_x.shape[0]:, :].reset_index(drop=True)
```

get_dummies関数ではなく、scikit-learnのpreprocessingモジュールのOneHotEncoderを利用することもできます。

OneHotEncoderのtransformメソッドの返り値は、入力がデータフレームであってもnumpyの配列に変換されてしまい、元の列名や水準の情報が失われてしまいます。そのため、残りの変数と結合する際に、再度データフレームに変換し直す必要があり、少々扱いにくい部分もあります。一方で、sparse引数をTrueにすることで疎行列を返すので、多数の水準を持つカテゴリ変数のone-hot encodingを省メモリで扱うことも可能です。

get_dummiesとOneHotEncoderは一長一短なので、状況や好みに応じて選択してください。

(ch03/ch03-02-categorical.pyの抜粋)

```
from sklearn.preprocessing import OneHotEncoder

# OneHotEncoderでのencoding
ohe = OneHotEncoder(sparse=False, categories='auto')
ohe.fit(train_x[cat_cols])

# ダミー変数の列名の作成
columns = []
for i, c in enumerate(cat_cols):
    columns += [f'{c}_{v}' for v in ohe.categories_[i]]

# 生成されたダミー変数をデータフレームに変換
dummy_vals_train = pd.DataFrame(ohe.transform(train_x[cat_cols]), columns=columns)
dummy_vals_test = pd.DataFrame(ohe.transform(test_x[cat_cols]), columns=columns)
```

```
# 残りの変数と結合
train_x = pd.concat([train_x.drop(cat_cols, axis=1), dummy_vals_train], axis=1)
test_x = pd.concat([test_x.drop(cat_cols, axis=1), dummy_vals_test], axis=1)
```

one-hot encodingの重大な欠点は、特徴量の数がカテゴリ変数の水準数に応じて増加する点にあります。水準数が多い場合には、ほとんどの値が0である、情報が少ない疎な特徴量が大量に生成されるという状況になります。このような変数が増えすぎると、学習の計算時間や必要なメモリが大きく増えたり、モデルの性能に悪影響を与えてしまうことがあります。

そのようにカテゴリ変数の水準が多すぎる場合には、以下の対処が考えられます。

- one-hot encoding以外の別のencoding手法を検討する
- 何らかの規則でグルーピングして、カテゴリ変数の水準の数を減らす
- 頻度の少ないカテゴリをすべて「その他カテゴリ」のようにまとめてしまう

なお、カテゴリ変数の水準がn個あるときに、ダミー変数を水準の数だけ作ってしまうと多重共線性が生じるため、それを防ぐために$n - 1$個のダミー変数を作る手法があります。ですが、分析コンペに用いられるモデルは、元々多重共線性が問題とならないモデルであったり、正則化を行っているため多重共線性が問題とならないことがほとんどです。そのため、特に気にせずn個のダミー変数を生成するのが一般的です。また、その方が特徴量の重要度を見るなどの分析がしやすいでしょう。

3.5.2 label encoding

label encodingは、各水準を単純に整数に置き換えるものです（図3.10）。例えば、5個の水準があるカテゴリ変数をlabel encodingすると、各水準が0から4までの数値に変換されます。通常、水準を文字列として辞書順に並べた順のインデックスで置き換えます。

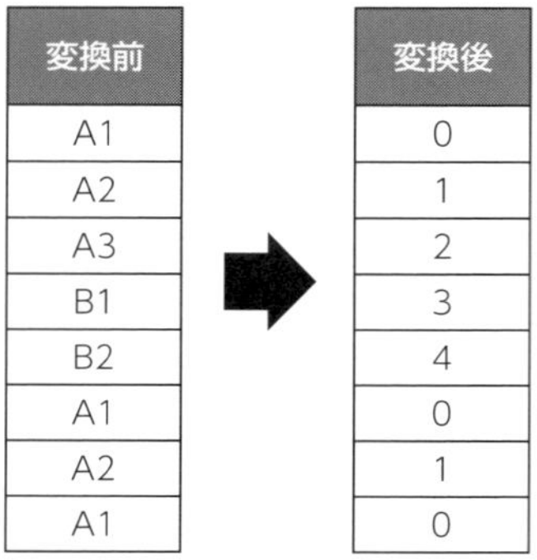

変換前	変換後
A1	0
A2	1
A3	2
B1	3
B2	4
A1	0
A2	1
A1	0

図3.10　label encoding

　辞書順に並べたときのインデックスの数値はほとんどの場合本質的な意味を持ちません。そのため、決定木をベースにした手法以外では、label encodingによる特徴量を直接学習に用いるのはあまり適切ではありません。一方で、決定木であれば、カテゴリ変数の特定の水準のみが目的変数に影響がある場合でも、分岐を繰り返すことで予測値に反映できるため、学習に用いることができます。特に、GBDTにおいては、label encodingはカテゴリ変数を変換する基本的な方法です。

　Pythonにおいては、scikit-learnのLabelEncoderでlabel encodingを行うことができます。

(ch03/ch03-02-categorical.pyの抜粋)

```python
from sklearn.preprocessing import LabelEncoder

# カテゴリ変数をループしてlabel encoding
for c in cat_cols:
    # 学習データに基づいて定義する
    le = LabelEncoder()
    le.fit(train_x[c])
    train_x[c] = le.transform(train_x[c])
    test_x[c] = le.transform(test_x[c])
```

　余談ですが、label encodingという名称自体が、このPythonのLabelEncoderに由来しているという見方もあり、Python以外のコミュニティにおいてはこの名称は完全に浸透していないかもしれません。他に、ordinal encodingと呼ばれることもあるようです。

3.5.3 feature hashing

one-hot encodingでの変換後の特徴量の数はカテゴリの水準数と等しくなりますが、feature hashingはその数が少なくなるように行う変換です（図3.11）。変換後の特徴量の数を最初に決めておき、ハッシュ関数を用いて水準ごとにフラグを立てる場所を決定します。one-hot encodingでは水準ごとに違う場所にフラグが立ちますが、feature hashingでは変換後の特徴量の数がカテゴリの水準数より少ないため、ハッシュ関数による計算によって異なる水準でも同じ場所にフラグが立つことがあります。

変換前	変換後				
	(1)	(2)	…	(99)	(100)
A1001	1	0	…	0	0
X7154	0	1	…	0	0
B4185	0	0	…	0	0
D5009	0	0	…	1	0
A4844	0	0	…	0	0
Y4198	0	0	…	0	1
A1874	0	0	…	0	0
A1001	1	0	…	0	0
D5009	0	0	…	1	0
E3584	0	1	…	0	0

図3.11　feature hashing

カテゴリの水準数が多く、one-hot encodingでは生成される特徴量の数が多過ぎる場合に利用できます。ただ、分析コンペでは、水準数が多くてもlabel encodingで変換したあとにGBDTで学習することである程度対応できるためか、あまり使われることはありません。

scikit-learn.feature_extractionモジュールのFeatureHasherでfeature hashingを行うことができます。なお、変換により作成された特徴量は疎行列として返されます。

(ch03/ch03-02-categorical.pyの抜粋)

```
from sklearn.feature_extraction import FeatureHasher

# カテゴリ変数をループしてfeature hashing
for c in cat_cols:
    # FeatureHasherの使い方は、他のencoderとは少し異なる
```

```
fh = FeatureHasher(n_features=5, input_type='string')
# 変数を文字列に変換してからFeatureHasherを適用
hash_train = fh.transform(train_x[[c]].astype(str).values)
hash_test = fh.transform(test_x[[c]].astype(str).values)
# データフレームに変換
hash_train = pd.DataFrame(hash_train.todense(), columns=[f'{c}_{i}' for i in range(5)])
hash_test = pd.DataFrame(hash_test.todense(), columns=[f'{c}_{i}' for i in range(5)])
# 元のデータフレームと結合
train_x = pd.concat([train_x, hash_train], axis=1)
test_x = pd.concat([test_x, hash_test], axis=1)

# 元のカテゴリ変数を削除
train_x.drop(cat_cols, axis=1, inplace=True)
test_x.drop(cat_cols, axis=1, inplace=True)
```

3.5.4 frequency encoding

各水準の出現回数もしくは出現頻度でカテゴリ変数を置き換える方法です。各水準の出現頻度と目的変数の間に関連性がある場合には効果があるでしょう。また、label encodingの変形として、辞書順に並べた順のインデックスでなく出現頻度順のインデックスの方で並べることを意図して使うこともできますが、同率の値が発生することもあるので注意しましょう。

なお、数値変数のスケーリングと同様に、学習データとテストデータで別々に集計を行ってしまうと、両者は違う意味の変数になってしまい不適切ですので注意が必要です。

(ch03/ch03-02-categorical.pyの抜粋)

```
# 変数をループしてfrequency encoding
for c in cat_cols:
    freq = train_x[c].value_counts()
    # カテゴリの出現回数で置換
    train_x[c] = train_x[c].map(freq)
    test_x[c] = test_x[c].map(freq)
```

3.5.5 target encoding

目的変数を用いてカテゴリ変数を数値に変換する方法です。基本的な考え方としては、図3.12のようにカテゴリ変数の各水準における目的変数の平均値を学習データで集計し、その値で置換します。

3.5 カテゴリ変数の変換

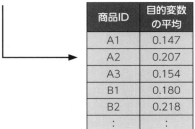

図3.12 target encodingの概念図

Author's Opinion

target encodingは非常に有効な特徴量となる場合もありますが、データによってはあまり効かない場合もあります。特に、時系列性が強いデータでは、カテゴリの出現頻度が時間によって変化することがあるため、単にカテゴリごとに値を集計するだけでは時間的な変化を反映できず、あまり良い特徴量とならないことが比較的多いように思います。（J）

目的変数をリークさせてしまう可能性があるので、もし実務に使うのであれば、十分注意して行う必要があるでしょう。（T）

target encodingの手法・実装

後述しますが、単純にデータ全体から平均をとってしまうと、自身のレコードの目的変数をカテゴリ変数に取り込んでしまうため、リークしてしまいます。そのため、自身のレコードの目的変数を使わないように変換をすることが必要です。

143

学習データをtarget encoding用のfoldに分割し、各foldごとに自身のfold以外のデータで計算するout-of-foldの方法で目的変数の平均値を計算することで、自身の目的変数の値を計算に含めずに変換を行うことができます（図3.13上）。target encoding用のfoldの数は、4〜10くらいが良いでしょう。なお、テストデータに対しては、学習データ全体の目的変数の平均値を計算して変換を行います（図3.13下）。

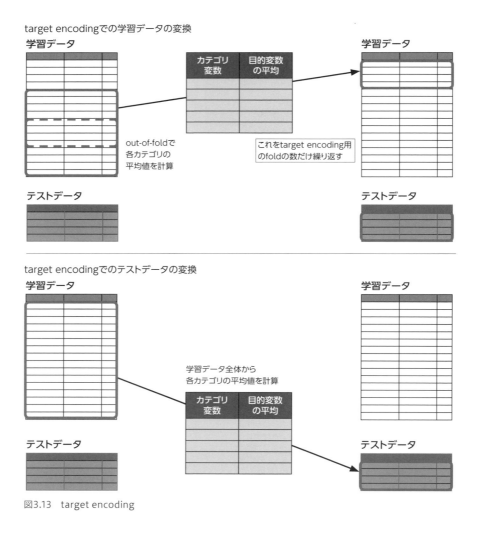

図3.13　target encoding

学習データをtarget encoding用のfoldに分割してtarget encodingを適用するコードは以下のようになります。

(ch03/ch03-02-categorical.pyの抜粋)

```python
from sklearn.model_selection import KFold

# 変数をループしてtarget encoding
for c in cat_cols:
    # 学習データ全体で各カテゴリにおけるtargetの平均を計算
    data_tmp = pd.DataFrame({c: train_x[c], 'target': train_y})
    target_mean = data_tmp.groupby(c)['target'].mean()
    # テストデータのカテゴリを置換
    test_x[c] = test_x[c].map(target_mean)

    # 学習データの変換後の値を格納する配列を準備
    tmp = np.repeat(np.nan, train_x.shape[0])

    # 学習データを分割
    kf = KFold(n_splits=4, shuffle=True, random_state=72)
    for idx_1, idx_2 in kf.split(train_x):
        # out-of-foldで各カテゴリにおける目的変数の平均を計算
        target_mean = data_tmp.iloc[idx_1].groupby(c)['target'].mean()
        # 変換後の値を一時配列に格納
        tmp[idx_2] = train_x[c].iloc[idx_2].map(target_mean)

    # 変換後のデータで元の変数を置換
    train_x[c] = tmp
```

target encodingの手法・実装－クロスバリデーションを行う場合

クロスバリデーション[注9]で上記と同じようにtarget encodingを行うためには、クロスバリデーションのfoldごとに変換をかけ直す必要があることに注意してください。なぜなら、バリデーションデータの目的変数を変数に含めてはいけないのですが、変換をかけ直さないとそれが実現できないためです。

つまり、クロスバリデーションの各foldでは、バリデーションデータを除いた学習データについてtarget encoding用のfoldに分割し、図3.14のように変換を行います。これを、クロスバリデーションのfoldの数だけ繰り返します。

注9 クロスバリデーションについては、「5.2.2 クロスバリデーション」を参照してください。

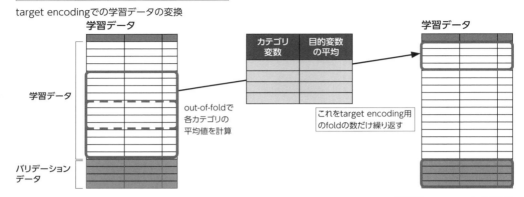
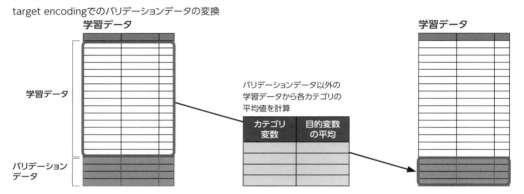

図3.14　クロスバリデーションにおけるtarget encoding

クロスバリデーションにおいてtarget encodingを適用するコードは以下のようになります。

(ch03/ch03-02-categorical.pyの抜粋)

```python
from sklearn.model_selection import KFold

# クロスバリデーションのfoldごとにtarget encodingをやり直す
kf = KFold(n_splits=4, shuffle=True, random_state=71)
for i, (tr_idx, va_idx) in enumerate(kf.split(train_x)):

    # 学習データからバリデーションデータを分ける
    tr_x, va_x = train_x.iloc[tr_idx].copy(), train_x.iloc[va_idx].copy()
    tr_y, va_y = train_y.iloc[tr_idx], train_y.iloc[va_idx]

    # 変数をループしてtarget encoding
    for c in cat_cols:
```

```python
# 学習データ全体で各カテゴリにおけるtargetの平均を計算
data_tmp = pd.DataFrame({c: tr_x[c], 'target': tr_y})
target_mean = data_tmp.groupby(c)['target'].mean()
# バリデーションデータのカテゴリを置換
va_x.loc[:, c] = va_x[c].map(target_mean)

# 学習データの変換後の値を格納する配列を準備
tmp = np.repeat(np.nan, tr_x.shape[0])
kf_encoding = KFold(n_splits=4, shuffle=True, random_state=72)
for idx_1, idx_2 in kf_encoding.split(tr_x):
    # out-of-foldで各カテゴリにおける目的変数の平均を計算
    target_mean = data_tmp.iloc[idx_1].groupby(c)['target'].mean()
    # 変換後の値を一時配列に格納
    tmp[idx_2] = tr_x[c].iloc[idx_2].map(target_mean)

tr_x.loc[:, c] = tmp

# 必要に応じてencodeされた特徴量を保存し、あとで読み込めるようにしておく
```

> **INFORMATION**
>
> クロスバリデーションのfoldとtarget encodingのfoldの分割を合わせることで、target encodingによる変換を1回で済ませる方法もあります。これは、「7.3 スタッキング」で説明するスタッキングを、カテゴリの水準ごとの目的変数の平均を予測値とするモデルで行う方法と同じになります[10]。
>
> 先ほどの方法との違いは、バリデーションデータの目的変数を学習データの変換に使っている点です。out-of-foldは保っているのでこちらの方法も使われますが、テストデータに対してモデルを作成するときとは少し状況が変わってしまいますので、気になる場合は上記のクロスバリデーションのfoldごとに変換をかけ直す方法をとると良いでしょう。

(ch03/ch03-02-categorical.pyの抜粋)

```python
from sklearn.model_selection import KFold

# クロスバリデーションのfoldを定義
kf = KFold(n_splits=4, shuffle=True, random_state=71)

# 変数をループしてtarget encoding
for c in cat_cols:

    # targetを付加
    data_tmp = pd.DataFrame({c: train_x[c], 'target': train_y})
    # 変換後の値を格納する配列を準備
```

注10 スタッキングを理解したあとの方が、この方法は理解しやすいかもしれません。

```
    tmp = np.repeat(np.nan, train_x.shape[0])

    # 学習データからバリデーションデータを分ける
    for i, (tr_idx, va_idx) in enumerate(kf.split(train_x)):
        # 学習データについて、各カテゴリにおける目的変数の平均を計算
        target_mean = data_tmp.iloc[tr_idx].groupby(c)['target'].mean()
        # バリデーションデータについて、変換後の値を一時配列に格納
        tmp[va_idx] = train_x[c].iloc[va_idx].map(target_mean)

    # 変換後のデータで元の変数を置換
    train_x[c] = tmp
```

目的変数の平均のとり方

回帰・分類といったタスクに応じて、以下のように目的変数の平均をとると良いでしょう。

- 回帰の場合は、目的変数の平均をとる
- 二値分類の場合は、正例のときは1、負例のときは0として平均をとる（正例の出現頻度をとることになる）
- 多クラス分類の場合は、クラスの数だけ二値分類があると考えて、クラスの数だけtarget encodingによる特徴量を作る

目的変数の平均のとり方は、いくつかバリエーションがあります。外れ値が存在する場合など、目的変数の分布によっては、平均値ではなく中央値などをとった方が良い場合もあるでしょう。また、評価指標がRMSLEであるなど、対数をとって評価される場合は、対数をとった上で目的変数の平均を計算すべきでしょう。

target encodingとリーク～単純に全体のデータから平均をとった場合

単純にtarget encodingを行うとリークしてしまいますが、以下ではその理由について説明します。

学習データ全体で単純にtarget encodingを行ってしまうと、不具合が生じます。例えば、ある水準に所属するレコードが1つしかなかった場合、その水準に対するtarget encodingの結果は目的変数の値そのものになってしまいます。極端な例として、各レコードでユニークな値であるIDのような列に対してtarget encodingを適用

した場合を想像してみてください。この場合、変換の結果は目的変数の列に完全に一致してしまいますので、この状態でモデルを作成してもこの変数だけを見てそのまま返すようなモデルができるだけです。もちろん、テストデータに対してこのような変換はできませんから、このモデルはまったく無意味です。

上記は極端な例ですが、レコード数が少ない水準があった場合、自身のレコードの目的変数の値が強く反映された変換結果になってしまいます。つまり、学習の過程で本来伏せられるべき目的変数の情報がtarget encodingの結果リークしてしまっており、学習データに対する答えが一部見えているような状態なので、学習を行うと過学習してしまいます。

別の言い方をすると、本来は他の変数を使って抽出すべき目的変数の傾向を、target encodingを通じたカンニングによって不当にモデルに取り込んでしまい、学習の過程で他の変数から有効な特徴を抽出しにくくなり、汎化性能が下がってしまう、という説明になります。

target encodingとリーク〜 leave-one-outでの問題

自身のレコードの目的変数の値を使わないようにout-of-foldで変換を行うと述べましたが、fold数を大きくし過ぎてもかえって問題が生じます。この現象は直感的にイメージがしづらいのですが、二値分類のタスクでカテゴリ変数をleave-one-out[注11]でtarget encodingする場合を考えてみましょう。つまり、fold数をレコード数と同じにしてout-of-foldとする例であり、各レコードについて自身以外のレコードを用いて目的変数の平均値を計算することになります。

図3.15のデータでカテゴリ変数の値がAの場合には、5個中2個が目的変数1で、平均すると0.4となります。これに対してleave-one-outでtarget encodingを行うと、以下のように変換されます。

- 自身のレコードの目的変数が0の場合、自身以外のレコードは4個中2個が目的変数1となり0.50に変換される（図3.15のID1、ID2、ID10）
- 自身のレコードの目的変数が1の場合、自身以外のレコードは4個中1個が目的変数1となり0.25に変換される（図3.15のID3、ID5）

注11 leave-one-out は、「5.2.5 leave-one-out」で説明します。

第3章　特徴量の作成

このように、自身の目的変数で変換の結果が明確に分かれるという現象が発生します。自身のレコード"だけ"を集計に含めないことにより、逆に自身の目的変数を強く反映した変換になってしまっているわけです。

さらに、本来はtarget encodingされた結果の値が1に近いほど目的変数が1となる確率が高くなる変換なのですが、その関係性が逆転していることも注目すべき点です。モデルは変換後の値が0.25の場合は1になり、0.50の場合は0になるような方向に学習してしまいますので、深刻な問題となりえます。

ID	変換前	目的変数
1	A	0
2	A	0
3	A	1
4	B	1
5	A	1
6	B	0
7	B	1
8	B	0
9	B	1
10	A	0

2/4 →

ID	変換後	目的変数
1	0.50	0
2	0.50	0
3	0.25	1
4	0.50	1
5	0.25	1
6	0.75	0
7	0.50	1
8	0.75	0
9	0.50	1
10	0.50	0

図3.15　fold数が大きい場合のtarget encodingの問題

このようなことから、学習データに対してtarget encodingを適用する際のfold数はあまり大きくしない方が良く、筆者（J）の経験上、4〜10程度を推奨します。

target encodingのその他の工夫

その他にも、リークを防ぐために変換された値にノイズを加える方法や、データ数が少ない水準が極端な値をとらないようにするためにデータ全体の平均値と重み付けするなどの方法があります[注12]。

注12　詳しくは、以下を参考にしてください。
- 「Week3 Mean encodings（How to Win a Data Science Competition: Learn from Top Kagglers）」https://www.coursera.org/learn/competitive-data-science/
- 「Python target encoding for categorical features」https://www.kaggle.com/ogrellier/python-target-encoding-for-categorical-features
- Micci-Barreca, Daniele. "A preprocessing scheme for high-cardinality categorical attributes in classification and prediction problems." ACM SIGKDD Explorations Newsletter 3.1 (2001): 27-32.
- 「Category Encoders」http://contrib.scikit-learn.org/categorical-encoding/

3.5.6 embedding

自然言語処理における単語やカテゴリ変数のような離散的な表現を、実数ベクトルに変換する方法をembeddingと言います（図3.16）。分散表現とも言います。

自然言語処理では、単語の数が大量にあり、それらの単語の特徴をどうモデルに反映させるかが問題となります。カテゴリ変数を扱う場合でも、水準数が多い場合にはone-hot encodingなどの方法でその変数が持つ情報を十分にモデルに学習させるのが難しいことがあります。ここで、単語やカテゴリ変数を、意味・性質が表現された実数ベクトルに変換できると便利です。

変換前	変換後（実数ベクトル）		
A1	0.200	0469	0.019
A2	0.115	0.343	0.711
A3	0.240	0.514	0.991
B1	0.760	0.002	0.444
B2	0.603	0.128	0.949
A1	0.200	0.469	0.019
A2	0.115	0.343	0.711
A1	0.200	0.469	0.019

図3.16 embedding

自然言語処理でのword embedding

自然言語処理では、単語について学習済みのembeddingがいくつか公開されています。有名なものには、Word2Vec、GloVe、fastTextなどがあり、どのようなモデルで単語を表現するベクトルを学習したかが異なります[注13、注14]。

この学習済みのembeddingを使うことで、単語をその意味が反映された実数ベクトルに変換でき、例えば単語同士の近さを表現できます。

embeddingを用いた学習

ニューラルネットではembedding layerという層があり、この層では単語やカテゴ

注13 「いますぐ使える単語埋め込みベクトルのリスト」https://qiita.com/Hironsan/items/8f7d35f0a36e0f99752c
注14 堅山耀太郎. "Word Embedding モデル再訪 (特集 自然言語処理と数理モデル)." オペレーションズ・リサーチ = Communications of the Operations Research Society of Japan: 経営の科学 62.11 (2017): 717-724.

リ変数を実数ベクトルに変換します。one-hot encodingを行わなくても、カテゴリ変数をこの層に与えることで学習できます。また、逆に学習した後にこの層のウェイト（＝各カテゴリ変数をどのような実数ベクトルに変換するか）を取り出すことで、モデルが学習したカテゴリ変数の各水準が持つ意味・性質を抽出できます。

また、逆にembedding layerのウェイトを外部から設定することもできます。自然言語処理のタスクでは、上述の学習済みのembeddingをウェイトとして与えることで、単語の意味をある程度"理解"した状態でモデルの学習を開始でき効率的です。

なお、embeddingにより単語やカテゴリ変数を実数ベクトルに変換して特徴量として与えることは、ニューラルネットに限らずGBDTや線形モデルでも可能です。

3.5.7 順序変数の扱い

順序変数は、値の順序に意味はありますが、値の間隔には意味がない変数です。例えば、1位、2位、3位という何かの順位や、A、B、Cといった評価などです。決定木系のモデルでは、そもそも変数の順序にしか依存しませんので、序列をそのまま整数に置き換えて数値変数として扱えば良いでしょう。その他のモデルでは、数値変数とみることもできますし、順序の情報を無視してカテゴリ変数としてみることもできるため、どちらの変換手法を用いることもできます。

3.5.8 カテゴリ変数の値の意味を抽出する

カテゴリ変数の水準が無意味な記号でなく、何かの意味を持っている場合、単にencodingを行ってしまうとその情報が消えてしまいます。以下のように、その意味を抽出する処理を行うことで特徴量を作ることができます。

- ABC-00123やXYZ-00200のような型番の場合、前半の英字3文字と、後半の数字5文字に分割する
- 3、Eのように数字のものと英字のものが混じっている場合、数字か否かを特徴量にする
- AB、ACE、BCDEのように文字数に違いがある場合、文字数を特徴量にする

3.6 日付・時刻を表す変数の変換

3.6.1 日付・時刻を表す変数の変換のポイント

日付、時刻の情報はさまざまな活用が可能です。単純に年、月、日に分解したり、曜日を変数に加えるといったことが考えられます。まず、日付・時刻データから特徴量を作る上で考慮すべき点について説明します。

学習データとテストデータの分割

図3.17上のように学習データとテストデータが分割されている場合は、日付、時刻の特徴量を学習データで学習させると、テストデータにも同じように効き、それほど問題はないでしょう。

しかし、時系列データでは、将来のデータを予測するタスクとするために、図3.17下のようにある時間を境に分割されている場合がよくあります。この場合は注意が必要ですので、以下で考察します。

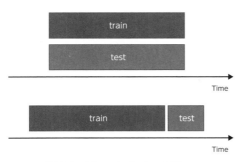

図3.17 学習データとテストデータの分割

年については、例えば2017年までが学習データ、2018年からがテストデータとなっているような場合は、2018年からのデータについては何も学習できません。単純に年を特徴量にすると、学習データの範囲で学習されたモデルは外挿して予測することになり、手法によっては精度が悪化する可能性があります。

このような場合、年の情報を特徴量として含めずにモデルを作成するという方法の他に、テストデータにしか存在しない年を学習データに存在する最新の年に置換するという方法が考えられます。この方法は、将来の目的変数の傾向が最も直近の年の傾向と近いであろう、という仮定に基づいています。これが上手くいくかどうかはデータの性質によりますが、少なくとも外挿による想定外の挙動は回避できます。

また、年の情報を特徴量としてではなく、学習データの期間を限定するのに使う方法もあります。例えば、過去10年間の学習データが使用可能だとしても、全期間の学習データを使うのは必ずしも最良の選択ではありません。10年前のデータは最新の傾向をモデル化するにあたり、役に立たないどころかノイズとなって悪影響を及ぼす場合もあります。年などの時間の情報を使って直近の学習データに限定する方が、将来を予測するための良いモデルが得られる場合があります。

また、これは日付・時刻といった特徴量に限らないですが、学習データでとらえた特徴量と目的変数の関係性がテストデータの期間でも同じようになっているかが問題となります。関係性が学習データの期間とテストデータの期間で異なっている場合、正しく学習データの期間での性質をとらえたとしても、テストデータの予測では悪影響を及ぼすことがあります。例えば、冬に売上が落ちるところ、ある年から施策を変えて冬に売上が落ち込まなくなった場合、それ以前のデータから学んだ月の特徴量は将来の予測で冬に売上が落ちる予測を導いて、精度を下げてしまうでしょう。

周期的な動きをとらえるための十分なデータがあるか

例えば、月を特徴量にすることは、年の中での月単位での周期的な変動をとらえようとすることと言えます。ここで、数年間のデータがある場合には、月を特徴量に加えることで周期的な変動をある程度自然にとらえることができるでしょう。

一方、学習データが2年未満しか与えられないことがあります。この場合には、ある月で目的変数の傾向に動きがあったとしても、それが月の影響なのか別要因なのかをデータだけから切り分けることは難しいです。月をそのまま特徴量としてしまうと、月の影響を見誤ったモデルができてしまい、汎化性能を落とす可能性があります。

このような場合は難しい判断になりますが、目的変数に影響を与えるより頑強な特徴量を探す（例えば、目的変数が月ではなく気温に相関しているなど）、データが不足してもあえて月を特徴量として含める、誤った影響を与えないよう月を特徴量として含めない、といった選択肢があります。

より細かい時間である日や時などは、十分な周期の数があるため特徴量として使える場合が多いでしょう。ただ、こちらも周期的な変動があるか、変動が安定しているか、より意味のある要素を抽出できないか、といった点について考察した方が良いでしょう。

周期性を持つ変数の扱い

変数が周期性を持つか否かは1つのポイントです。例えば、月は1から始まり12まで達したら次はまた1に戻りますので、周期性があります。このような周期性を持つ変数をどう扱うかについて考察します。

例えば、月をそのまま数値として扱った場合、1月と12月は本来隣り合うにもかかわらず、数値的に最も遠くなってしまいます。このような状況下では、月の傾向が明らかに存在する場合でも、手法によってはその傾向を上手くとらえられない可能性があります。

GBDTなどの決定木系の手法では、分岐の繰り返しで1月と12月の傾向をそれぞれ別々に抽出できるため、悪影響は出にくい印象があります。つまり、冬期の11月〜2月に傾向が変化する場合、「11月から2月の間である」という条件を「11月以降である」と「2月以前である」という分岐の組み合わせで表現できます。また、場合によっては境目を1月と12月の間からより季節変動の小さい時期にシフトすることで、年の境目による不整合の影響を最小化することができるかもしれません。

一方、線形モデルでは周期的な変数から上手く傾向をとらえられない場合があります。例えば、目的変数が年の中間である6〜7月辺りにピークを迎える左右対称な傾向を持つ場合に、月をそのまま特徴量とすると、月の回帰係数が0に近い値になってしまいます。

この問題を避けたい場合、one-hot encodingを行う方法があります。ただし、そうすると月同士の近さという概念がなくなり、それぞれの月が独立している扱いとなります。また、target encodingを行う方法もあり、目的変数の値に相関するように月を並び替えるような扱いとなります。

また、周期性を持つ変数を円状に配置したときの位置を2つの変数で表すという方法があります。すなわち、時計の文字盤のように1〜12を配置させ、そのときのx座標とy座標により各月を表す方法です。これによって、月を1月と12月の近さについても反映した2つの変数に変換できます。

これはスマートな変換のように思われるかもしれませんが、必ずしもモデルがそのように都合よく解釈してくれるとは限りません。例えば、決定木では各分岐で変数を1つずつしか見ないので、2変数で表現した近さの概念を上手くとらえてくれるのか疑問があります。縦方向の座標だけを見てしまうと3と9は同じ高さにあり、誤って両者を近いものとして扱ってしまうかもしれません。

3.6.2 日付・時刻を表す変数の変換による特徴量

本項では、日付、時刻から作れる特徴量を具体的に見ていきます。

年

前項で考察したとおり、年の情報が予測に有効に働くかどうかは、データの分割のされ方および性質にかなり依存します。以下の選択肢が考えられます。

- 年の特徴量を単純に加える
- 年の特徴量を加えるが、テストデータにのみ存在する年を学習データの最新の年に置換する
- 年の特徴量をあえて含めない
- 年や月の情報を使って学習データとして使う期間を制限する

月

月を特徴量に入れることで、1年の間の季節性をとらえることが期待できます。ただし、「周期的な動きをとらえるための十分なデータがあるか」で説明したとおり、2年未満の学習データしかない場合は注意が必要です。

月はそのまま数値として特徴量にして良いでしょう。しかし、「周期性を持つ変数の扱い」で説明したとおり、境目を季節変動の小さい月にシフトさせたり、one-hot encodingやtarget encodingなどを行う方法も考えられます。

日

日を数値としてそのまま特徴量とすることで、月の中で周期的な傾向がある場合にそれをとらえることが期待できます。

また、1〜31まで連続的に変化するだけでなく、月初、月末、給料日など、特定の日に特徴が表れるケースが多いです。one-hot encodingをすると変数の数が増えすぎてしまうので、特徴のありそうな日のみその日かどうかの二値変数を作るのもよいでしょう。

また、月末にかけて駆け込みでのユーザ行動があるような場合には、月末までの日数や、月の初日は0.0で末日は1.0となるように変換した値を特徴量とする方法もあります（月の初日は0.0で末日は1.0とする変換は、1月1日は(1-1)/(31-1)=0.0、1月3日は(3-1)/(31-1)=0.067、1月31日は(31-1)/(31-1)=1.0のように、日から1を引いたものを月の日数から1を引いたもので除算することでできます）。

年月・月日など

これらは、時間的な傾向をより細かくとらえようとする、もしくは時間的な情報を丸めて過学習を抑えようとする特徴量です。

以下は、年に月や日の情報を付加し、周期的でない時間的な傾向をより細かくとらえたい場合に使います。ただし、学習データとテストデータの期間が重なっていない場合には、利用場面は限定的でしょう。

- 年月：年×12+月
- 年月日：年×10000+月×100+日

以下は、年を細かく分け、より周期的な傾向を細かくとらえようとしたものです。

週番号では、季節的な傾向などをよりとらえられる可能性がありますが、過学習のリスクも高まります。月日では、特定の日付に傾向がある場合をとらえることもできますが、通日と同様に、年が違うと同じ日でも曜日が異なり傾向が変わるため、上手く学習できないことも多いでしょう。

- 週番号：年初からの週のカウント（1〜53）
- 月日：月×100+日
- 通日：年初からの日のカウント（1〜366）

逆に、以下のように月を四半期に丸めるなどの方法は、データが少なく過学習を抑えたい場合には有効かもしれません。

- 四半期：1 〜 3月は1、4 〜 6月は2、7 〜 9月は3、10 〜 12月は4
- 上旬・中旬・下旬：1 〜 10日は1、11 〜 20日は2、21 〜 31日は3

曜日・祝日・休日

データが特に人の行動に関連したものの場合、曜日に傾向が表れることが多いです。曜日を0 〜 6などの整数値でlabel encodingする方法のほか、水準が7個しかなく、傾向が曜日ごとに異なる場合もあるのでone-hot encodingする方法も考えられます。

その他、以下のような特徴量も考えることができます。

- 土日か否か、祝日か否か、休日か否か（＝すなわち土日もしくは祝日か否か）
- 翌日や翌々日が休日かどうか、前日や前々日が休日かどうか
- 連休の何日目か

特別な日

正月やクリスマス、日本であればゴールデンウィークなど、特別な日やその前後の日に大きく傾向が異なる場合があります。そういった日については、その日かどうかを表す二値変数を作ることが有効な場合があります。また、限定された日付でなく、ブラックフライデーやスーパーボウルなど、年によって日付が変わる日であることもあります。このような場合は、まず各年においてその日の日付を何らかの情報で特定した上で特徴量を作ることになります。

Kaggleの「Walmart Recruiting II: Sales in Stormy Weather」は、スーパーマーケットの商品の売上を予測するタスクだったため、筆者（T）のソリューションでは、基本的に店を閉めているクリスマスに加え、小売業の売上に大きな影響があるブラックフライデーの前後の数日を特別扱いして特徴量としました。

時、分、秒

時を特徴量に用いることで、1日の中での周期的な動きを反映できます。多くの場合に有効な特徴量です。24個の二値変数を作りたくない場合や、時が粒度として細かすぎると思われる場合は、数時間単位で丸めることや特定の時間帯かどうかの二値変数のみを作るのも良いでしょう。

分や秒に関しては、データに特別な性質がない限り、その部分だけを切り出して特

徴量にすることはあまり意味がないでしょう。ただ、時を数値として扱う場合でかつ1時間単位では粒度が粗いと思われる場合、分や秒を小数部として含めることに効果がある場合があります。

時間差

予測したいデータと、ある時点での時間差を特徴量とする方法があります。例えば、住宅の価格の予測タスクであれば、築年数すなわち建築から何年経っているかは予測の上で有効でしょう。同様に株価であれば、前回の配当があってから何日経っているか、あるいは配当の権利確定日まであと何日であるかは有効でしょう。

これらは、データごとに違う時点を起点として時間差を算出する方法ですが、上記で述べた通日のように、データに共通の時点を起点として時間差を考えるパターンもあります。

3.7 変数の組み合わせ

　複数の変数を組み合わせることで、変数同士の相互作用を表現する特徴量を作成できます。

　ただし、機械的に変数同士をむやみに組み合わせても意味をなさない変数を大量に生成してしまいますし、すべての組み合わせを網羅することは難しいです。データに関する背景知識を利用しながら、どのような組み合わせが意味を持ち得るかを考察し、特徴量を作っていくのが良いでしょう。また、モデルから出力される特徴量や相互作用の重要度を基に考察し、特徴量作成の指針とすることもできます（特徴量の重要度については、「6.2.2 特徴量の重要度を用いる方法」で説明します）。

数値変数×カテゴリ変数

　カテゴリ変数の水準ごとに、数値変数の平均や分散といった統計量をとり、新たな特徴量とすることができます。「3.9 集約して統計量をとる」では、他のテーブルのデータを集約し、特徴量を作成する方法を紹介しています。対してこの方法は、自身のテーブルに対して集約により特徴量を作成していると考えることができます。そのため、「3.9 集約して統計量をとる」で紹介するように他の統計量をとったり、条件を絞ったりという考え方が適用できます。

数値変数×数値変数

　数値変数を加減乗除することで、新たな特徴量を作ることができます。加減乗除の他に、余りをとることや2つの変数が同じかどうかという演算も考えられます。

　Kaggleの「Zillow Prize: Zillow's Home Value Prediction (Zestimate)」では、物件の面積と部屋数という変数を割り算することで、1部屋当たりの面積という目的変数への影響が期待できる特徴量を生成し、精度が上がりました。

AUTHOR'S OPINION

以下のように単純化した例を考えると、GBDTは加減よりも乗除の関係性をとらえることが難しいため、加減よりも乗除の特徴量を加えた方が、モデルが反映できていなかった部分を補完しやすいのではないかと思います。(T)

- 目的変数y、特徴量x_1, x_2があるとします。
- もし、$x_1 + x_2$に比例してyに影響がある場合は、x_1に比例する部分とx_2に比例する部分に分離できます。GBDTは加法的なモデルなので、特徴量x_1, x_2の影響を別々に表してその和で表現できます。
- 一方で、$x_1 \times x_2$に比例してyに影響がある場合は、特徴量x_1, x_2の分岐の組み合わせで表す必要があるため、GBDTはその影響を表現しづらいです。

カテゴリ変数×カテゴリ変数

複数のカテゴリ変数の組み合わせを新たなカテゴリ変数とすることができます。組み合わせたあとの水準数は最大で元の変数の水準数の積になり、水準数が非常に多いカテゴリ変数になり得ることに注意が必要です。操作としては、文字列として変数同士を連結した上で、「3.5 カテゴリ変数の変換」で述べたカテゴリ変数の変換をします。

AUTHOR'S OPINION

カテゴリ変数同士の組み合わせで作成した変数の変換は、target encodingが有効と考えられます。その理由は、目的変数の平均を計算するグループがより細分化され、より特徴的な傾向をとらえることができる可能性が高まるためです。もちろん、細分化されるほど平均を計算する母集団が減り、過学習のリスクは高まりますので、その点は注意しなければなりませんが、この操作によって単体では得られなかった新たな傾向をとらえる可能性があります。一方、one-hot encodingは水準が多すぎて適さないでしょうし、label encodingでは変数同士をわざわざ組み合わせた意味がないでしょう。

筆者 (J) は、Kaggleの「BNP Paribas Cardif Claims Management」において、カテゴリ変数の組み合わせにtarget encodingを適用することで劇的にスコアを上げることができました。15あるカテゴリ変数の中から最大11個のカテゴリ変数の結合を、選

び方を変えて多数生成しました。詳細はKernel「XGBOOST with combination of factors」[注15]を参照してください。

行の統計量をとる

　行方向、つまりレコードごとに複数の変数を対象として統計量をとる方法があります。すべての変数を対象にすることもできますが、意味を考えた上で一部の変数に絞る方が有効でしょう。欠損値、ゼロ、負の値の数をカウントしたり、平均、分散、最大、最小などの統計量を計算することが考えられます[注16]。

注15 https://www.kaggle.com/rsakata/xgboost-with-combination-of-factors
注16 「FEATURE ENGINEERING HJ van Veen」スライド40 https://www.slideshare.net/HJvanVeen/feature-engineering-72376750

3.8 他のテーブルの結合

ここまでは、ある1種類のテーブルについて、変数をどう変換するかを考えてきました。ですが、分析コンペによっては、学習データとテストデータ以外のデータが与えられる場合があります。例えば、商品の詳細な情報を持っている商品マスタなどのマスタデータや、ユーザの行動のログデータなどのトランザクションデータです。

このデータを学習に用いるためには、学習データと結合しなければなりません。ここで、学習データのレコードに対して、対象のデータのレコードが1対1で対応しているか、それとも1対多で対応しているかがポイントになります。

1対1で対応している場合には簡単です。例えば、図3.18のように商品IDが商品マスタと1対1で対応している場合には、単に商品IDをキーにしてテーブルを結合すれば良いでしょう。

ユーザと商品の組に対して、購入したかどうかを予測するタスクの学習データ

ユーザID	商品ID	(その他の情報)	目的変数
1	P1	…	0
1	P2	…	0
2	P1	…	0
2	P2	…	1
2	P4	…	1
…			…
1000	P1	…	1
1000	P2	…	1
1000	P10	…	0
1000	P11	…	0

商品マスタ

商品ID	商品カテゴリ	価格	(その他の商品の情報)
P1	C1	550	…
P2	C1	100	
P3	C2	300	
…	…	…	…
P98	C1	200	
P99	C5	1000	
P100	C5	1500	

図3.18　商品IDが商品マスタと1対1で対応している場合

1対多で対応している場合には少し複雑です。例えば、図3.19のようなユーザの行動のログデータがあるケースでは、各ユーザにログのレコードが複数存在します。この場合は、ログデータの統計量をとるなどして集約し、各ユーザに対して1つのレコードとしたあとに結合する必要があります。統計量のとり方などに工夫の余地が多くあ

り、さまざまな特徴量を作成できます。この統計量のとり方については、次節でより詳細に紹介します。

ユーザの行動ログ

ユーザID	日時	イベント	商品ID	(その他のログ情報)
2	2018/1/1 XX:XX:XX	ページ閲覧	P1	…
2	2018/1/1 XX:XX:XX	問い合わせ	P1	…
2	2018/1/1 XX:XX:XX	ページ閲覧	P2	…
7	2018/1/1 XX:XX:XX	ログイン	-	…
7	2018/1/1 XX:XX:XX	ページ閲覧	P5	…
7	2018/1/1 XX:XX:XX	ページ閲覧	P6	…
7	2018/1/1 XX:XX:XX	ページ閲覧	P2	…
…	…	…	…	…
2	2018/6/30 XX:XX:XX	ログイン	-	…
2	2018/6/30 XX:XX:XX	ページ閲覧	P4	…
2	2018/6/30 XX:XX:XX	ページ閲覧	P10	…
2	2018/6/30 XX:XX:XX	ページ閲覧	P4	…
1000	2018/6/30 XX:XX:XX	ページ閲覧	P1	…
1000	2018/6/30 XX:XX:XX	ページ閲覧	P5	…

図3.19　ユーザの行動のログデータ

以下のコードは、テーブルの結合処理を行う例です。

(ch03/ch03-03-multi_tables.pyの抜粋)

```python
# 図の形式のデータフレームがあるとする
# train          ：学習データ（ユーザID, 商品ID, 目的変数などの列がある）
# product_master：商品マスタ（商品IDと商品の情報を表す列がある）
# user_log       ：ユーザの行動のログデータ（ユーザIDと各行動の情報を表す列がある）

# 商品マスタを学習データと結合する
train = train.merge(product_master, on='product_id', how='left')

# ログデータのユーザごとの行数を集計し、学習データと結合する
user_log_agg = user_log.groupby('user_id').size().reset_index().rename(columns={0: 'user_count'})
train = train.merge(user_log_agg, on='user_id', how='left')
```

　実際の分析コンペの例をいくつか紹介します。分析コンペでは、どのようなデータが与えられるかさまざまなバリエーションがありますが、複数のテーブルが与えられた場合には、それらのテーブルがどういう関係にあるかを理解し、情報を上手く保て

るよう集約・結合していくことになります。

　Kaggleの「Instacart Market Basket Analysis」では、学習データには商品IDが入っており、商品マスタとして商品名や商品のカテゴリが別テーブルで与えられていました。

　Kaggleの「Zillow Prize: Zillow's Home Value Prediction (Zestimate)」では、ユーザが購入した不動産の詳細なマスタ情報が別テーブルとして与えられていたのですが、マスタが毎年更新されるために年数分のマスタがありました。どの年度の情報を使うかに選択の余地がありましたが、購入時点より将来のマスタには目的変数に近い情報が含まれていたため、リークが発生しないよう注意が必要でした。

　Kaggleの「PLAsTiCC Astronomical Classification」は、天体の観測結果から天体の種類を分類するタスクでした。各天体までの距離などのメタ情報に加え、時系列での観測結果が別テーブルで与えられたため、その時系列情報を天体ごとに集約した上でモデルを作成する必要がありました。このコンペでは、この時系列の観測データの扱いが鍵となりました。

3.9 集約して統計量をとる

ここでは、1対多で対応するデータを集約してどのような特徴量が作成できるかを考察します。

オンラインショップのサイトで、入会日や年齢などのユーザの情報、商品購入やサイト閲覧のユーザの行動ログがあるとします。このユーザの行動ログを集約して、ユーザの属性や行動を予測するための特徴量を作ることを考えます。具体的な予測の対象としては今後の購入額、退会するか否か、オプションサービスに加入するかどうかなど考えられますが、ここでは特に定めないでおきます。

データは図3.20、図3.21のようなイメージです。

ユーザマスタ

ユーザID	年齢	性別	入会日	職業	(その他のユーザ属性)
1	40	M	2016/1/28	A	…
2	32	F	2016/2/5	B	…
3	24	M	2016/2/7	A	…
4	17	M	2016/2/9	B	…
5	43	F	2016/2/9	D	…
…	…	…	…	…	…
997	22	M	2018/10/28	A	…
997	42	M	2018/10/28	C	…
998	21	F	2018/10/29	A	…
999	26	M	2018/10/30	F	…
1000	27	M	2016/10/30	E	…

図3.20　オンラインショップサイトのデータ - ユーザマスタ

ユーザの行動ログ

ユーザID	日時	イベント	商品カテゴリ	商品	価格
114	2018/1/1 XX:XX:XX	ページ閲覧	書籍	Pythonの本	1800
114	2018/1/1 XX:XX:XX	ページ閲覧	書籍	Rの本	2500
114	2018/1/1 XX:XX:XX	ページ閲覧	書籍	Pythonの本	1800
114	2018/1/1 XX:XX:XX	カート追加	書籍	Rの本	2500
114	2018/1/1 XX:XX:XX	購入	書籍	Rの本	2500
3	2018/1/1 XX:XX:XX	ページ閲覧	食品	リンゴ	150
4	2018/1/1 XX:XX:XX	ページ閲覧	衣類	靴	8000
…	…	…	…	…	…
3	2018/12/31 XX:XX:XX	購入	食品	ミカン	100
997	2018/12/31 XX:XX:XX	ページ閲覧	書籍	Pythonの本	1800
3	2018/12/31 XX:XX:XX	ページ閲覧	食品	リンゴ	200
3	2018/12/31 XX:XX:XX	ページ閲覧	食品	バナナ	150
997	2018/12/31 XX:XX:XX	カート追加	書籍	Pythonの本	1800
997	2018/12/31 XX:XX:XX	購入	書籍	Pythonの本	1800
997	2018/12/31 XX:XX:XX	ページ閲覧	食品	ミカン	100

図3.21　オンラインショップサイトのデータ − ユーザの行動ログ

3.9.1 単純な統計量をとる

まずは、ユーザIDごとに以下のような統計量をとることができます。

- カウント（レコード数）
  単純にユーザごとにログが何行あるか
- ユニーク数のカウント
  購入した商品の種類数、ログのイベントの種類数、利用した日数（＝同じ日の利用は重複してカウントしない）など、レコード数ではなく何かの種類数を特徴量とする方法
- 存在するかどうか
  ログインエラーがあるかどうか、あるページを閲覧したことがあるかどうかなど、何かの種類のログが存在するかどうかを二値変数で表す方法
- 合計・平均・割合
  購入数・購入金額の合計や平均、Webサイトの滞在時間の合計や利用した日あたりの平均滞在時間、カテゴリ変数の各水準の割合など
- 最大・最小・標準偏差・中央値・分位点・尖度・歪度
  さまざまな統計量をとることができる。値のばらつきが激しく平均が大きな値に引っ張られてしまう場合には、中央値や分位点が有効

3.9.2 時間的な統計量をとる

ログのようなデータでは、時間的な情報が含まれているため、それを利用することでさらに特徴量を作成できます。

- 直近や最初のレコードの情報
  最も近い時点に購入した商品や行動、もしくは入会後最初に購入した商品など
- 間隔、頻度
  商品の購入頻度や購入サイクル、サイトの閲覧頻度など
- ポイントとなる時点やイベントからの間隔、次のレコードの情報
  例えば、カートに商品を入れてすぐに購入するかどうか、新商品が出てから閲覧するまでの時間など、ポイントとなる時点やイベントがある場合、次の行動の種類や次の行動までの間隔をとることが考えられる
- 順序・推移・共起・連続といった要素に注目する
  - 2つの行動のどちらを先に行ったか
  - 連続する行動の種類の組み合わせをカウントする（自然言語処理のn-gramと近い考え方）
  - ある特定のWebページ閲覧の遷移をしているかどうか、そのケースでの滞在時間など
  - 同時に購入される商品、代替として購入される商品に注目する
  - 3日以上連続でログインしたかどうか、連続でログインした日数の最大値など

実際の分析コンペでは、以下の特徴量が作成されました。

Kaggleの「Facebook Recruiting IV：Human or Robat?」は、オークションサイトの入札が人間とボットのどちらによるものかを判別するタスクでした。ボットはたくさん入札し、また速く入札するという知見から、入札回数の平均と入札間の間隔の中央値を特徴量とする方法がとられていました[17]。

Kaggleの「Rossmann Store Sales」では、販売促進や長期休暇が一定の期間続くときに、それが何日目かを特徴にしていました[18]。

Kaggleの「Instacart Market Basket Analysis」では、ある商品について直近から

---

[17] 「Facebook IV Winner's Interview: 2nd place, Kiri Nichol (aka small yellow duck)」http://blog.kaggle.com/2015/06/19/facebook-iv-winners-interview-2nd-place-kiri-nicholaka-small-yellow-duck/
[18] 「Model documentation 1st place（Rossmann Store Sales）」https://www.kaggle.com/c/rossmann-store-sales/discussion/18024

注文したかどうかの配列が与えられ、その配列に直近のものから重みを付けて数値に変換するテクニックが使われていました[注19]。具体的には、直近から1.0, 0.1, 0.01.. という重みを付け、[1, 1, 0, 0]を1.100、[0, 1, 0, 1, 0, 1]を0.10101のように変換します（ちなみに、直近から0.5, 0.25, 0.125.. のように重みを付けることも考えられますが、GBDTの特徴量とする場合は大小関係が保たれていれば同じことになります）。

3.9.3 条件を絞る

条件を絞ることで、特定の行動や時間帯での動きに注目するなど、切り口を変えて統計量をとることができます。以下のような方法が考えられます。

- 特定の種類のログに絞る
    - 購入した、商品をお気に入りに入れたといった特定のイベントに絞る
    - 特定の商品や商品カテゴリの購入、特定のWebページの閲覧に絞る
- 集計対象の時間・期間を絞る
    - 朝・昼・夕方・夜など時間帯を分けて集計したり、曜日や休日か否かごとに集計する
    - 直近の1週間や1か月、入会後の1週間など、期間を絞って集計する

3.9.4 集計する単位を変える

集計するときに、ユーザID単位だけでなく、その属するグループ単位とすることもできます。例えば、同一地域のユーザ、同じ性別・年齢層・職業などをグループとすることが考えられます。また、同じ利用目的と思われるユーザをクラスタリングしてグループとすることもできるかもしれません。

「3.12.3 相対値に注目する」で説明するように、そのユーザで集計した値と、属するグループで集計した値の差や比率を特徴量にすることもできます。

3.9.5 ユーザ側でなく、アイテム側に注目する

これまでは、ユーザの属性や行動の予測が目的であるため、主にユーザ側に注目してきました。逆に、アイテムやイベント側に注目することで得ることのできる特徴量

注19 「Instacart Market Basket Analysis 2nd place solution」https://www.slideshare.net/kazukionodera7/kaggle-meetup-3-instacart-2nd-place-solution

もあります。

アイテム側やイベント側からログを集計する

その商品が人気商品なのか、イベントが頻繁に起こるのか、購入される時間に曜日や時間帯、季節などの周期的な動きはあるのかなどを、集計することでとらえることができます。

なお、ログにユーザの情報を付加してから集計することもできます。こうすることで、女性に人気の商品かどうかといった性質をとらえることができます。また、目的変数についても付加して集計することができますが、その時点で使えないはずの情報を誤って使ってしまうリークにならないよう注意が必要です。

アイテム側のグループ化をする

例えばリンゴとミカンはフルーツというカテゴリにしてまとめて扱うことが考えられます。コンペによってはアイテムの属するカテゴリの情報が与えられることがありますが、カテゴリの粒度が細かすぎる場合にはいくつかカテゴリをまとめて扱うことが考えられます。

特殊な商品に注目する

ユーザの行動や属性のポイントとなるような商品があれば、そこに注目するのも良いでしょう。Kaggleの「Instacart Market Basket Analysis」の2位のソリューションでは、オーガニック、グルテンフリー、アジアのアイテムに注目していました。

アイテム側に注目した特徴量の作り方

これらの方法をふまえて、以下のような流れで特徴量を作ることができます。

1. 上記の方法で、アイテムやイベントの性質・属性を数値や二値のフラグで表す
2. その性質・属性を表す値をログデータに付加する
3. 付加された値に基づいて条件を絞ったり、付加した値を対象としてユーザごとの統計量をとり、特徴量とする

3.10 時系列データの扱い

　本節では、時系列データについて説明します。時系列データには特有の性質や注意点があり、時間的な情報を適切に扱わない場合には、本来予測に使えないはずの情報から特徴量を作成してしまうこともあります。

　まず、時系列データの種類や性質、注意点、データの操作について、「3.10.1 時系列データとは？」「3.10.2 予測する時点より過去の情報のみを使う」「3.10.3 ワイドフォーマットとロングフォーマット」で説明します。

　その後に、時系列データから特徴量を作成する方法について、「3.10.4 ラグ特徴量」「3.10.5 時点と紐付いた特徴量を作る」で説明します。

　最後に、分析コンペのデータの形式上、使えるデータの期間についてさらに注意が必要な点を「3.10.6 予測に使えるデータの期間」で説明します。

3.10.1 時系列データとは？

　時間の推移とともに観測されたデータのことを時系列データと言います。分析コンペでは時系列データは頻繁に出てきますが、時系列のタスクやデータと呼ばれるものには実際にはさまざまな形式があり、その形式によって扱い方は多岐にわたります。

　以下の観点からとらえると、時系列データをどのように扱えば良いか考えやすいでしょう。

1. 時間情報を持つ変数があるかどうか
2. 学習データ・テストデータが時系列で分かれているか、時間に沿って分割したバリデーションを行う必要があるかどうか
3. ユーザや店舗といった系列ごとに時系列の目的変数があり、「3.10.4 ラグ特徴量」で説明するラグ特徴量がとれる形式であるかどうか

　1.に当てはまる場合、「3.9.2 時間的な統計量をとる」で説明したように、時間の情報を上手く使って特徴量を作ることになるでしょう。

　2.に当てはまる場合、時間に沿って分割したバリデーションを行うとともに、特徴量

についても将来の情報を不適切に使わないように気を付けなければなりません。時系列データのバリデーションについては、「5.3 時系列データのバリデーション手法」で説明します。

3.に当てはまる場合、過去の目的変数が将来の予測に重要な情報となるため、ラグ特徴量を作ることになるでしょう。

もう少し具体的な分析コンペのタスク例を考えてみます。

ケースa（1.に当てはまる場合）

- ユーザの属性や過去の行動ログが与えられる
- 予測対象は1か月以内に解約するかどうか
- ある時点のユーザを分割して、学習データ・テストデータが作成されている

ケースb（1.と2.に当てはまる場合）

- ユーザの属性や過去の行動ログが与えられる
- 予測対象は1か月以内に解約するかどうか
- テストデータはある時点のユーザ全体で、学習データとして、過去の各月ごとに月初に存在するユーザとその月内に退会したかどうかが与えられる

ケースc（1.と2.と3.に当てはまる場合）

- ユーザの属性や過去の行動ログのほかに、ユーザ過去の利用時間が日ごとに与えられる
- 予測対象は日ごとの利用時間
- テストデータはある時点のユーザ全体と将来の一定期間の各日の組み合わせで、ユーザの過去の利用時間から学習データが作成できる

ケースaのデータは図3.22のようになります。タスクとしては時系列の要素は薄いですが、過去の行動ログから特徴量を作成するところで時間の情報を利用することができます。

3.10 時系列データの扱い

ユーザの属性と目的変数
(学習データ)

ユーザID	年齢	性別	(その他のユーザ属性)	目的変数
1	M	42	…	0
2	F	34	…	1
3	M	5	…	1
…	…	…	…	…
999	M	10	…	0
1000	F	54	…	0

(テストデータ)

ユーザID	年齢	性別	(その他のユーザ属性)	目的変数
1001	F	20	…	NULL
1002	F	25	…	NULL
1003	M	21	…	NULL
…	…	…	…	…
1999	F	37	…	NULL
2000	M	29	…	NULL

ユーザの行動ログ

ユーザID	日時	イベント	(その他のイベント情報)
1996	2018/1/1 XX:XX:XX	ログイン	…
1996	2018/1/1 XX:XX:XX	サービス利用	…
7	2018/1/1 XX:XX:XX	ログイン	…
7	2018/1/1 XX:XX:XX	サービス利用	…
7	2018/1/1 XX:XX:XX	課金	…
7	2018/1/2 XX:XX:XX	サービス利用	…
7	2018/1/2 XX:XX:XX	サービス利用	…
…	…	…	…
1	2018/12/31 XX:XX:XX	サービス利用	…
1	2018/12/31 XX:XX:XX	サービス利用	…
1	2018/12/31 XX:XX:XX	サービス利用	…
1	2018/12/31 XX:XX:XX	サービス利用	…
11	2018/12/31 XX:XX:XX	ログイン	…
11	2018/12/31 XX:XX:XX	課金	…
11	2018/12/31 XX:XX:XX	サービス利用	…

図3.22　時系列データa

　ケースbのデータは図3.23のようになります。ユーザ属性を結合したり過去の行動ログから特徴量を作成するとともに、時間に沿って分割したバリデーションを行うことになります。

　このタスクでは、将来の情報を不適切に使うと、例えばある月の行動ログがないという情報からそれ以前に解約したということを予測できてしまいます。しかし、テストデータの期間以降のログはないため、そのような情報をテストデータの予測で使うことはできません。

第3章 特徴量の作成

ユーザ・対象年月と目的変数
(学習データ)

ユーザID	対象年月	目的変数
1	2018/1	0
1	2018/2	0
1	…	0
1	2018/12	0
2	2018/9	0
2	2018/10	1
…	…	…
1999	2018/1	0
1999	2018/2	0
1999	2018/3	1
2000	2018/11	0
2000	2018/12	0

ユーザの属性

ユーザID	年齢	性別	(その他のユーザ情報)
1	M	42	…
2	F	34	…
3	M	5	…
4	M	10	…
5	F	54	…
…	…	…	…
1996	F	20	…
1997	F	25	…
1998	M	21	…
1999	F	37	…
2000	M	29	…

ユーザの行動ログ（ケースaと同じ）

ユーザID	日時	イベント	(その他のイベント情報)
1996	2018/1/1 XX:XX:XX	ログイン	…
1996	2018/1/1 XX:XX:XX	サービス利用	…
7	2018/1/1 XX:XX:XX	ログイン	…
7	2018/1/1 XX:XX:XX	サービス利用	…
7	2018/1/1 XX:XX:XX	課金	…
7	2018/1/2 XX:XX:XX	サービス利用	…
7	2018/1/2 XX:XX:XX	サービス利用	…
…	…	…	…
1	2018/12/31 XX:XX:XX	サービス利用	…
1	2018/12/31 XX:XX:XX	サービス利用	…
1	2018/12/31 XX:XX:XX	サービス利用	…
1	2018/12/31 XX:XX:XX	サービス利用	…
11	2018/12/31 XX:XX:XX	ログイン	…
11	2018/12/31 XX:XX:XX	課金	…
11	2018/12/31 XX:XX:XX	サービス利用	…

(テストデータ)

ユーザID	対象年月	目的変数
1	2019/1	NULL
2	2019/1	NULL
3	2019/1	NULL
…	…	…
1999	2019/1	NULL
2000	2019/1	NULL

図3.23　時系列データb

　ケースcのデータは図3.24のようになります（ユーザの属性や過去の行動ログはケースbと同様に与えられているとします）。学習を行うには、このデータを変形して、図3.25のようにユーザと日付の組み合わせに対して目的変数がある形式にする必要があります。これにケースbと同様にユーザ属性や過去の行動ログからの特徴量を付加するほかに、ユーザ自身の前日の利用時間などのラグ特徴量を作って加えることになるでしょう。

3.10 時系列データの扱い

利用時間のテーブル(ワイドフォーマット)

(学習データ)

日付／ユーザID	1	2	3	…	2000
2018/1/1	31	0	41	…	0
2018/1/2	77	0	43	…	0
2018/1/3	81	0	71	…	0
2018/1/4	57	0	60	…	0
2018/1/5	62	0	67	…	0
…	…	…	…	…	…
2018/12/27	77	0	46	…	0
2018/12/28	0	0	41	…	0
2018/12/29	84	18	64	…	0
2018/12/30	46	7	64	…	32
2018/12/31	86	10	70	…	19

(テストデータ)

日付／ユーザID	1	2	3	…	2000
2019/1/1	NULL	NULL	NULL	…	NULL
2019/1/2	NULL	NULL	NULL	…	NULL
…	…	…	…	…	…
2019/1/30	NULL	NULL	NULL	…	NULL
2019/1/31	NULL	NULL	NULL	…	NULL

- ワイドフォーマットでは、行が日付、列がユーザID、値は各日の各ユーザの利用時間
- ユーザの属性・ユーザの行動ログはケースbと同様に与えられるとする

図3.24　時系列データc - ワイドフォーマット

利用時間のテーブル(ロングフォーマット)

(学習データ)

ユーザID	日付	利用時間
1	2018/1/1	31
1	2018/1/2	77
1	…	…
1	2018/12/30	46
1	2018/12/31	86
2	2018/1/1	0
2	…	0
2	2018/12/30	7
2	2018/12/31	10
…	…	…
2000	2018/1/1	0
2000	2018/1/2	0
2000	…	…
2000	2018/12/30	32
2000	2018/12/31	19

(テストデータ)

ユーザID	日付	利用時間
1	2019/1/1	NULL
1	2019/1/2	NULL
1	…	…
1	2019/1/31	NULL
2	2019/1/1	NULL
…	…	…
1999	2019/1/31	NULL
2000	2019/1/1	NULL
2000	2019/1/2	NULL
2000	…	…
2000	2019/1/31	NULL

図3.25　時系列データc - ロングフォーマット

3.10.2 予測する時点より過去の情報のみを使う

予測する時点より過去の情報のみを使う

前項のケースbやケースcの場合では、将来のデータを不適切に使うと、目的変数のリークを起こす可能性があります。ここで、時系列データでこのようなリークが起こる理由は以下のとおりです。

- 目的変数が、過去の目的変数の情報を含むことがある
  - 将来に来店数が増えていれば、それまでも来店数が増えている可能性が高い
  - 10年後の平均気温が分かっていれば、8年後の平均気温の予測は容易になる
- 目的変数以外のデータも、過去の目的変数の情報を含むことがある
  - ある月の行動ログがないのなら、それ以前に解約したかもしれない（解約したか否かという目的変数の情報を含む）
  - ある商品のプロモーションの増加は、それ以前にその商品の販売が好調だったことが原因かもしれない（商品の販売数という目的変数の情報を含む）

よって、目的変数だけでなく、目的変数以外のデータについても時点を意識する必要があります。つまり、時系列データをクリーンに扱うには、以下のように、予測する時点より過去の情報のみを使う制約を守って特徴量の作成やバリデーションを行う必要があります。

- 特徴量作成において、あるレコードの特徴量にはその時点より先のデータを使わないように作成する（「3.10.4 ラグ特徴量」や「3.10.5 時点と紐付いた特徴量を作る」で紹介）
- バリデーションにおいて、学習データにバリデーションデータより将来のレコードを含めないようにする（「5.3 時系列データのバリデーション手法」で説明）

過去の情報のみを使う制約を緩める

しかしながら、タスクやデータによっては、過去の情報のみを使う制約を緩めたいときもあります。

- 時系列的な性質が弱く、目的変数が過去の目的変数の情報をあまり含まない場合

- 特徴量作成に使うデータがその性質から考えて過去の目的変数の情報をあまり含まない場合
- データが不足しており、リークの危険性よりも十分なデータで学習することを優先したい場合

このような場合に、時系列データと分かっていても、将来の情報を含めて学習データやテストデータの期間全体から一部の特徴量を作ることもあります。ただし、テストデータでは使えない情報を使い、バリデーションデータに対して有利な予測をしてしまう可能性があるため、十分な注意が必要です。

なお、バリデーションデータに対して有利な予測をし過ぎていると、テストデータに対する予測の評価であるPublic Leaderboardのスコアが落ちるので、これを参考にすることができます。

3.10.3 ワイドフォーマットとロングフォーマット

ここでは、「3.10.1 時系列データとは？」のケースcの場合のデータの操作について考えます。

図3.24のような、キーとなる変数A、Bを行および列として、注目する変数Cを値とする形式のテーブルを本節ではワイドフォーマット[注20]と呼ぶことにします。この場合は、キーとなる変数が日、ユーザで、注目する変数が利用時間です。

図3.25のような、キーとなる変数A、Bともに列として、注目する変数だけでなく他の変数も列として含むことができる形式のテーブルを本節ではロングフォーマットと呼ぶことにします。この場合は、キーとなる変数である日、ユーザごとに、目的変数やユーザ属性などの変数を保持できます。

ワイドフォーマットは注目する変数しか保持できませんが、その変数の時系列的な変化が見やすく、また後述のラグ特徴量をとる場合に扱いやすいです。一方で、学習を行うときには日、ユーザごとに目的変数を持つロングフォーマットにする必要があります。

[注20] データの持ち方について、wide/longフォーマットという用語が使われることがあります。本節で説明しているフォーマットは、操作には共通する部分はあるものの、概念には少し違いがあると思われるため、ワイド／ロングフォーマットという表現としています。 wideフォーマット、longフォーマットについては、以下が参考になるでしょう。
「Long to Wide Data in R（DataCamp）」https://www.datacamp.com/community/tutorials/long-wide-data-R
「An Introduction to reshape2（Sean C. Anderson）」https://seananderson.ca/2013/10/19/reshape/
データ分析に適したデータの持ち方については、以下の整然データについての議論も参考になるでしょう。
「【翻訳】整然データ（Colorless Green Ideas）」https://id.fnshr.info/2017/01/09/trans-tidy-data/
Wickham, Hadley. "Tidy data." Journal of Statistical Software 59.10 (2014): 1-23.

ロングフォーマットで与えられたデータをワイドフォーマットに変換したあとに特徴量を作り、それを再度ロングフォーマットに変換して特徴量を付加して学習を行うことがあるので、これらのフォーマットを切り替えることに慣れておくと便利です。

pandasでこれらを扱うには、以下を押さえておくと良いでしょう。具体的な使い方については後述のコードを参照ください。

- ワイドからロングフォーマットにするには、DataFrameのstackメソッドを使うことができる
- ロングからワイドフォーマットにするには、DataFrameのpivotメソッドを使うことができる

その他にもいくつか選択肢がありますが、pandasのドキュメントの項目「Reshaping and Pivot Tables」[注21]が参考になります。

ちなみに、MultiIndexが出てくると操作が難しいことがありますが、以下のようにすると扱いやすいです。

- 行のMultiIndexは、DataFrameのreset_indexメソッドでIndexからテーブルの値にする
- 列のMultiIndexは、MultiIndexのto_flat_indexメソッドでタプルを値とするIndexにする

(ch03/ch03-04-time_series.pyの抜粋)

```
# ワイドフォーマットのデータを読み込む
df_wide = pd.read_csv('../input/ch03/time_series_wide.csv', index_col=0)
# インデックスの型を日付型に変更する
df_wide.index = pd.to_datetime(df_wide.index)

print(df_wide.iloc[:5, :3])
'''
              A     B     C
date
2016-07-01  532  3314  1136
2016-07-02  798  2461  1188
2016-07-03  823  3522  1711
2016-07-04  937  5451  1977
2016-07-05  881  4729  1975
'''
```

注21「Reshaping and Pivot Tables (pandas 0.24.2 documentation)」http://pandas.pydata.org/pandas-docs/stable/user_guide/reshaping.html

```
# ロングフォーマットに変換する
df_long = df_wide.stack().reset_index(1)
df_long.columns = ['id', 'value']

print(df_long.head(10))
'''
            id  value
date
2016-07-01   A    532
2016-07-01   B   3314
2016-07-01   C   1136
2016-07-02   A    798
2016-07-02   B   2461
2016-07-02   C   1188
2016-07-03   A    823
2016-07-03   B   3522
2016-07-03   C   1711
2016-07-04   A    937
...
'''

# ワイドフォーマットに戻す
df_wide = df_long.pivot(index=None, columns='id', values='value')
```

3.10.4 ラグ特徴量

「3.10.1 時系列データとは？」のケースのcの場合のデータでは、過去の時点での値をそのまま特徴量にする、ラグ特徴量が非常に効果的です。ここでは、店舗×日付×目的変数という形式のデータがあり、将来の日付の各店舗の売上を予測するようなタスクを考えます。

過去の売上のデータは図3.26のようにワイドフォーマットで与えられているとします。

各日の店舗ごとの売上のテーブル

日付＼店舗ID	1	2	3	…	1000
2016/7/1	532	3,314	1,136	…	0
2016/7/2	798	2,461	1,188	…	0
2016/7/3	823	3,522	1,711	…	0
2016/7/4	937	5,451	1,977	…	0
2016/7/5	881	4,729	1,975	…	0
…	…	…	…	…	…
2018/6/26	796	2,871	1,232	…	1,415
2018/6/27	526	3,050	1,151	…	1,064
2018/6/28	842	3,420	1,576	…	1,430
2018/6/29	947	4,692	2,217	…	2,020
2018/6/30	1,455	5,546	2,785	…	1,904

（行が日付、列が店舗ID、値は各日の各店舗の売上）
（店舗の属性・天候などの情報が別途与えられるとする）

図3.26　各店舗の売上予測のデータ

　このようなデータでは、予測対象の値に対して自身の過去の値、特に直近の値が大きな影響を及ぼすため、目的変数のラグ特徴量が単純かつ効果も大きい特徴量となります。

　店舗の各日の売上を予測する場合、今日の売上はその店舗の昨日の売上に近いでしょう。単純にその店舗の昨日の売上、2日前の売上……とラグ特徴量を作るのも良いですが、データに周期的な動きがある場合には周期に従ってラグをとることも有効です。顧客の行動が曜日の影響を受け、1週間単位で周期があることが考えられるので、1週間前の売上、2週間前の売上……のようにラグ特徴量を作ることができます。

単純なラグ特徴量

　shift関数を用いると、時間的にずれた値を取得でき、ラグ特徴量が作成できます。日次のデータでは、1期ずらすと昨日の値を取得でき、7期ずらすと1週間前の値を取得できます。

（ch03/ch03-04-time_series.pyの抜粋）

```
# xはワイドフォーマットのデータフレーム
# インデックスが日付などの時間、列がユーザや店舗などで、値が売上などの注目する変数を表すものとする

# 1期前のlagを取得
```

```
x_lag1 = x.shift(1)

# 7期前のlagを取得
x_lag7 = x.shift(7)
```

移動平均やその他のラグ特徴量

　単純にシフトさせるだけではなく、移動平均、つまりシフトさせて一定期間の平均をとった値をとる操作もよく行われます。

　周期的な動きがある場合、その周期に従って移動平均をとると、その影響を打ち消すことができます。例えば、日次のデータに対して7期の移動平均をとると、各曜日が必ず一度ずつ集計に含まれますので、曜日による変動の影響が打ち消され、その週の全体的な傾向をとらえることができます。

　pandasのrolling関数とmeanなどの要約関数を組み合わせて、以下のように移動平均を計算できます。

　rolling関数によって、時系列に沿ってずらしながら集計する範囲を指定します。この範囲のことをwindowと呼びます。windowに対して、平均を計算するmean関数を適用します。このようなwindowを集計する関数をwindow functionと呼びます。

(ch03/ch03-04-time_series.pyの抜粋)
```
# 1期前から3期間の移動平均を算出
x_avg3 = x.shift(1).rolling(window=3).mean()
```

　平均以外にも、最大、最小、中央値など他の統計量を用いることも可能です。他にどのような統計量が利用可能か調べるには、pandasのドキュメントの項目「Window Functions」[22]「Window」[23]が参考になります。

(ch03/ch03-04-time_series.pyの抜粋)
```
# 1期前から7期間の最大値を算出
x_max7 = x.shift(1).rolling(window=7).max()
```

　また、やや処理が複雑になりますが、周期に従って間隔を空けてデータを集計するアイデアもあります。

---

[22]「Window Functions（pandas 0.24.2 documentation）」https://pandas.pydata.org/pandas-docs/stable/user_guide/computation.html#window-functions
[23]「Window（pandas 0.24.2 documentation）」https://pandas.pydata.org/pandas-docs/stable/reference/window.html

(ch03/ch03-04-time_series.pyの抜粋)

```
# 7期前，14期前，21期前，28期前の値の平均
x_e7_avg = (x.shift(7) + x.shift(14) + x.shift(21) + x.shift(28)) / 4.0
```

どれくらい過去のデータまで集計すべきか？

どれくらい過去のデータまでを集計して平均をとるべきかは、データの性質に依存するので都度見極めが必要です。古い情報を集計し過ぎると直近の状況を表さない平均となってしまう場合もありますし、長期間であまり傾向が変わらないようなデータであれば、長い期間で集計した方が有利な場合もあります。より直近の情報に重みを付ける加重移動平均や指数平滑平均を適用する方法もあります。

自身の系列だけでなく、他の系列も集計してラグをとる

その店舗の過去の売上だけでなく、その店舗がある地域の売上の平均といったように、グルーピングして集計したものについてラグ特徴量を作成することもできます。「3.9.4 集計する単位を変える」と同様に、さまざまな集計単位や条件を考えることができます。

目的変数以外のラグをとる

ラグ特徴量として、目的変数以外の変数のラグをとることもできます。例えば、売上と一緒にその日の天候も与えられることがあります。当日の天候だけでなく、前日の天候も当日の行動に影響する可能性があるので特徴量に入れてみると良いでしょう。

リード特徴量

ラグ特徴量とは逆に、1期後の値などの将来の値を特徴量とすることもできます。これをリード特徴量と言います。例えば、翌日の天候（の予報）やキャンペーンが当日の行動に影響することがあるでしょう。なお、基本的には将来の目的変数を知っていることはありえないので、目的変数のリード特徴量をとることはできません。

(ch03/ch03-04-time_series.pyの抜粋)

```
# 1期先の値を取得
x_lead1 = x.shift(-1)
```

3.10.5 時点と紐付いた特徴量を作る

データを予測する時点より過去の情報のみを使う制約を守ったまま学習・予測を行うために、時点と紐付いた特徴量を作り、時点をキーとして学習データと結合するという方法があります。

ログデータなどのトランザクションデータから特徴量を作ることを考えます。このとき、以下のように特徴量を作成します。

1. 特徴量を作る元となるデータを、集計するなどして時点ごとに紐付いた変数とする
2. 必要に応じて、累積和や移動平均などをとる、他の変数との差や割合をとるといった処理を行う
3. 時点をキーとして学習データと結合する

例として、不定期にイベントを開催している場合に、イベントの新鮮味や継続して人気があるイベントかを反映するために、その日が何回目の出現かを特徴量とすることを考えます。より具体的に、セールというイベントの累積出現回数を表す特徴量を作成し、それを学習データと結合するには、以下のような流れで行います（図3.27）。

1. 各日付について、セールが開催されていたら1、そうでなければ0とする
2. 累積和をとることで、各日付でのセールの累積出現回数を求める
3. 日付をキーとして学習データと結合する

なお、累積出現回数でなく、ある時点から過去1か月間の出現回数であったり、すべてのイベントに対するそのイベントの比率とするようなこともできます。

過去のイベントのリスト

日付	イベント
2018/1/3	セール
2018/1/3	クーポン配布
2018/1/4	ポイント還元
2018/1/5	ポイント還元
…	…
2018/5/3	セール
2018/5/4	セール
2018/5/5	セール
2018/5/6	ポイント還元
2018/5/7	ポイント還元
2018/5/8	ポイント還元
…	…
2018/12/30	セール
2018/12/30	ポイント還元
2018/12/31	ポイント還元

セールを開催したかを表すテーブル

日付	セール開催
2018/1/1	0
2018/1/2	0
2018/1/3	1
2018/1/4	0
…	…
2018/5/2	0
2018/5/3	1
2018/5/4	1
2018/5/5	1
…	…
2018/12/29	0
2018/12/30	1
2018/12/31	0

セール累積回数を表すテーブル

日付	セール累積回数
2018/1/1	0
2018/1/2	0
2018/1/3	1
2018/1/4	1
…	…
2018/5/2	1
2018/5/3	2
2018/5/4	3
2018/5/5	4
…	…
2018/12/29	4
2018/12/30	5
2018/12/31	5

日付をキーに結合

学習データ

ユーザID	日付	セール累積回数
1	2018/1/1	0
1	2018/1/2	0
1	2018/1/3	1
1	2018/1/4	1
1	…	…
1	2018/12/29	4
1	2018/12/30	5
1	2018/12/31	5
2	2018/1/1	0
2	…	…
2	2018/12/31	5
…	…	…
2000	2018/1/1	0
2000	2018/1/2	0
2000	2018/1/3	1
2000	2018/1/4	1
2000	…	…
2000	2018/12/29	4
2000	2018/12/30	5
2000	2018/12/31	5

図3.27　時点と紐付いた累積回数を表す特徴量 – セールの累積出現回数

上記の特徴量を作るコードは、以下のようになります。

(ch03/ch03-04-time_series.pyの抜粋)

```
# train_xは学習データで、ユーザID, 日付を列として持つDataFrameとする
# event_historyは、過去に開催したイベントの情報で、日付、イベントを列として持つDataFrameとする

# occurrencesは、日付、セールが開催されたか否かを列として持つDataFrameとなる
dates = np.sort(train_x['date'].unique())
occurrences = pd.DataFrame(dates, columns=['date'])
sale_history = event_history[event_history['event'] == 'sale']
occurrences['sale'] = occurrences['date'].isin(sale_history['date'])

# 累積和をとることで、それぞれの日付での累積出現回数を表すようにする
# occurrencesは、日付、セールの累積出現回数を列として持つDataFrameとなる
occurrences['sale'] = occurrences['sale'].cumsum()

# 日付をキーとして学習データと結合する
train_x = train_x.merge(occurrences, on='date', how='left')
```

もう1つ例として、ログデータを元に、各ユーザの過去1週間のサービス利用回数を特徴量にすることを考えます。以下のような流れで行います（図3.28）。

1. 各日付について、ユーザごとにサービス利用回数を集計する
2. 各日付でのユーザごとの過去1週間のサービス利用回数の合計[注24]を求める
3. 日付、ユーザIDをキーとして学習データと結合する

上記の例との違いは、日付だけでなくユーザIDもキーとなることです。どちらの例でも、各日付について何かの値を表すテーブルを作ることがポイントで、この形にすれば累積和やrolling関数を用いるなどのさまざまな集計ができます。

注24 集計対象である過去1週間がとれない日付については欠損値となりますが、欠損値となる期間のデータを学習に使わない方法、そのまま欠損値として学習に使う方法のどちらも可能です。

第 3 章　特徴量の作成

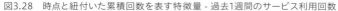

図3.28　時点と紐付いた累積回数を表す特徴量 - 過去1週間のサービス利用回数

3.10.6 予測に使えるデータの期間

特徴量を作るときに使える過去の期間

ここまでは、将来のデータからのリークを発生させずに学習や予測を行う方法について説明してきました。しかし、分析コンペという形式の制約上、使えるデータの期間についてもう一段階注意が必要な場合があります。それは、テストデータのレコードの時点ごとに、使える過去の期間が異なる場合です。

時系列データを扱う分析コンペでは、学習データとテストデータは時間的に分割され、あるテストデータの期間の予測をまとめて提出するケースが多いです。この場合、テストデータの特徴量を作るときに使えるデータの期間に制限が生じます。

テストデータには目的変数の値が含まれていませんので、目的変数に関しては分割時点より過去の値しか参照できません。テストデータが1か月間ある場合、図3.29のように分割時点直後のデータでは1日前の目的変数を参照できますが、1か月後のデータでは1か月前の目的変数しか参照できません。そういった条件を学習やバリデーションにおいても踏襲しておかないと、特徴量の性質がテストデータと異なってしまいます。その結果、テストデータに対する汎化性能が落ちたり、バリデーションで不当に高い精度が出てしまう不具合が生じてしまいます。

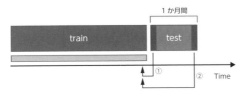

①: 前日の目的変数を予測に使える
②: 1か月より前の目的変数を予測に使える

図3.29 テストデータの時点と使える過去の期間

この場合のアプローチの1つは、テストデータの期間が分割時点から何期先であるかによって、個別にモデルを作るという方法です。つまり、分割時点の翌日のデータでは1日前のラグ変数が使えるため、その前提で特徴量を作り、モデルの学習・バリデーション・テストデータへの予測をします。一方で、分割時点の1か月後のデータでは1か月前のラグ変数しか使えない前提で同様に特徴量やモデルを作り、予測します。

Kaggleの「Corporación Favorita Grocery Sales Forecasting」や「Recruit

Restaurant Visitor Forecasting」は、前者は各商品の販売数、後者は飲食店の来客数を数期先に渡って予測するタスクで、上記のようにテストデータのあとの方の期間になるほど目的変数のラグが古いものしか使えない状況でした。上位のアプローチとして、上述した個別にモデルを作る方法が用いられていました。

将来の情報の扱い

カレンダー情報などは予測時点で既知の情報なので良いのですが、そうでない将来の情報を使ったモデルは実用上は適切ではないでしょう。ですが、分析コンペにおいては、テストデータが一括で与えられるため予測時点より将来の情報が利用できることもあります。それによって精度が上がるのであれば、リード特徴量などを作り予測に役立てる必要があります。

なお、分析コンペによってはルールで禁止されていたり、不可能になっていることがあります。SIGNATEの「Jリーグの観客動員数予測」では、予測対象の日以前に確定している情報のみを用いて予測を行うこと、というルールが明示されていました。また、Kaggleの「Two Sigma Financial Modeling Challenge」では、参加者はKaggle Kernelを通じてプログラムコードを提出し、学習・予測をサーバ側で行うため、将来の情報を使えない環境で予測を行う制約を実現していました。

3.11 次元削減・教師なし学習による特徴量

3.11.1 主成分分析（PCA）

　主成分分析（principal component analysis：PCA）は次元削減の最も代表的な手法です。多次元データを分散の大きい方向から順に軸を取り直す方法であり、変数間の従属性が大きい場合、より少数の主成分で元のデータを表現できます。ただし、各特徴量が正規分布に従っている条件を仮定するため、歪んだ分布を持つ変数などを主成分分析に適用するのはあまり適切ではないでしょう。なお、次元削減としては、特異値分解（singular value decomposition：SVD）はほぼPCAと同じ意味となります[注25]。

　ちなみに、主成分分析に限らず、次元削減の手法は必ずしもデータ全体に適用する必要はなく、一部の列のみに適用する方法も考えられます。

　主成分分析はscikit-learnのdecompositionモジュールのPCAやTruncatedSVDクラスで行うことができます。疎行列を扱えるなどの理由からか、PCAよりTruncatedSVDの方がよく使われているようです。

（ch03/ch03-05-reduction.pyの抜粋）

```
from sklearn.decomposition import PCA

# データは標準化などのスケールを揃える前処理が行われているものとする

# 学習データに基づいてPCAによる変換を定義
pca = PCA(n_components=5)
pca.fit(train_x)

# 変換の適用
train_x = pca.transform(train_x)
test_x = pca.transform(test_x)
```

注25「PCAとSVDの関連について」https://qiita.com/horiem/items/71380db4b659fb9307b4

(ch03/ch03-05-reduction.pyの抜粋)

```
from sklearn.decomposition import TruncatedSVD

# データは標準化などのスケールを揃える前処理が行われているものとする

# 学習データに基づいてSVDによる変換を定義
svd = TruncatedSVD(n_components=5, random_state=71)
svd.fit(train_x)

# 変換の適用
train_x = svd.transform(train_x)
test_x = svd.transform(test_x)
```

　主成分分析をMNIST（手書き文字画像のデータセット）の一部のデータに適用し、第一主成分と第二主成分を散布図として図示した結果を示します（図3.30）。ある程度クラス間の特徴をとらえることができていることがわかります。ただし、主成分分析は入力変数が正規分布に従っているときに適した変換であるため、画像のような特殊な分布を持つデータへの適用に向いているとは言えません。

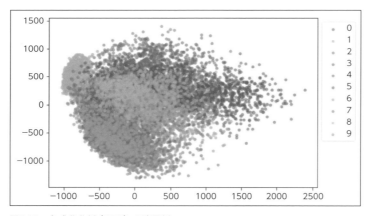

図3.30　主成分分析（PCA）の適用例

3.11.2 非負値行列因子分解（NMF）

　NMF（Non-negative Matrix Factorization）は非負の行列データを、より少数の要素の非負の行列の積で近似する方法です。非負データにしか使えませんが、PCAと違い、非負のベクトルの和の形で表すことができます。

(ch03/ch03-05-reduction.pyの抜粋)
```
from sklearn.decomposition import NMF

# データは非負の値から構成されているとする

# 学習データに基づいてNMFによる変換を定義
model = NMF(n_components=5, init='random', random_state=71)
model.fit(train_x)

# 変換の適用
train_x = model.transform(train_x)
test_x = model.transform(test_x)
```

3.11.3 Latent Dirichlet Allocation（LDA）

　自然言語処理において文書を分類するトピックモデルで用いられる手法で、確率的生成モデルの一種です。後述の線形判別分析と同じくLDAと略されるので、情報を検索するときには注意してください。LDAの理論については、scikit-learnのドキュメント[注26]などを参照してください。

　各文書を行、各単語を列とし、各文書に各単語が何回現れたかを示す単語文書のカウント行列をあらかじめ作成しておきます。また、分類するトピックの数を指定しておきます（ここで、文書数をd、単語数をw、トピック数をkとします）。

　LDAはベイズ推論を用いて、この行列から各文書を確率的にトピックに分類します。つまり、各文書を要素数kのベクトルに変換します。このベクトルの要素は各トピックへ所属する確率を表します。また、文書を分類するだけでなく、各トピックに各単語がどの程度の確率で出現するかも計算されます。

　結局、LDAを適用すると、単語文書のカウント行列（$d \times w$の行列)から、文書が各トピックに所属する確率を表す行列（$d \times k$の行列）と各トピックの単語分布を表す行列（$k \times w$の行列）を作成できます。

　これを自然言語以外のテーブルデータに適用するときは、データから単語文書行列とみなせる部分を取り出して適用するか、後述する「3.12.7 トピックモデルの応用によるカテゴリ変数の変換」などで適用することになるでしょう。

注26「2.5.7. Latent Dirichlet Allocation (LDA)（scikit-learn 0.21.2 documentation）」https://scikit-learn.org/stable/modules/decomposition.html#latent-dirichlet-allocation-lda

```
(ch03/ch03-05-reduction.pyの抜粋)
from sklearn.decomposition import LatentDirichletAllocation

# データは単語文書のカウント行列などとする

# 学習データに基づいてLDAによる変換を定義
model = LatentDirichletAllocation(n_components=5, random_state=71)
model.fit(train_x)

# 変換の適用
train_x = model.transform(train_x)
test_x = model.transform(test_x)
```

3.11.4 線形判別分析（LDA）

　線形判別分析（Linear Discriminant Analysis：LDA）は、分類タスクについて教師ありで次元削減を行う方法です[注27]。学習データを上手く分類できるような低次元の特徴空間を探し、元の特徴量をその空間に射影することで次元を削減します。つまり、学習データがn行のレコードとf個の特徴量からなる$n \times f$の行列とするとき、$f \times k$の変換行列を乗じることで$n \times k$の行列に変換します。なお、削減後の次元数kはクラス数より小さくなり、二値分類だと変換後は1次元の値となります。

```
(ch03/ch03-05-reduction.pyの抜粋)
from sklearn.discriminant_analysis import LinearDiscriminantAnalysis as LDA

# データは標準化などのスケールを揃える前処理が行われているものとする

# 学習データに基づいてLDAによる変換を定義
lda = LDA(n_components=1)
lda.fit(train_x, train_y)

# 変換の適用
train_x = lda.transform(train_x)
test_x = lda.transform(test_x)
```

注27 「1.2.1. Dimensionality reduction using Linear Discriminant Analysis（scikit-learn 0.21.2 documentation）」https://scikit-learn.org/stable/modules/lda_qda.html#dimensionality-reduction-using-linear-discriminant-analysis

3.11.5 t-SNE、UMAP

t-SNE

t-SNEは次元削減の比較的新しい手法です。2次元平面上に圧縮して可視化の目的で用いられることが多いです。元の特徴空間上で近い点が圧縮後の平面でも近くなるように圧縮されます。非線形な関係をとらえることができるため、元の特徴量にこれらの圧縮結果を加えて精度が上がることがあります。計算コストが大きく、2次元や3次元を超える圧縮には不向きです。

scikit-learnのmanifoldモジュールにTSNEがあるのですが、2019年8月時点での実装では遅く、python-bhtsne[注28]（pipインストールを行うときのパッケージ名はbhtsne）を使用した方が良いでしょう[注29]。

また、「How to Use t-SNE Effectively（Distill）」[注30]の記事ではパラメータの設定や圧縮された結果の理解についての注意点が説明されています。

以下にt-SNEのコード例を示します。

（ch03/ch03-05-reduction.pyの抜粋）

```
import bhtsne

# データは標準化などのスケールを揃える前処理が行われているものとする

# t-sneによる変換
data = pd.concat([train_x, test_x])
embedded = bhtsne.tsne(data.astype(np.float64), dimensions=2, rand_seed=71)
```

多クラス分類の代表的な分析コンペであるKaggleの「Otto Group Product Classification Challenge」では、t-SNEで得られた特徴量を加えるだけで大きく精度の向上に寄与したため、上位をはじめ多くのソリューションで用いられていました。

t-SNEをMNISTの一部のデータに適用した結果を図3.31に示します。主成分分析と比較してクラスごとの非線形な特徴をとらえ、より明確にクラスを分離できているのが分かります。

注28 「Python BHTSNE」 https://github.com/dominiek/python-bhtsne
注29 「t-SNE の実装はどれを使うべきなのか？（(iwi) 備忘録）」 http://iwiwi.hatenadiary.jp/entry/2016/09/24/230640
注30 https://distill.pub/2016/misread-tsne/

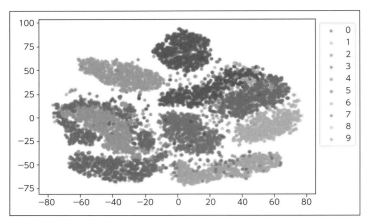

図3.31　t-SNEの適用例

UMAP

　UMAPは2018年に提案された新しい手法で、t-SNEと同様に、元の特徴空間上で近い点が圧縮後も近くなるように圧縮されます[注31]。実行時間はt-SNEの数分の1程度と言われており、高速であるなどの利点からよく使われるようになってきました。また、2次元や3次元を超える圧縮もできるとのことです。

　なお、pipインストールを行うときのパッケージ名がumapでなくumap-learnであることに注意してください。以下にUMAPのコード例を示します。

(ch03/ch03-05-reduction.pyの抜粋)

```
import umap

# データは標準化などのスケールを揃える前処理が行われているものとする

# 学習データに基づいてUMAPによる変換を定義
um = umap.UMAP()
um.fit(train_x)

# 変換の適用
train_x = um.transform(train_x)
test_x = um.transform(test_x)
```

注31「UMAP」https://github.com/lmcinnes/umap

上記と同じデータにUMAPを適用した結果を図3.32に示します。こちらも良くクラスを分離できているのが分かります。

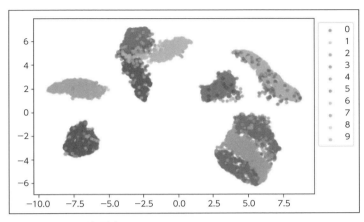

図3.32　UMAPの適用例

3.11.6 オートエンコーダ

ニューラルネットを用いた次元圧縮の方法です。入力次元より小さい中間層を用いて、入力と同じ値の出力を行うニューラルネットを学習することで、元のデータを再現できるより低次元の表現を学習します。

オートエンコーダにはいくつか種類がありますが、その中でもdenoising autoencoderはKaggleで開催された分析コンペ「Porto Seguro's Safe Driver Prediction」の1位のソリューションで用いられた実績があります[32][33][34]。

denoising autoencoderは、入力にノイズを乗せ、そのノイズを除去できるように学習を行う手法です。上記のソリューションでは、swap noiseという、同じ特徴量の値を他の行と交換する方法でノイズを乗せていました。

---

[32]「1st place with representation learning（Porto Seguro's Safe Driver Prediction）」https://www.kaggle.com/c/porto-seguro-safe-driver-prediction/discussion/44629
[33]「Building Autoencoders in Keras（The Keras Blog）」https://blog.keras.io/building-autoencoders-in-keras.html
[34] https://github.com/GINK03/kaggle-dae では、上述のPorto Seguroの1st placeソリューションの分析と追試が行われています。

3.11.7 クラスタリング

クラスタリングはデータをいくつかのグループに分ける教師なし学習です。どのクラスタに分類されたかをカテゴリ変数とするほかに、クラスタ中心からの距離などを特徴量とすることもできます。

scikit-learnのclusterモジュールで行うことができます[35][36]。クラスタリングを行うアルゴリズムは複数ありますが、以下のアルゴリズムが比較的よく用いられます。

- K-Means、高速に計算したい場合はMini-Batch K-Meansも使われる
- DBSCAN
- Agglomerative Clustering（凝集型階層クラスタリング）

Kaggleの「Allstate Claims Severity」の2位のソリューションでは、クラスタ中心からの距離が特徴量として使われました[37][38]。

以下にクラスタリングを行うコード例を示します。

(ch03/ch03-05-reduction.pyの抜粋)

```python
from sklearn.cluster import MiniBatchKMeans

# データは標準化などのスケールを揃える前処理が行われているものとする

# 学習データに基づいてMini-Batch K-Meansによる変換を定義
kmeans = MiniBatchKMeans(n_clusters=10, random_state=71)
kmeans.fit(train_x)

# 属するクラスタを出力する
train_clusters = kmeans.predict(train_x)
test_clusters = kmeans.predict(test_x)

# 各クラスタの中心までの距離を出力する
train_distances = kmeans.transform(train_x)
test_distances = kmeans.transform(test_x)
```

注35 「2.3. Clustering（scikit-learn 0.21.2 documentation）」https://scikit-learn.org/stable/modules/clustering.html
注36 「Comparing different clustering algorithms on toy datasets（scikit-learn 0.21.2 documentation）」https://scikit-learn.org/stable/auto_examples/cluster/plot_cluster_comparison.html
注37 「Allstate Claims Severity Competition, 2nd Place Winner's Interview: Alexey Noskov」http://blog.kaggle.com/2017/02/27/allstate-claims-severity-competition-2nd-place-winners-interview-alexey-noskov/
注38 「Kaggle - Allstate Claims Severity」https://github.com/alno/kaggle-allstate-claims-severity

3.12 その他のテクニック

3.12.1 背景にあるメカニズムから考える

特徴量の作成にはさまざまな操作が考えられ、そのすべてをカバーしようとすると無数の特徴量が作成できてしまいます。分析対象のデータについての背景知識を使って、効きそうな特徴量から作って行くことができれば効率的でしょう。

ユーザの行動について考える

分析コンペのタスクには、ユーザの行動と目的変数の関係が強いものが多いです。そのため、ユーザの行動に関連しそうな特徴量を考えていくことは重要です。

- ユーザの性格・行動特性・行動サイクルを表現する特徴量を作る
- 利用目的のクラスタに分けて考える
- ある特定の商品への嗜好があるか考える
- 同じものをすでに買ったなど、行動を阻害する要素がないか考える
- ユーザがどのような画面遷移を通してWebサイトでの商品購入に至るかを考える

後述する「3.13.4 KDD Cup 2015」の例では、オンライン講座サイトにおける受講者の脱落を予測するというものでしたが、ユーザの真面目さや学習の進捗を表現する特徴量が作成されていました。

サービスを提供する側の動きについて考える

また、サービスを提供する側の動きに着目するのも1つのアプローチです。

- ある商品の販売数が0になっていたとしても、需要がなかったということではなく、何かの事情で在庫がなかっただけかもしれない
- お休みやメンテナンスがあり、その前後のサービス利用に影響する
- アプリやWebサービスで検索して一番上に表示されるかどうかに相関がありそうな特

徴量を作る
- アプリやWebサービスでの検索やリストボックスでの選択肢を考えてみる（駅から5分以内、10分以内、それ以上で検索されるなど）

業界で一般的に行われている手法

その業界で一般的に行われている分析を探してみるのも1つの方法です。

- RFM分析という顧客分析の手法を用いてユーザの分類や特徴量を作成する（Recency：最新購入日、Frequency：購入頻度、Monetary：購入金額）
- 個人の信用リスクを審査するときに、どういった項目が対象となり得るか「credit score」「信用スコア」などの単語で調べてみる
- 病気の診断基準について、どのような点数付けや条件分岐のルールで診断されるのか、どのような特徴量やその組み合わせが考慮されるのかを調べてみる

筆者（T）は、Kaggleの「Prudential Life Insurance Assessment」で、保険の引受審査についてのコンサルティングファームの資料を参考にして特徴量を作ることを試みました。あまり上手くいきませんでしたが、目的変数を決定している担当者の判断基準をトレースできる特徴量を見付けることが狙いでした。

複数の変数を組み合わせて指数を作ってみる

身長・体重からBMIを求めたり、気温・湿度から不快指数を求めるなど、複数の変数を組み合わせた指数を作成するのも有効かもしれません。

Kaggleの「Recruit Restaurant Visitor Forecasting」では、病気になりやすい指数として、ウイルスが活動しやすい気温と湿度かどうかを表した値について7日間の移動平均をとった特徴量が、レストランの来客者数の予測に使用されました[39]。

自然現象のメカニズムを考える

自然現象のメカニズムを考慮に入れることもできます。降雨量の予測といった自然現象を対象とするタスクでは、その分野に関するドメイン知識から有効な特徴量を作

注39 「20th place solution based on custom sample_weight and data augmentation（Recruit Restaurant Visitor Forecasting）」https://www.kaggle.com/c/recruit-restaurant-visitor-forecasting/discussion/49328

成できることがよくあります。また、日付と場所から日の出・日の入りの時刻を計算できるといった知識が役に立つ場面があるかもしれません。

　Kaggleの「PLAsTiCC Astronomical Classification」は、天体の観測データから分類を行うタスクでした。天体を観測したときの明るさや光の波長が与えられましたが、天文学や天体観測の知識を活かして特徴量を作成したり、与えられた特徴量の補正を行うことが有効でした。

分析コンペの対象となっているサービスを実際に利用してみる

　分析コンペの対象となっているサービスを登録したり利用したりすることで、ヒントを得られることがあります。Webサイトを見るだけでなくユーザ登録して注文してみる、また実店舗に行ってみると発見があるかもしれません。

　Kaggleの「Coupon Purchase Prediction」では、Webサイトを見ることで、分析対象であるクーポンがどのようなもので、どの程度の情報がデータとして提供されているかを知ることができました。クーポンのカテゴリによって遠くまでサービスを受けに行くかどうかというユーザ行動が異なってくること、提供されたデータからはそのクーポンが人気か不人気かを判断するのに十分な情報がなく、ざっくりとした予測しかできないことが分かり、分析のヒントになりました。

3.12.2 レコード間の関係性に注目する

　各レコードが独立に近く、レコード間の関係が特に見られないデータがあります。一方で、レコード間に一部強い関係性が見られるデータもあります。分かりやすい例としては、同じユーザのレコードが複数ある場合が考えられます。

　レコード間に関係がある場合、それらの関係性に注目することで新たな特徴を作成できる場合があります。数個のレコードの関係性に注目することも、レコード全体としてどういうパターンがあるかに注目することもできます。例えば、上記の同じユーザのレコードが複数ある例で、出現している回数が違うことが何らかの性質を表していると考えて、ユーザごとのレコード数をカウントすることができます。

　いくつか実際のコンペでの例を紹介します。

Kaggleの「Caterpillar Tube Pricing」の例

　このコンペは、機械用のチューブとQuantity（購入量）の組み合わせごとに価格

を予測するタスクでした。ここで、チューブごとに複数のQuantityのレコードがあったのですが、Quantityの組み合わせにパターンが見られました。つまり、あるチューブではQuantityが[1, 2, 10, 20]という4つのレコードがあり、他のチューブではQuantityが[1, 5, 10]という3つのレコードがあるという状況でした。このとき、どのQuantityのパターンに当てはまるかを特徴量とすることが有効でした[注40]。

Kaggleの「Quora Question Pairs」の例

このコンペは、2つの質問文の組が同じ質問内容であるかを判定する二値分類のタスクでした。同じ質問文が別の文との組み合わせで出現することが頻繁にあったため、それらの関係性をとらえることが有効に働きました。例えば、質問文Aと質問文Bが同じ内容であることがわかっていて、質問文Bと質問文Cが同じ内容であることがわかっているならば、質問文Cと質問文Aも同じ内容であることが導けます。また、これはどちらかというとデータセットの作り方に問題があったと思われるのですが、多く出現する質問文ほど、対の質問文と同じ内容である確率が高い傾向がありました。

このような性質があったため、質問文がどのような組で出現しているかという関係性をとらえることで、このコンペでは大きくスコアを上げることができました。例えば、組になっている2つの質問文に対して、それぞれ他に組となっている質問文を全データから洗い出し、その中に共通のものがどれくらいあるか、という特徴量はかなり有効に働きました。

さらに、グラフ理論を用いた特徴量として、質問文が組となっていることを辺とする無向グラフで表したときの、各質問が含まれる最大クリーク（＝すべての頂点間に辺があり、頂点同士が直接繋がっている集合）の大きさという特徴量が作成できました。これを用いて、tkm2261氏がスコアを大きく上げることに成功し、本コンペで17位の成績を収めました[注41]。

Kaggleの「Bosch Production Line Performance」の例

このコンペは、各製品が良品か不良品かを予測するタスクで、製品は複数のセンサーを通過し、いつどのセンサーを通過したかという情報が与えられていました。ここで、各センサーを通過したかどうかのパターンを可視化することで、いくつかのセ

注40 「Solution sharing（Caterpillar Tube Pricing）」https://www.kaggle.com/c/caterpillar-tube-pricing/discussion/16264#91207
注41 「Quora コンペ参加記録」https://www.slideshare.net/tkm2261/quora-76995457

ンサー通過のパターンに分けられ、各製品がどのパターンに属しているかを特徴量にできました。

また、センサーを直前に通過した他の製品の情報を特徴量にする手法も用いられました[注42]。各製品は独立したレコードというわけではなく、ある工場でセンサーを製品が流れていく様子を想像すると、このような関係性を用いるアイデアが浮かぶかもしれません。

3.12.3 相対値に注目する

あるユーザの値とそのユーザの属するグループの平均値との差や比率をとるなど、他と比較したときの差や比率といった相対値に注目するのも有効です。以下のような例があります。

- 重要な変数である価格について、商品名、カテゴリ、ユーザや地域などさまざまな観点から平均との差や比をとる（Kaggleの「Avito Demand Prediction Challenge」での例[注43]）
- あるユーザがお金を借りた額を、同じ職業のユーザがお金を借りた額の平均値と比較する（Kaggleの「Home Credit Default Risk」での例）
- 市場平均リターンに対しての各アセットの相対的なリターンを計算する（Kaggleの「Two Sigma Financial Modeling Challenge」での例）

3.12.4 位置情報に注目する

データに緯度や経度などの位置情報が含まれている場合、位置間の距離を特徴量とすることがまず考えられます。その他にも、主要都市やランドマークからの距離を計算したり、地域の情報などの外部データを結合することから特徴量を作ることもできます。

Kaggleの「Coupon Purchase Prediction」での筆者(T)のソリューションでは、クーポンを提供する店舗の位置とユーザの位置の距離を計算して特徴量とするとともに、クーポンの種類によって位置情報の有効性が異なることをその後の集計や予測で

注42「Kaggle boschコンペ振り返り」https://www.slideshare.net/hskksk/kaggle-bosch
注43「Kaggle Avito Demand Prediction Challenge 9th Place Solution」https://www.slideshare.net/JinZhan/kaggle-avito-demand-prediction-challenge-9th-place-solution-124500050

考慮していました。

SIGNATEの「Jリーグの観客動員数予測」では、対戦チーム同士の本拠地の距離を計算して特徴量とする手法を、上位入賞者をはじめ多くの参加者が採用していました。これにより、試合の開催地が遠い場合に、アウェイチームの観客が減るという現象をとらえることができ、精度が上がっていました。

一方、まったく別のアイデアとして、緯度と経度をメッシュで区切った上で、所属する領域を表すカテゴリ変数を作成するということもできます。操作としては、緯度と経度を適度に丸めた上で文字列として連結することで実現できます。そのあとにtarget encodingを適用することで、各領域における目的変数の平均的な傾向をとらえることができます。筆者(J)はこの方法をKaggleの「Zillow Prize: Zillow's Home Value Prediction（Zestimate）」で適用し、精度を向上させることができました。

3.12.5 自然言語処理の手法

自然言語処理は本書のスコープ外であるものの、通常のテーブルデータにも使えるテクニックがあるので、簡単に紹介します。なお、stemming、stopwords、lemmatizationなどの自然言語処理特有の前処理は説明していません。

bag-of-words

文章などのテキストを単語に分割し、各単語の出現数を順序を無視して単純にカウントする方法です。

n個のテキストがあり、出現し得る単語の種類がk個あるとします。このとき、それぞれのテキストを長さk、値を各単語のそのテキストでの出現回数とする固定長のベクトルに変換します。こうすることで、n個のテキストは、（データ数n×出現し得る単語の種類数k）の行列に変換されます（図3.33）。

このように作成した行列を、本節では単語文書のカウント行列と呼ぶことにします[注44]。このまま特徴量とすることもできますが、このあとにtf-idfやLDAなどの処理を適用することもあります。

scikit-learnのfeature_extraction.textモジュールのCountVectorizerでこの処理を行うことができます。

注44 行が各文書、列が各単語に対応し、単語がその文書に現れる頻度（カウントに限らない）を表す行列を単語文書行列（document-term matrix）と呼びます。単語文書のカウント行列は、単語文書行列の一種と言えます。

	a	and	cat	dog	is	it	that	this
it is a dog	1	0	0	1	1	1	0	0
it is a cat	1	0	1	0	1	1	0	0
is this a cat	1	0	1	0	1	0	0	1
this is a cat and that is a dog	2	1	1	1	2	0	1	1

図3.33　単語文書のカウント行列

n-gram

bag-of-wordsで分割する単位を、単語でなく連続する単語のつながりとする方法です。例えば、"This is a sentence."という文からは[this, is, a, sentence]という4つの単語を抽出できますが、2-gramでは、[This-is, is-a, a-sentence]という3つの単語のつながりを抽出します。単語で分割するよりもテキストに含まれる情報を保持できますが、出現し得る種類数が大きく増え、また疎なデータとなります。

tf-idf

bag-of-wordsで作成した単語文書のカウント行列を変換する手法です。tf-idfでは、以下で定義されるtfとidfを乗じた値でそれぞれの要素を変換します。一般的な単語の重要度を下げ、特定の文書にしか出現しない単語の重要度を上げる意味があります。

- tf（term frequency、単語の出現頻度）：あるテキストでのその単語の出現比率
- idf（inverse document frequency、逆文書頻度）：その単語が存在するテキストの割合の逆数の対数。idfは特定のテキストにしか出現しない単語の重要度を高める働きをする

CountVectorizerなどで作成された行列に、scikit-learnのfeature_extraction.textモジュールのTfidfTransformerを適用することでこの処理を行うことができます。

word embedding

「3.5.6 embedding」でも説明しましたが、単語を数値のベクトルに変換する方法をword embeddingと言います。学習済のEmbeddingを使うと単語をそれらの意味・性質が反映された数値ベクトルに変換できます。

3.12.6 自然言語処理の手法の応用

bag-of-words、n-gramやtf-idfといった自然言語処理でよく使われる手法は、直接自然言語と関係ないデータにも適用できます。例えば、何かの要素の配列があれば、それを文章ととらえて自然言語処理の手法を適用できます。

Kaggleの「Walmart Recruiting: Trip Type Classification」では、顧客の購入品目の配列（それぞれ長さは異なる）が与えられ、それを分類[注45]するタスクでした。このタスクでは、この配列を文章と見立て、購入品目を単語としてカウント行列を作ることが基本的な手法の1つとされました[注46、注47]。このタスクでは有効ではなかったようですが、配列の隣接する要素に意味がある場合はn-gramをとることも考えられます。

Kaggleの「Microsoft Malware Classification Challenge (BIG 2015)」では、ヘキサダンプ（バイナリファイルの16進表現）とアセンブリコードが与えられました。

このタスクでは、ヘキサダンプの1バイトを1単語とみなして、単語やn-gramをとってカウントする手法が使われていました。また、1行を1単語とみなす手法もあったようです。同様に、アセンブリコードのオペコードなどについても、ワードカウントやn-gramをとってカウントする手法が使われていました[注48、注49]。

Kaggleの「Otto Group Product Classification Challenge」では、特徴量の意味は与えられなかったのですが、すべて非負の値だったこともあり、与えられた特徴量を何かの出現回数をカウントした行列とみなしてtf-idfを適用する手法が使われていました。

3.12.7 トピックモデルの応用によるカテゴリ変数の変換

トピックモデルという文書分類の手法を応用して、他のカテゴリ変数との共起の情報から、カテゴリ変数を数値ベクトルに変換する手法があります。

2つのカテゴリ変数の片方を文書、もう片方を単語とみなすと、各文書に各単語が何回現れたかという共起の情報から単語文書のカウント行列を作ることができます。こ

注45 分類先のクラスは明示されませんでしたが、「ペット用品の購入」「毎週の食料品の買い出し」といったショッピングの目的と推測されます。
注46 「Some Feature Generation Code（Walmart Recruiting: Trip Type Classification）」https://www.kaggle.com/c/walmart-recruiting-trip-type-classification/discussion/18165
注47 「Interesting Features & Data Prep（Walmart Recruiting: Trip Type Classification）」https://www.kaggle.com/c/walmart-recruiting-trip-type-classification/discussion/18163
注48 「Microsoft Malware Classification Challenge 上位手法の紹介」https://www.slideshare.net/shotarosano5/microsoft-malware-classification-challenge-in-kaggle-study-meetup
注49 「Microsoft Malware Winners' Interview: 1st place, "NO to overfitting!"」http://blog.kaggle.com/2015/05/26/microsoft-malware-winners-interview-1st-place-no-to-overfitting/

れに対しLDA（latent Dirichlet allocation）を適用すると、前者の変数を文書が属するトピックに対する確率を表す数値ベクトルに変換できます。

Kaggleの「TalkingData AdTracking Fraud Detection Challenge」において、1位などのソリューションでこの手法が使われています注50。このコンペは、ユーザがモバイルアプリの広告をクリックしたあと、実際にダウンロードするかどうかを予測するものです。与えられたデータには、ユーザ（IPアドレスとして与えられていました）、広告対象アプリ、接続デバイスなどのカテゴリ変数がありました。

例えば、ユーザを文書、アプリを単語とみなしてこの手法を適用すると、どのようなアプリの広告をクリックするかの傾向に基づいて分類された複数のグループにユーザが属する確率が計算されます。この特徴量は、ユーザがダウンロードしそうなアプリを推測するのに効果的であることが期待できます。なお、LDAの他、PCAやNMFも用いましたが、LDAが最も効果的だったということです。1位のチームは、接続デバイスを除いた4個のカテゴリ変数のすべての組み合わせ（4*3=12通り）について、トピック数5でLDAを適用し、計60個の特徴量を作成していました。

3.12.8 画像特徴量を扱う手法

画像データを特徴量に落とし込む方法としては、ImageNetのデータで学習済みのニューラルネットで画像を予測し、出力層に近い層の出力値を特徴とする方法があります。また、画像サイズや色・明るさといった基本的な画像特徴量、ディープラーニング以前によく使われていたSIFTなどの特徴量、EXIFタグのようなメタ情報も使われることがあります注51、注52、注53。

3.12.9 decision tree feature transformation

決定木を作成した後に、それぞれのレコードが分岐によってどの葉に落ちるかをカテゴリ変数の特徴量とみなし、別のモデルに投入するという変わったテクニックです。

注50「TalkingData AdTracking Fraud Detection Challenge Winner's solution（の概要）」https://www.slideshare.net/TakanoriHayashi3/talkingdata-adtracking-fraud-detection-challenge-1st-place-solution

注51「Yelp Restaurant Photo Classification, Winner's Interview: 1st Place, Dmitrii Tsybulevskii」http://blog.kaggle.com/2016/04/28/yelp-restaurant-photo-classification-winners-interview-1st-place-dmitrii-tsybulevskii/

注52「Kaggle Avito Demand Prediction Challenge 9th Place Solution」スライド 21 https://www.slideshare.net/JinZhan/kaggle-avito-demand-prediction-challenge-9th-place-solution-124500050

注53「画像検索(特定物体認識) — 古典手法、マッチング、深層学習、Kaggle」https://speakerdeck.com/smly/hua-xiang-jian-suo-te-ding-wu-ti-ren-shi-gu-dian-shou-fa-matutingu-shen-ceng-xue-xi-kaggle

GBDTで作成された一連の決定木に対して用いられることが多いです。

Kaggleの「Display Advertising Challenge」の1位および「Click-Through Rate Prediction」の1位のソリューションでは、この手法で作成した特徴量をField-aware Factorization Machinesというモデルに入れています。

ソリューションのコードやドキュメントが公開されています[注54]ので、参考にすると良いでしょう。なお、2つのソリューションのチームメンバーはほぼ同じです。手法の詳細については、Xinran He et al[注55]を参照してください。

3.12.10 匿名化されたデータの変換前の値を推測する

分析コンペによっては、主催者の意向などにより各変数の意味が隠されていて、値についても標準化などの処理を施されたデータが提供されることがあります。しかし、データを注意深く観察すれば、変換前の値を復元できる場合があります。

例えば、年齢が標準化されて与えられていたとします。このとき、値の間隔から離散値ということが大体分かるので、まずは値の間隔のうち誤差を除き最も小さなもので除算してみます。そうするとほぼ整数になり、頻出する値や最大・最小値、分布を基にその値が年齢ではないかと推理できるでしょう。

CourseraのHow to Win a Data Science Competition: Learn from Top Kagglers[注56]では、匿名化されたデータの変換前の値を推測する手法が紹介されています。いつでもこれが可能なわけではありませんが、上手く行った場合にはデータのより深い理解を得られて有利になりますので、検討する価値があるかもしれません。

3.12.11 データの誤りを修正する

もしデータの一部がユーザやデータ作成者の入力エラーなどが原因で間違っていると推測される場合、修正することでより質が高いデータで学習できます。

注54 「3 Idiots' Solution & LIBFFM（Display Advertising Challenge）」https://www.kaggle.com/c/criteo-display-ad-challenge/discussion/10555
「3 Idiots' Approach for Display Advertising Challenge」（PDF）https://www.csie.ntu.edu.tw/~r01922136/kaggle-2014-criteo.pdf
「3 Idiots' Approach for Display Advertising Challenge」（GitHub）https://github.com/guestwalk/kaggle-2014-criteo
「4 Idiots' Solution & LIBFFM（Click-Through Rate Prediction）」https://www.kaggle.com/c/avazu-ctr-prediction/discussion/12608#latest-383594
「4 Idiots' Approach for Click-through Rate Prediction」（PDF）https://www.csie.ntu.edu.tw/~r01922136/slides/kaggle-avazu.pdf
「4 Idiots' Approach for Click-through Rate Prediction」（GitHub）https://github.com/guestwalk/kaggle-avazu
注55 He, Xinran, et al. "Practical lessons from predicting clicks on ads at facebook." Proceedings of the Eighth International Workshop on Data Mining for Online Advertising. ACM, 2014.
注56 「Week2 Exploratory Data Analysis - Exploring anonymized data」https://www.coursera.org/learn/competitive-data-science/

Kaggleの「Airbnb New User Bookings」では、年齢を表す変数について、年齢でなく生まれ年が入力されていたり、100歳以上の考えられない年齢となっていたため、それらを修正することで精度を上げることができました[注57]。また、自然言語を扱うタスクでは、前処理の1つとしてスペリングミスの修正がよく行われます。

注57 「kaggle-airbnb-recruiting-new-user-bookings」https://github.com/Keiku/kaggle-airbnb-recruiting-new-user-bookings

3.13 分析コンペにおける特徴量の作成の例

3.13.1 Kaggleの「Recruit Restaurant Visitor Forecasting」

　このコンペは、多数の飲食店の将来の来客数を予測するタスクでした。2016/1/1から2017/4/22までの飲食店ごとの来客数と予約数が学習データとして与えられ、2017/4/23から2017/5/31までの来客数を予測します。つまり、2017/4/23を予測する際は前日までのデータが利用できますが、2017/5/31を予測する際はその39日前のデータまでしか使えないことになります。

　テストデータにおけるこのような制約を学習時にも再現しないと、バリデーションのスコアが不当に高いモデルができるので、こういった形の分析コンペでは特に注意する必要があります。つまり、バリデーションにおいても学習データの末尾とテストデータの予測対象日の日数のギャップを考慮して特徴量を作る必要があるということです（「3.10.6 予測に使えるデータの期間」参照）。

　予測対象日によって上記の制約が異なることから、筆者（J）は日に応じて個別に（39個の）モデルを作成しました。1位を獲得したチームのメンバーであるfakeplastictrees氏も、同様の戦略を採っていました。

　筆者が実際に作成した特徴量は主に以下のようなものです。

- 予測対象日から7日おきに遡って50週間の日ごとの来店者数の対数（利用不可能なものを除く）
- 上記の新しい方から8週間分の平均
- 最新の利用可能な日から遡って20日間の日ごとの来店者数の対数（上記と重複するものを除く）
- 最新の利用可能な日から遡って5週間の週ごとの来店者数の対数の平均
- 予測対象日を含む過去7日間に対する日ごとの予約数の対数

　来店者数、予約者数を対数にして用いていますが、モデルにGBDTを用いたため、対数化の意味があるのは集約を行って算出する2つ目と4つ目の特徴量のみです。対数

化してから平均をとることの狙いは、祝日など例外的に来客数が多い日があったときにその影響を緩和することです。なお、来客数0のデータも存在するため、厳密にはnumpyのlog1p関数のように元の来客数に1を加えてから対数をとっています。

容易に想像ができると思いますが、飲食店の来客数は曜日にかなり強く依存します。1つ目の特徴量群は、曜日の傾向をとらえるために同一曜日の過去の実績をラグ特徴量として加えたものです。また、同一曜日でも日によってばらつきが存在するため、それを平均化したものが2つ目の特徴量です。

一方で、異なる曜日の情報が使えないというわけではありません。曜日が異なっていても、直近の来客数の情報は予測に有効に働く可能性が高いため、3つ目の特徴量群のようにラグ特徴量を加えています。さらに、4つ目の特徴量で、曜日の影響を排除した平均的な傾向をとらえることを狙っています。

それぞれの特徴量について、どの程度まで過去に遡って用いるかといったことは、バリデーションで数多くのパターンを試行錯誤した上で決定しました。また、学習データの範囲がそこまで長くないこともあり、年や月といった情報は特徴量に加えていません。

もう1つ重要な点として、テストデータの期間にゴールデンウィークが含まれていることがあります。これらの日については、通常時と大きく傾向が異なることが容易に予想されるため、過去の同一曜日の来店者実績を特徴量として用いることは悪手であると判断しました。例えば、2017/5/2は火曜日ですが、ゴールデンウィーク直前であることから、通常時の金曜日と似た傾向があるだろうことを予想し、あえて金曜日とみなした上で特徴量を作成し、学習しました。同様に、5/3〜5/5は土曜日とみなして特徴量を作成し、学習しました。この対処によって、より実態に近いモデル作成に成功し、大きくスコアを上げることができました。

上記の特徴量作成に加え、学習に用いるデータの範囲やバリデーションの方法を工夫し、筆者（J）は最終的に16位の成績を収めました。このコンペにおけるバリデーションの方法については、5章で改めて紹介します。

3.13.2 Kaggleの「Santander Product Recommendation」

このコンペは、Santander Bankにおける各顧客の金融商品の購入履歴が月単位で与えられ、それを元に最新月の購入商品を顧客ごとに予測するタスクでした。金融商品は24種類存在し、2015年2月〜2016年5月の各商品の購入実績が学習データで、

2016年6月の購入商品が予測対象となるテストデータでした。ただし、予測する必要があるのは、2016年5月では購入しておらず2016年6月に購入する商品のみです。また、各商品を購入するか否かではなく、最も購入しそうなものから上位7つまでの商品の予測を提出し、MAP@7で評価が行われました。

言うまでもなく、前月までの購入履歴は非常に重要な情報源であり、特徴量作成の肝となります。各商品に対する購入有無が24個のフラグ変数として与えられているのですが、筆者（J）が実際に作成した変数は、主に以下のようなものです[注58、注59]。

- 前月の各商品の購入有無フラグ（ユーザ全体で利用頻度が極めて少ない4つの商品を除く）
- 上記のフラグをすべて連結した文字列
- 各商品の購入有無フラグが、0→0、0→1、1→0、1→1に遷移した回数
- 各商品を購入していない状態が何か月続いているか
- 前月に購入した商品の数

1つ目の特徴量群は各商品の購入有無フラグのラグ特徴量です。2つ目の特徴量はそれらのフラグを連結したものをカテゴリ変数としてtarget encodingを適用しています。前月の商品購入のパターンによって、新たに購入する商品に明らかな傾向が見られたため、これは有効な特徴量として働きました。

3つ目の特徴量群は、フラグの遷移のしやすさをとらえようとするものです。商品の購入を予測するタスクであるため、商品が購入された回数や割合を集計するのがストレートな方法です。しかし、このコンペでは、前月に購入していない顧客が新たに購入することの予測が求められていたため、むしろ0→1に遷移する確率が本質となります。そのような考えから、筆者は単純にフラグの1の数や割合を集計するのではなく、フラグ値の変化に注目した変数を作成しました。

4つ目の特徴量群は、購入していない状態が続いているほど、次も購入されにくい、あるいは逆に次に購入されやすくなる、といった傾向があるのではないかと考えて加えました。これらは実際に精度向上に貢献しました。5つ目の特徴量も同様に、前月に購入された商品が多いほど、新たに商品が購入されやすくなったり、逆に購入されづ

注58 「Santander Product Recommendation Competition: 3rd Place Winner's Interview, Ryuji Sakata」http://blog.kaggle.com/2017/02/22/santander-product-recommendation-competition-3rd-place-winners-interview-ryuji-sakata/

注59 「Santander Product Recommendation のアプローチと XGBoost の小ネタ」https://speakerdeck.com/rsakata/santander-product-recommendationfalseapurotitoxgboostfalsexiao-neta

らくなったりするような傾向があるのではないかという考えに基づいています。

上記の特徴量作成に加え、学習に用いるデータ範囲やバリデーションの方法などを工夫し、筆者（J）は最終的に3位の成績を収めました。このコンペにおけるバリデーションの方法についても、5章で紹介します。

3.13.3 Kaggleの「Instacart Market Basket Analysis」

このコンペは、過去の注文履歴をもとに、次の注文において、以前購入した商品のうち再注文したものを予測するタスクでした。なお、再注文した商品がない場合もあり、その場合はNoneと予測し提出します。

2位のONODERA氏のソリューションでは、ユーザベース、アイテム（商品）ベース、ユーザ×アイテムベース、日時での特徴量が、以下のアイデアをもとに作成されました[注60、注61]。

- ユーザベースの特徴量
  - どのくらい頻繁に再注文を行うか
  - 注文間の間隔
  - 注文する時間帯
  - オーガニック、グルテンフリー、アジアのアイテムを過去に注文したか
  - 一度の注文の商品数についての特徴
  - 初めて購入するアイテムを含む注文はどれだけあるか
- アイテムベースの特徴量
  - どの程度頻繁に購入されるか
  - カート内での位置
  - どの程度「一度きり」として購入されるか
  - 同時に購入される商品の数についての統計量
  - 注文をまたいだ共起についての統計量（例：前回バナナを買った場合、次にイチゴを買うかどうか）
  - 連続注文（途切れずに連続で注文されること）についての統計量
  - N回の注文中に再注文される確率

注60 「Instacart Market Basket Analysis, 2nd place solution」http://blog.kaggle.com/2017/09/21/instacart-market-basket-analysis-winners-interview-2nd-place-kazuki-onodera/
注61 「2nd place solution」https://github.com/KazukiOnodera/Instacart

- どの曜日に注文されるかの分布
- 最初の注文後に再注文されるかの確率
- 注文間の間隔の統計量
- ユーザ×アイテムベースの特徴量
  - ユーザがその商品を購入した回数
  - ユーザがその商品を最後に購入してからの経過
  - 連続注文
  - カート内での位置
  - 当日にそのユーザがすでにそのアイテムを注文したか
  - 同時に購入される商品についての統計量
  - ある商品の代わりに購入される商品（＝注文をまたいだ共起について、購入しなかったことに注目したもの）
- 日時の特徴量
  - 曜日ごとの注文数、注文された商品数
  - 時間ごとの注文数、注文された商品数

また、重要な気づきとして、以下などの点が挙げられています。

- コーラと「12缶パックのコーラ」のような、ある商品の代わりに購入する商品がある
- 「そのユーザがその商品を注文する間隔の最大値」と「そのユーザがその商品を最後に注文してからの経過」の差をとることで、その商品を再注文する準備ができているかを表せる
- 頻繁に再注文される商品とそうでない商品がある

3.13.4 KDD Cup 2015

　KDD Cup 2015で2位に入賞したチームFEG&NSSOL@Data Varaciのアプローチを紹介します。詳細は「データサイエンティストの思考法〜 KDD Cup世界第2位の頭の中〜 コンピュータが理解できる情報とは何か【第3回】」[注62]の記事を参照してください。

　KDD Cup 2015のタスクは中国のオンライン無料講座（MOOC）サイトにおける受講者の脱落を予測するというものでした。アクセスログが与えられ、それを基に履

注62 https://it.impressbm.co.jp/articles/-/13148

修登録・ユーザごとに脱落するかどうかを予測します。

アクセスログをそのままモデルの入力とすることはできず、集約して特徴量を作成する必要があります。このチームでは、主に2つの方法から特徴量を作成したとのことです。1つはデータ構造を起点とする方法、もう1つはユーザ行動を起点とする方法です。

抽出法1 〜データ構造を起点として特徴量を量産する

アクセスログのデータ構造を基にして、特徴量を作成する方法です。

- 対象範囲：すべての期間、特定の曜日・時間帯・期間、特定のイベントのみなど
- 集約方法：履修登録単位、ユーザ単位、コース単位など
- 指標：ログ数、アクセス日数など

これらの対象範囲・集約方法・指標を組み合わせて、「履修登録ごとの土日のアクセス日数」「ユーザごとのproblemへのログ数」といったように、さまざまな特徴量を抽出できます。

抽出法2 〜ユーザ行動を起点として有効な特徴量を探索する

ユーザの行動から特徴量を作成する方法です。想像力が必要ですが、極めて有効な特徴量を抽出できることがあります。このコンペでは、以下のような特徴量などが作成されました。

1. ユーザの「真面目さ」を表現する：訪問日数や動画視聴数など、ユーザの「真面目さ」を表現する特徴量
2. ユーザの学習の進捗を表現する：アクセスログから、ユーザの進捗度合、平均的な進捗度合とのずれが算出できるため、それらを特徴量とする
3. 将来のログを特徴量にしてしまう：与えられたデータでは、あるコースでは観測されていない将来の期間に、ユーザが別のコースで活動しているかが観測できたため、その情報を特徴量にできる（この情報は実務で予測を行う場合には使用できないはずで、リークを利用している特徴量と言える）

3.13.5 分析コンペにおけるその他のテクニックの例

ここでは、これまでの節では説明する場所がなかった、分析コンペで使われたさまざまなテクニックを紹介します。

バーコード情報の復元

Kaggleの「Walmart Recruiting: Trip Type Classification」では、バーコード情報が数字で与えられていたのですが、そのままでは存在する商品とはマッチしませんでした。実はチェックディジットが削除されており、それを復元することでマッチしました。外部データを使用できないため、そのように得た商品の情報を直接使うことはできないものの、バーコード情報の構造（ある桁はメーカーの情報を表す、など）を基にした特徴量を作成できます。なお、チェックディジットに気付かなかったとしても、上の何桁か、下の何桁かを単純に切り出すことで、有用な特徴量を作成できた可能性がありました[63]。

データを圧縮してその圧縮率を特徴にする

Kaggleの「Microsoft Malware Classification Challenge (BIG 2015)」では、マルウェアのファイルが与えられたため、ファイルやその一部を圧縮したときの圧縮率を特徴量にする手法が用いられていました[64]。

他にも、圧縮を利用したアイデアとして、ファイルAやBをそれぞれ圧縮したときの圧縮率と、ファイルAとファイルBを結合したときの圧縮率を比較することで、ファイルAとBにどの程度共通する情報が含まれているかをとらえられるかもしれません[65]。

カーブフィッティングとの差分を予測する

Kaggleの「Walmart Recruiting II: Sales in Stormy Weather」は、それぞれの店舗・商品で歯抜けになっている部分の販売量を予測するタスクでした。それぞれの店舗・商品ごとに大きく売上の推移が違ったため、筆者（T）は、カーブフィッティン

---

[63]「Decoding UPC（Walmart Recruiting: Trip Type Classification）」https://www.kaggle.com/c/walmart-recruiting-trip-type-classification/discussion/18158

[64]「Microsoft Malware Winners' Interview: 2nd place, Gert & Marios (aka KazAnova)」http://blog.kaggle.com/2015/05/11/microsoft-malware-winners-interview-2nd-place-gert-marios-aka-kazanova

[65]「Microsoft Malware Classification Challenge 上位手法の紹介」https://www.slideshare.net/shotarosano5/microsoft-malware-classification-challenge-in-kaggle-study-meetup

グを行いベースラインを作成し、目的変数とベースラインの差分を対象として学習・予測を行うという手法を使用しました[注66]。

Ridge回帰でのトレンド推定

Kaggleの「Rossmann Store Sales」では、重要な特徴量を含めた上でRidge回帰を行ってトレンドを推定し、それを特徴量にする手法が用いられていました[注67]。

過去の戦績からレーティングを計算して特徴量にする

Kaggleの「Google Cloud & NCAA® ML Competition 2018-Men's」は、バスケットボールのトーナメントの勝敗予測を行うタスクでした（なお、このコンペは毎年恒例で、運の要素が強く、主に楽しむ目的で参加することが想定されています）。ここで、過去の戦績からeloレーティングという方法を用いて各時点の各チームの強さを計算し、それを特徴量とする手法が使われていました[注68]。

同じ値があるかどうかに着目する

Kaggleの「Home Credit Default Risk」では、学習データとテストデータに同じユーザが存在するというリークがありました。これらのレコードがなぜ同じユーザと分かったかというと、誕生日からの日数、雇用日からの日数、登録日からの日数といった特徴量の差をとると一致するユーザがあり、誕生日、雇用日、登録日が同じで時点が違うレコードと言えたためです。このようなリークを見付けるためには、同じ値があるかどうかに着目するというのは有効かもしれません[注69]。

注66 「First Place Entry (Walmart Recruiting II: Sales in Stormy Weather)」https://www.kaggle.com/c/walmart-recruiting-sales-in-stormy-weather/discussion/14452
注67 「Model documentation 1st place (Rossmann Store Sales)」https://www.kaggle.com/c/rossmann-store-sales/discussion/18024
注68 「FiveThirtyEight_Elo_ratings」https://www.kaggle.com/lpkirwin/fivethirtyeight-elo-ratings
注69 「Home Credit Default Risk - 2nd place solutions -」https://speakerdeck.com/hoxomaxwell/home-credit-default-risk-2nd-place-solutions

第4章

モデルの作成

- **4.1** モデルとは何か？
- **4.2** 分析コンペで使われるモデル
- **4.3** GBDT（勾配ブースティング木）
- **4.4** ニューラルネット
- **4.5** 線形モデル
- **4.6** その他のモデル
- **4.7** モデルのその他のポイントとテクニック

4.1 モデルとは何か?

4.1.1 モデルとは何か?

本書では、特徴量を入力データとし、予測値を出力する変換器のことをモデルと呼びます。モデルの例としては、ランダムフォレストやニューラルネットなどが挙げられます。

分析コンペにおいては、教師あり学習[注1]が基本になります。モデルに学習データとともに目的変数を与えて、目的変数を適切に予測できるように学習させます。学習させたのちに、テストデータを与えることで、予測値を出力します。

モデルにはハイパーパラメータと呼ばれる、学習前に指定するパラメータがあります。ハイパーパラメータによって学習の方法や速度、どれだけ複雑なモデルにするかを定め、これらはモデルの精度に影響します。なお、ハイパーパラメータのチューニングについては6章で説明します（本書では、ハイパーパラメータを指すことが明らかな場合、パラメータと呼ぶこともあります）。

4.1.2 モデル作成の流れ

本節では、分析コンペに限らず一般的にモデルの学習と予測、評価を行う方法について説明したあと、分析コンペにおいてモデルを作成し、評価・改善していく流れについて説明します。

モデルの学習と予測

モデルの学習・予測は、以下のように行います。

1. モデルの種類とハイパーパラメータを指定（ここでは、ハイパーパラメータは適切な

注1 教師あり学習、半教師あり学習、教師なし学習を簡単に説明すると以下のとおりです。
 - 教師あり学習：目的変数があるデータからモデルの学習を行い、目的変数がないデータに対して予測を行う手法
 - 半教師あり学習：目的変数があるデータだけでなく、目的変数がないデータについてもモデルの学習に活用する手法
 - 教師なし学習：目的変数がないデータからデータ内のパターンを推測する手法（クラスタリングなど）

値が決定済みであるとする)
2. 学習データ・目的変数を与えて学習させる
3. テストデータを与えて、予測させる

コードは以下のようになります。

(ch04/ch04-01-introduction.pyの抜粋)

```
# モデルのハイパーパラメータを指定する
params = {'param1': 10, 'param2': 100}

# Modelクラスを定義しているものとする
# Modelクラスは、fitで学習し、predictで予測値の確率を出力する

# モデルを定義する
model = Model(params)

# 学習データに対してモデルを学習させる
model.fit(train_x, train_y)

# テストデータに対して予測結果を出力する
pred = model.predict(test_x)
```

ここで、学習データのレコード数を n_{tr} 個、テストデータのレコード数を n_{te} 個、特徴量の列数を n_f としたときに、

- 学習データは $n_{tr} \times n_f$ の行列
- 目的変数は n_{tr} 個の配列
- テストデータは $n_{te} \times n_f$ の行列
- 予測値は n_{te} 個の配列

となることを意識しておくと、作業がしやすいでしょう。

図4.1のように学習データとテストデータがあるときに、図4.2のようにモデルに学習データを与えて学習を行い、テストデータを与えて予測を行うイメージです。

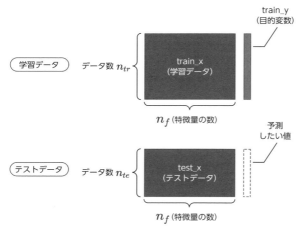

図4.1　学習データとテストデータ

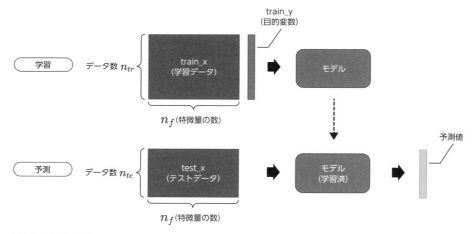

図4.2　学習と予測

モデルの評価（バリデーション）

モデルを作っていく上で、そのモデルが良いか悪いかの評価を行う必要があります。ここで、すでに学習に利用したデータで評価しようとしても、モデルはその正解を見てしまっている状況であるため、未知のデータに対する予測能力を評価できません。

そのため、学習データ全体で学習させてしまうと、モデルを評価するためのデータがなくなってしまいます。ですので、一部のデータをバリデーションデータ（検証用のデータ）として分けておき、評価のために使用します。このようにしてモデルの評価を行うことをバリデーションと言います。なお、バリデーションの詳細については5章で説明します。

また、モデルによっては学習時に学習データとともにバリデーションデータを与えることができ、学習が進むにつれて学習データに対するスコアとバリデーションデータに対するスコアがどう変わっていくかをモニタリングできます。

(ch04/ch04-01-introduction.pyの抜粋)

```python
from sklearn.metrics import log_loss
from sklearn.model_selection import KFold

# 学習データ・バリデーションデータを分けるためのインデックスを作成する
# 学習データを4つに分割し、うち1つをバリデーションデータとする
kf = KFold(n_splits=4, shuffle=True, random_state=71)
tr_idx, va_idx = list(kf.split(train_x))[0]

# 学習データを学習データとバリデーションデータに分ける
tr_x, va_x = train_x.iloc[tr_idx], train_x.iloc[va_idx]
tr_y, va_y = train_y.iloc[tr_idx], train_y.iloc[va_idx]

# モデルを定義する
model = Model(params)

# 学習データに対してモデルを学習させる
# モデルによっては、バリデーションデータを同時に与えてスコアをモニタリングすることができる
model.fit(tr_x, tr_y)

# バリデーションデータに対して予測し、評価を行う
va_pred = model.predict(va_x)
score = log_loss(va_y, va_pred)
print(f'logloss: {score:.4f}')
```

一部のデータをバリデーションデータとして取り分けておくのが1つの方法で、これはhold-out法と呼ばれます。ただ、この方法ではモデルの学習や評価に使用できるデータが少なくなってしまいます。ですので、効率的にデータを使用するために、クロスバリデーションという方法がよく使われます（図4.3）。

クロスバリデーションは、以下のように行います。

1. 学習データをいくつかに分割する（分割したそれぞれをfoldと呼ぶ）
2. そのうちの1つをバリデーションデータ、残りを学習データとして使用し、学習および評価を行い、バリデーションデータでのスコアを求める
3. 分割した回数だけ、バリデーションデータを変えて2.を繰り返す
4. それらのスコアの平均でモデルの良し悪しを評価する

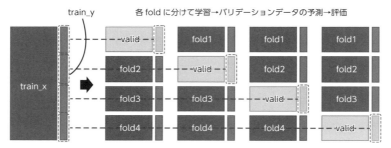

図4.3　クロスバリデーション

（ch04/ch04-01-introduction.pyの抜粋）

```python
from sklearn.metrics import log_loss
from sklearn.model_selection import KFold

# 学習データを4つに分け、うち1つをバリデーションデータとする
# どれをバリデーションデータとするかを変えて学習・評価を4回行う
scores = []
kf = KFold(n_splits=4, shuffle=True, random_state=71)
for tr_idx, va_idx in kf.split(train_x):
    tr_x, va_x = train_x.iloc[tr_idx], train_x.iloc[va_idx]
    tr_y, va_y = train_y.iloc[tr_idx], train_y.iloc[va_idx]
    model = Model(params)
    model.fit(tr_x, tr_y)
    va_pred = model.predict(va_x)
    score = log_loss(va_y, va_pred)
    scores.append(score)

# クロスバリデーションの平均のスコアを出力する
print(f'logloss: {np.mean(scores):.4f}')
```

分析コンペでの学習・評価・予測の流れ

コンペにおいては、モデルの評価をするバリデーションの枠組みを作り、評価のフィードバックをモデルの選択・改善に活かしていくことになります。モデルの作成・

評価の1サイクルは以下のようになります。

1. モデルの種類とハイパーパラメータを指定し、モデルを作成する
2. 学習データを与えてモデルを学習させるとともに、バリデーションを行いモデルを評価する
3. 学習したモデルでテストデータに対して予測を行い、予測値の提出を行う（バリデーションデータでのスコアが良くないなど、提出の必要がない場合は行わないこともある）

以下を行いながらこのサイクルを繰り返し、バリデーションでの評価を参考にしてより良いモデルを探していきます。

- 特徴量を追加・変更する（学習データ・テストデータの列を追加したり、作成し直す）
- ハイパーパラメータを変更する
- モデルの種類を変更する

> **AUTHOR'S OPINION**
>
> コンペの内容にもよりますが、筆者（T）の場合はこれらの作業の配分は以下になります。
>
> - 特徴量作成が最も重要で、分析コンペの半分から8割の作業時間は特徴量作成に費やす
> - ハイパーパラメータは、変更したときにどのくらい影響があるか時折見ながら、本格的な調整は終盤に行う
> - モデルはGBDTでまずは進めていき、タスクの性質によってニューラルネットを検討したり、アンサンブルを考える場合には他のモデルも作成する
> - データやタスクの理解が進むとともに、バリデーションの枠組みを変更することもある
>
> また、モデルの作成・評価のサイクルを回していくことを考えると「モデルの種類、ハイパーパラメータ、特徴量のセット」の組を大きな枠組みでのモデルととらえることができます。これらを柔軟に入れ替えることのできるコードを書くことで、試行錯誤を重ねることができます。

バリデーションでの評価だけでなく、予測値の提出を行うことでPublic Leaderboardのスコアも参考にできます。ただし、テストデータのデータ数や学習データとの分布の違いにもよりますが、Public Leaderboardのスコアに頼りすぎるとそこに過剰に適合してしまい、Private Leaderboardで順位が大幅に落ちてしまうこともあるので注意が必要です。

分析コンペの流れは図4.4のように示すことができます。

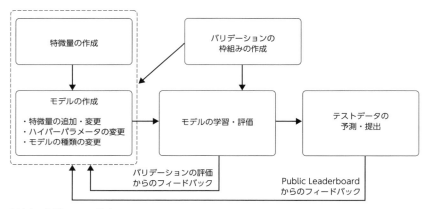

図4.4　分析コンペの流れ

バリデーションは、通常はクロスバリデーションで行います。

データが十分多い場合には一部のデータをバリデーションデータとするhold-out法でも構わないのですが、スタッキングなどのアンサンブル（7章参照）を行うことを考えると、結局クロスバリデーションが必要になるためです。

ここで1つ問題になるのが、クロスバリデーションでモデルの学習・評価を行ったあとに、テストデータに対してどのように予測を行うかです。以下の2つの方法があります。

- 各foldで学習したモデルを保存しておき、それらのモデルの予測値の平均などをとる（図4.5左）
- 学習データ全体に対して改めてモデルを学習させて、そのモデルで予測する（図4.5右）

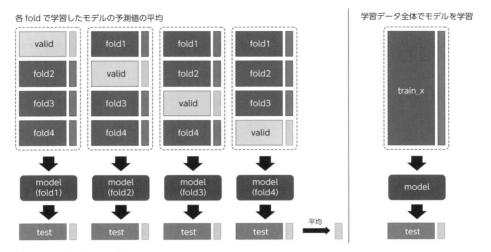

図4.5　テストデータの予測

> **AUTHOR'S OPINION**
>
> 2つの方法はどちらの方法でも構わないでしょう。
>
> 前者の平均をとる場合には、以下のメリット・デメリットがあります。
>
> - 追加の学習が不要で、バリデーションでスコアが見えていることから分かりやすい
> - 各foldで学習に使用したデータを合わせると学習データ全体となり、学習データ全体に対して学習させた場合と変わらない精度が出ると思われる
> - アンサンブルの効果が効く(ただし、ハイパーパラメータや特徴量を変えた複数のモデルでの平均をとるにつれてその効果はなくなっていく)
> - 予測をfold分繰り返すことから、テストデータが大きい場合には予測に時間がかかる
>
> 一方、後者の学習データ全体に対して学習させる場合には、以下のメリット・デメリットがあります。
>
> - 学習データ全体に対して学習させた方がわずかに精度が良いという意見がある
> - 学習データ全体に対して再度学習する時間がかかる
> - 学習データ数が異なるにもかかわらず同じハイパーパラメータのままで良いかの懸念がある

> 例えば、ニューラルネットを使用する場合、エポック数の設定が難しいように思います。各foldと全体ではデータ数が違うので、同じエポックだけ学習させた場合の進み具合が異なってくるためです。(T)

4.1.3 モデルに関連する用語とポイント

ここで、個別のモデルについて説明する前に、モデルやその使い方を理解する上で有用な用語・ポイントについて説明します。

過学習（オーバーフィッティング）

学習データのランダムなノイズまで学習してしまい、学習データではスコアが良いが、それ以外のデータではスコアが悪くなることを過学習（オーバーフィッティング）と言います。逆に、十分に学習データの性質が学習できていなく、学習データでもそれ以外のデータでもスコアが良くないことをアンダーフィッティングと言います。

分析コンペで作るような精度重視のモデルでは、学習データのスコアとバリデーションデータのスコアが違うのは問題ありません。その差をもとに、モデルが過学習気味なのかアンダーフィッティング気味なのかを考察してハイパーパラメータ調整の参考にすることがあります。

なお、バリデーションデータのスコアとテストデータのスコア（＝テストデータの予測値を提出したPublic Leaderboardのスコア）が違う場合には注意が必要です。これらのデータの分布が異なる、テストデータのレコード数が少ないといった理由があり仕方がないこともよくあります。ですが、理由が特にない場合にはバリデーションが上手くいっていない可能性があります。

正則化（regularization）

学習時にモデルが複雑なときに罰則を科すことを正則化と言います。正則化により、罰則を上回るほど予測に寄与する場合のみモデルが複雑になるため、過学習を抑えることができます。モデルの多くには正則化項が含まれ、正則化の強さを指定するハイパーパラメータを調整することでモデルの複雑さを制御できます。

学習データとバリデーションデータのスコアのモニタリング

GBDTやニューラルネットなどの逐次的に学習が進んでいくモデルでは、学習データとその目的変数のほかに、モニタリングする評価指標およびバリデーションデータとその目的変数を与えることで、学習データとバリデーションデータのそれぞれのスコアの推移を見ることができます。モデルが上手く学習できているかの情報を得るとともに、後述のアーリーストッピングに使用します。

分析コンペではGBDTやニューラルネットが主役になるため、モデルの学習でバリデーションデータも与えることを基本と考えておいた方が作業がしやすいでしょう。

アーリーストッピング

GBDTやニューラルネットなどのライブラリはアーリーストッピングという機能を持っています。これは、学習時にバリデーションデータのスコアをモニタリングし、一定の間スコアが上がらない場合、途中で学習を打ち切るという機能です。学習データに対するスコアは学習が進むにつれて良くなっていきますが、やりすぎると学習データに過学習してしまい、汎化性能が落ちていくため、それを防ぐために行います。

特徴量や他のハイパーパラメータによって最適な学習のイテレーション数は異なるため、本来であればイテレーション数を逐次設定し直す必要があるのですが、アーリーストッピングを使うと最適なイテレーション回数で自動で打ち切ってくれるため便利です。

なお、バリデーションで適切な評価を行うためには、学習時にバリデーションデータの情報を使ってはいけないのですが、アーリーストッピングを行う場合はイテレーション回数を決めるための参考として使ってしまうので、フェアな評価よりわずかにバリデーションのスコアが良くなってしまう点は注意が必要です。

学習データのスコアは良くなり続ける一方でバリデーションデータのスコアはある程度で改善が止まることから、学習の進行とスコアをプロットすると、多くの場合図4.6のようなグラフになります（このグラフでは、スコアとしてloglossなどの低い方が良い評価指標を考えています）。

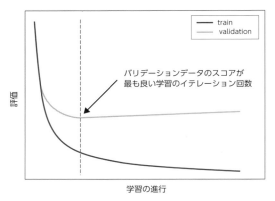

図4.6　学習データ、バリデーションデータのスコアのイメージ

バギング

複数のモデルを組み合わせてモデルを作成する方法の1つです。同じ種類のモデルを並列に複数作成し、それらの予測値の平均などを用いて予測します。それぞれのモデルでデータや特徴量のサンプリング（すべてを選ぶのではなく、一部をランダムに選んで抽出すること）を行うことにより汎化性能を高めようとすることが多いですが、学習に用いる乱数シードを変えただけで平均をとる場合もあります。

元々 bootstrap aggregatingがバギングという名称の由来であり、狭義では重複を許して（=復元抽出で）データをサンプリングするブートストラップサンプルを用いる手法を指しますが、上記のようにもう少し広い意味で使われているようです。

ランダムフォレストなどのモデルはバギングを利用しています。

ブースティング

複数のモデルを組み合わせてモデルを作成する方法の1つです。ブースティングでは、同じ種類のモデルを直列的に組み合わせます。それまでの学習による予測値を補正しながら、順に1つずつモデルを学習させます。GBDT（勾配ブースティング木）では、その名前のとおりブースティングを利用しています。

4.2 分析コンペで使われるモデル

本章では、テーブルデータを扱う分析コンペにおいて使われるモデルとして以下を紹介します。

- 勾配ブースティング木（GBDT）
- ニューラルネット
- 線形モデル
- その他のモデル
    - k近傍法（k-nearest neighbor algorithm, kNN）
    - ランダムフォレスト（Random Forest, RF）
    - Extremely Randomized Trees（ERT）
    - Regularized Greedy Forest（RGF）
    - Field-aware Factorization Machines（FFM）

分析コンペでは、以下の観点からモデルが選択されます。

- 精度
- 計算速度
- 使いやすさ
- 多様性によってアンサンブルによる精度向上に寄与するか

精度が最優先ですが、さまざまな試行錯誤を行うため計算速度や使いやすさも重要なポイントです。また、そのモデル自体の精度は高くなくても、他の精度が高いモデルと違う観点からの予測を行い、アンサンブルでの精度向上に寄与できるものであれば使われます。

GBDTは精度・計算速度・使いやすさともに優れているため、通常まず最初に作られるモデルです。ニューラルネットはやや扱いが難しいこともありますが、タスクによっては有力な選択肢となります。線形モデルは過学習しやすいような特殊なコンペでは選択肢となります。「その他のモデル」で挙げたものは、主には多様性に貢献しアンサンブルで精度を上げることを狙って用いられます。

GBDT、ランダムフォレスト、Extremely Randomized Trees、Regularized Greedy Forestはいずれも決定木をベースとするモデルです。決定木で学習・予測を行うときに、1つの決定木では十分な予測は難しいため、複数を組み合わせますが、その組み合わせの構造や学習のアルゴリズムがそれぞれ異なるモデルです。

　なお、教師あり学習のモデルとしてよく紹介されるモデルのうち、サポートベクターマシンは精度や計算速度が見劣りするため、あまり使われることはありません。

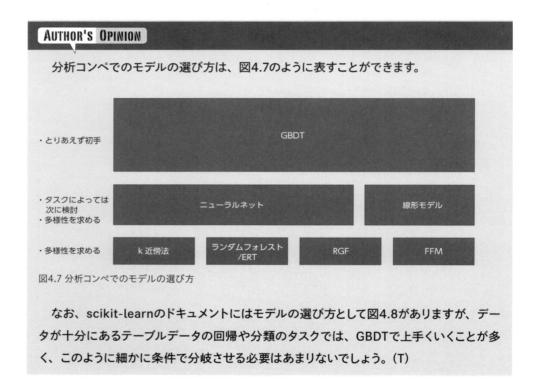

図4.7 分析コンペでのモデルの選び方

　なお、scikit-learnのドキュメントにはモデルの選び方として図4.8がありますが、データが十分にあるテーブルデータの回帰や分類のタスクでは、GBDTで上手くいくことが多く、このように細かに条件で分岐させる必要はあまりないでしょう。(T)

4.2 分析コンペで使われるモデル

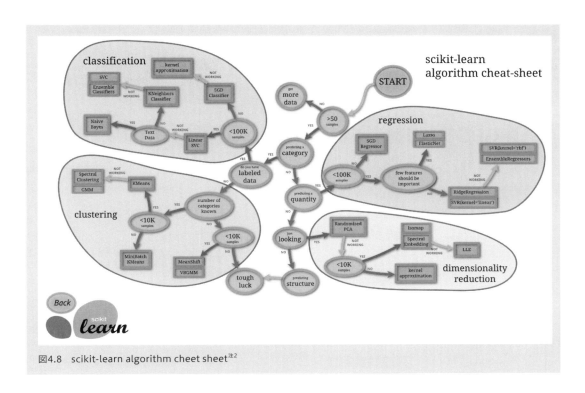

図4.8 scikit-learn algorithm cheet sheet[注2]

注2 出典:「Choosing the right estimator」(scikit-learn 0.21.2 documentation) ml_map.png。https://scikit-learn.org/stable/tutorial/machine_learning_map/index.html

4.3 GBDT（勾配ブースティング木）

4.3.1 GBDTの概要

　勾配ブースティング木（Gradient Boosting Decision Tree、以下GBDT）は、その使いやすさと精度の高さから分析コンペで非常に強い存在感があります。コンペの初手として作るモデルはGBDTでしょうし、GBDTのみで上位入賞する例も多くあります。

　GBDTは、決定木の集合です。学習は以下のように行われ、それぞれの決定木の分岐および葉のウェイトが定められます（図4.9）。

1. 目的変数と予測値から計算される目的関数を改善するように、決定木を作成してモデルに追加する
2. 1.をハイパーパラメータで定めた決定木の本数の分だけ繰り返す

　2本目以降の木は、目的変数とそれまでに作成した決定木による予測値の差に対して学習が行われるイメージです。木を作成するうちに、モデルの予測値が目的変数に合っていくため、作成される決定木のウェイトは徐々に小さくなっていきます。

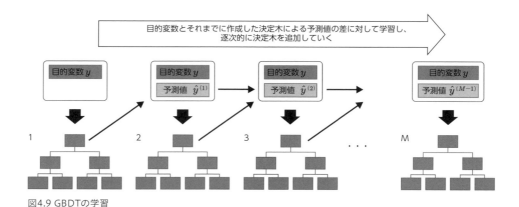

図4.9 GBDTの学習

予測値は、予測対象のデータがそれぞれの決定木で属する葉のウェイトの和をとって計算されます（図4.10）。

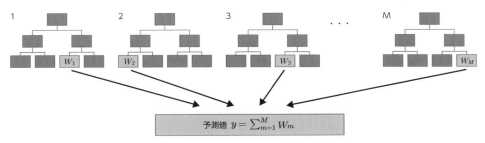

図4.10　GBDTの予測

図4.11は「コンピュータゲームが好きか？」という二値分類タスクに対して、決定木を2本だけ作成した例です。この例では、15歳未満の女性かつ日常的にコンピュータを使う場合の予測値は、0.1+0.5=0.6となります（分類タスクなので、さらにこれを確率に変換し予測確率として出力されます）。

また、1つ目の決定木の最初の分岐では、年齢が15歳未満なら左、15歳以上もしくは欠損値であれば右に振り分けられます。このように分岐では、ある値より大きいか小さいかに加えて欠損値のときにどちらに振り分けられるかも定められます。

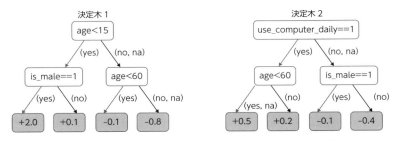

(yes はその条件式に当てはまる場合、no は当てはまらない場合、na は欠損値である場合)

図4.11　GBDTの予測の例

ランダムフォレストでは決定木を並列に作成しますが、GBDTでは決定木を直列に作成し、それまでに作成した決定木の予測値を新しい決定木の予測値を加えることによって少しずつ修正していきます。

4.3.2 GBDTの特徴

GBDTおよびそのライブラリの特徴は以下のようになります。

- 特徴量は数値
  ある特徴量がある値より大きいか小さいかによって決定木の分岐で振り分けられるため、特徴量は数値である必要があります[注3]。

- 欠損値を扱うことができる
  上記の例のように、欠損値のときには決定木の分岐でどちらかに振り分けられるため、欠損値を特に補完などをせずにそのまま扱うことができます。

- 変数間の相互作用が反映される
  分岐の繰り返しによって、変数間の相互作用が反映されます。

また、経験則ではありますが、他のモデルに比べると筆者(T)は以下のような印象を持っています。

- 精度が高い
- パラメータチューニングをしなくても精度が出やすい
- 不要な特徴量を追加しても精度が落ちにくい

使いやすさの面からも、以下のような特徴があります。

- 特徴量をスケーリングする必要がない
  決定木ではそれぞれの特徴量について値の大小関係のみが問題となります。ですので、標準化などのスケーリングを行う必要はありません。

- カテゴリ変数をone-hot encodingしなくても良い
  数値にする必要があるためlabel encodingは行う必要がありますが、多くの場合にはone-hot encodingを行う必要はないです。これは、例えばあるカテゴリ変数cが1から10まであるときに、cが5のときのみ効く特徴だった場合に、決定木の分岐を(c < 5, 5 <= c)と(c <= 5, 5 < c)と重ねることで、cが5であるという特徴が抽出されるためです。

注3 ライブラリによっては、文字列などをカテゴリ変数として受け入れることができます。

- 疎行列への対応がサポートされている
scipy.sparseモジュールのcsr_matrixやcsc_matrixなどの疎行列をインプットにすることができます。

4.3.3 GBDTの主なライブラリ

GBDTでよく使われるライブラリとしては、以下があります[注4]。

- xgboost[注5]
- lightgbm[注6]
- catboost[注7]

　本書では、長く使われており資料の多いxgboostで説明します。xgboostは2014年に公開され、その精度の高さと使いやすさから分析コンペを席巻しました。

　lightgbmは2016年に公開されました。xgboostの影響を受けていて、学習や予測のアルゴリズムがxgboostにかなり近いモデルです。高速であることが支持され、2019年8月時点でxgboostよりも分析コンペで人気があります。

　catboostは2017年に公開されました。カテゴリ変数の扱いなどいくつか工夫があり、xgboostやlightgbmとは少し異なるモデルとなります。

　lightgbm、catboostについては後ほど説明します。

　なお、scikit-learnのensembleモジュールにはGradientBoostingRegressor、GradientBoostingClassifierクラスがあり、これらも勾配ブースティング木によるモデルです。しかしながら、決定木の分岐や葉のウェイトの求め方や正則化などが異なり、精度・計算速度ともにxgboostなどのライブラリより見劣りするため、あまり使われることはありません。

4.3.4 GBDTの実装

　サンプルデータに対してxgboostでモデリングしてみます。

注4 ライブラリ名は基本的に小文字で表現することとします。
注5 https://xgboost.readthedocs.io/en/latest/
注6 https://lightgbm.readthedocs.io/en/latest/
注7 https://catboost.ai/docs/

(ch04/ch04-02-run_xgb.pyの抜粋)

```python
import xgboost as xgb
from sklearn.metrics import log_loss

# 特徴量と目的変数をxgboostのデータ構造に変換する
dtrain = xgb.DMatrix(tr_x, label=tr_y)
dvalid = xgb.DMatrix(va_x, label=va_y)
dtest = xgb.DMatrix(test_x)

# ハイパーパラメータの設定
params = {'objective': 'binary:logistic', 'silent': 1, 'random_state': 71}
num_round = 50

# 学習の実行
# バリデーションデータもモデルに渡し、学習の進行とともにスコアがどう変わるかモニタリングする
# watchlistには学習データおよびバリデーションデータをセットする
watchlist = [(dtrain, 'train'), (dvalid, 'eval')]
model = xgb.train(params, dtrain, num_round, evals=watchlist)

# バリデーションデータでのスコアの確認
va_pred = model.predict(dvalid)
score = log_loss(va_y, va_pred)
print(f'logloss: {score:.4f}')

# 予測（二値の予測値ではなく、1である確率を出力するようにしている）
pred = model.predict(dtest)
```

4.3.5 xgboostの使い方のポイント

ブースター (booster)

パラメータboosterでモデルを選択できますが、GBDTを使いたい場合はデフォルト値であるgbtreeで良いです。gblinearとすると線形モデルとなり、dartとすると正則化にDARTというアルゴリズムを使用したGBDTになります。

> **AUTHOR'S OPINION**
>
> gblinearはモデルの表現力が線形モデルと同じなので、あまり使われません。DARTはコンペによっては効果があるため、頻繁ではないですが使うことがあります。(T)

INFORMATION

DART

勾配ブースティングでは序盤に作成される木の影響が強く、終盤に作成される木は些末な部分にフィットしてしまいます。DARTは些末な部分にフィットする木の作成を抑制するため、ニューラルネットで使われるドロップアウトをGBDTに適用する手法です[注8、注9]。

決定木の作成ごとに、ドロップアウトのように一定の割合の木を存在しないものとして学習させます。なお、存在しないものとした木と新たに作成した木のウェイトをそのまま足すと過剰になってしまうので、それらの木のウェイトを弱める調整をします。

目的関数

目的関数を最小化するように学習が進められます。基本的には、パラメータobjectiveを以下のように設定します。

- 回帰の場合はreg:squarederror（古いバージョンではreg:linear）を設定することで、平均二乗誤差を最小化するように学習する
- 二値分類の場合はbinary:logisticを設定することで、loglossを最小化するように学習する
- マルチクラス分類の場合はmulti:softprobを設定することで、multi-class loglossを最小化するように学習する

ハイパーパラメータ

学習率、決定木の深さ、正則化の強さなどをハイパーパラメータとして指定することができます。詳細は6章で説明します。

学習データとバリデーションデータのスコアのモニタリング

trainメソッドのevalsパラメータに学習データおよびバリデーションデータを渡すことで、決定木を追加するごとに学習データおよびバリデーションデータへのスコアを出力していきます。デフォルトでは目的関数に応じて適した評価指標が設定されますが、パラメータeval_metricを指定することでモニタリングしたい評価指標への変更や複数の評価指標の設定ができます。

注8 「DART booster（xgboostドキュメント）」https://xgboost.readthedocs.io/en/latest/tutorials/dart.html
注9 Rashmi, Korlakai Vinayak, and Ran Gilad-Bachrach. "DART: Dropouts meet Multiple Additive Regression Trees." AISTATS. 2015.

また、trainメソッドのearly_stopping_roundsパラメータを指定することで、アーリーストッピングを行うことができます。アーリーストッピングを行ったときには、予測時にntree_limitパラメータを設定しないと、最適ではなく学習が止まったところまでの木の本数で計算されるので注意が必要です。

(ch04/ch04-02-run_xgb.pyの抜粋)

```
# モニタリングをloglossで行い、アーリーストッピングの観察するroundを20とする
params = {'objective': 'binary:logistic', 'silent': 1, 'random_state': 71,
          'eval_metric': 'logloss'}
num_round = 500
watchlist = [(dtrain, 'train'), (dvalid, 'eval')]
model = xgb.train(params, dtrain, num_round, evals=watchlist,
                  early_stopping_rounds=20)

# 最適な決定木の本数で予測を行う
pred = model.predict(dtest, ntree_limit=model.best_ntree_limit)
```

Learning APIとScikit-Learn APIのどちらを使うか

xgboostドキュメントのPython API Reference[注10]において、xgboostのモデル作成・学習を行う方法として、Learning APIのtrainメソッドを使う方法とScikit-Learn APIのscikit-learn風のクラスを使う方法の2通りが記載されています。本書では主にLearning APIで説明しています（1章ではScikit-Learn APIで説明しています）。どちらを使うかは好みもありますが、Scikit-Learn APIはLearning APIのtrainメソッドなどをラップしたものなので、稀に小回りが利かないことがあります。

4.3.6 lightgbm

lightgbmは、xgboostの影響を受け、いくつかの工夫が行われたGBDTのライブラリです。2019年8月時点で、高速であることが支持され、分析コンペにおいてxgboostより使われるようになってきています。

> **AUTHOR'S OPINION**
> xgboostと比較すると、速度は明らかに速く、精度は同等程度と考えられているようです。(T)

注10 https://xgboost.readthedocs.io/en/latest/python/python_api.html

以下のような工夫が行われています[注11、注12、注13]。

- 決定木の分岐をヒストグラムベースとすることによる高速化
  分岐になりうるすべての数値を見るのではなく、ヒストグラムを作って数値を一定のまとまりごとに分け、そのまとまりで分岐するようにします。なお、xgboostでもパラメータtree_methodを変えることでヒストグラムベースとすることができます。
- 深さ単位でなく葉単位での分岐の追加による精度の向上
  決定木の分岐をどう増やしていくかについて、xgboostでは図4.12のように深さごとに増やしていきましたが、lightgbmでは図4.13のように葉単位で最も目的関数を減少させる分割ができる分岐を増やしていきます。

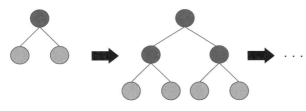

図4.12 深さ単位の木の成長[注14]

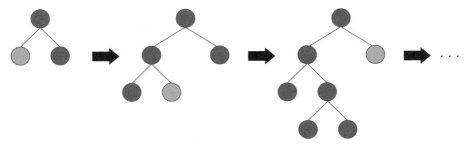

図4.13 葉単位の木の成長[注15]

注11 「Features（lightgbmドキュメント）」https://lightgbm.readthedocs.io/en/latest/Features.html
注12 「NIPS2017論文紹介 LightGBM: A Highly Efficient Gradient Boosting Decision Tree」https://www.slideshare.net/tkm2261/nips2017-lightgbm-a-highly-efficient-gradient-boosting-decision-tree
注13 Ke, Guolin, et al. "Lightgbm: A highly efficient gradient boosting decision tree." Advances in Neural Information Processing Systems. 2017.
注14 出典：「Features（Lightgbmドキュメント）level-wise.png https://lightgbm.readthedocs.io/en/latest/Features.html
注15 出典：「Features（Lightgbmドキュメント）leaf-wise.png https://lightgbm.readthedocs.io/en/latest/Features.html

- カテゴリ変数の分割の最適化による精度の向上
  カテゴリ変数の分岐について、xgboostでは通常はlabel encodingを行ったものを単に数値とみて分割させます。lightgbmでは、カテゴリ変数をパラメータで指定した場合には、それぞれの分岐で勾配や二階微分値をみて最適な2つの集合に分けます。なお、この機能を使うと過学習しやすくなるという意見もあります[注16]。その点を気にする場合、この機能を使わずにxgboostと同様の方法で分割することもできます。

サンプルデータに対してlightgbmでモデリングすると、以下のようになります。

(ch04/ch04-03-run_lgb.pyの抜粋)

```python
import lightgbm as lgb
from sklearn.metrics import log_loss

# 特徴量と目的変数をlightgbmのデータ構造に変換する
lgb_train = lgb.Dataset(tr_x, tr_y)
lgb_eval = lgb.Dataset(va_x, va_y)

# ハイパーパラメータの設定
params = {'objective': 'binary', 'seed': 71, 'verbose': 0, 'metrics': 'binary_logloss'}
num_round = 100

# 学習の実行
# カテゴリ変数をパラメータで指定している
# バリデーションデータもモデルに渡し、学習の進行とともにスコアがどう変わるかモニタリングする
categorical_features = ['product', 'medical_info_b2', 'medical_info_b3']
model = lgb.train(params, lgb_train, num_boost_round=num_round,
                  categorical_feature=categorical_features,
                  valid_names=['train', 'valid'], valid_sets=[lgb_train, lgb_eval])

# バリデーションデータでのスコアの確認
va_pred = model.predict(va_x)
score = log_loss(va_y, va_pred)
print(f'logloss: {score:.4f}')

# 予測
pred = model.predict(test_x)
```

注16 「[Enhancement] Better Regularization for Categorical features」https://github.com/Microsoft/LightGBM/issues/1934

4.3.7 catboost

catboostは、カテゴリ変数の扱いなどに特徴的な工夫をしたGBDTのライブラリです[注17、注18、注19]。以下の工夫が行われています。

- カテゴリ変数のtarget encoding
カテゴリ変数として指定した特徴量には自動的にtarget encodingを行い、数値に変換します。target encodingは使い方を誤ると目的変数の情報を不適切に使ってしまうため、ランダムにデータを並べ変えながら適用するなどの工夫がされています。また、決定木を作成する中で、動的にカテゴリ変数の組み合わせに対してtarget encodingが行われます。つまり、ある分岐でカテゴリ変数が使われたとき、そのカテゴリ変数と他のカテゴリ変数との組み合わせに対してtarget encodingの計算が行われ、それより深い分岐においてその結果が使われます。

- oblivious decision tree
oblivious decision treeと呼ばれる、各深さの分岐の条件式がすべて同じ決定木を使用しています。図4.14は、「コンピュータゲームが好きか？」という二値分類タスクに対してoblivious decision treeを作成した例です。

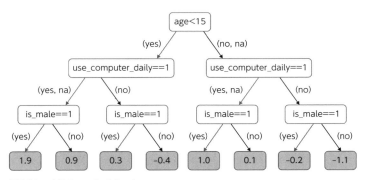

図4.14　oblivious decision tree

注 17　「CatBoost How training is performed（catboostドキュメント）」https://tech.yandex.com/catboost/doc/dg/concepts/algorithm-main-stages-docpage/
注 18　Prokhorenkova, Liudmila, et al. "CatBoost: unbiased boosting with categorical features." Advances in Neural Information Processing Systems. 2018.
注 19　Dorogush, Anna Veronika, Vasily Ershov, and Andrey Gulin. "CatBoost: gradient boosting with categorical features support." arXiv preprint arXiv:1810.11363 (2018).

- ordered boosting

    データ数が少ない場合はordered boostingというアルゴリズムが使われます。遅いのですがデータ数が少ない場合は精度が良いとのことです。

> **AUTHOR'S OPINION**
>
> 速度が遅いことから、xgboostやlightgbmに比べて使われることは少ないです。ただ、相互作用が重要なケースなどで良い精度が出ることもあり、試してみる価値のあるモデルです。Kaggleの「PLAsTiCC Astronomical Classification」や「BNP Paribas Cardif Claims Management」ではcatboostが効果的だったようです[20]、[21]。BNP Paribasはcatboostの公開前に開催されたコンペではあるのですが、公式のコードにcatboostを使って9位相当のスコアを出す例が載っています[22]。(T)

注20「3rd Place Part II (PLAsTiCC Astronomical Classification)」https://www.kaggle.com/c/PLAsTiCC-2018/discussion/75131#441520
注21「Lightning Talks」https://speakerdeck.com/rsakata/kaggle-meetup-number-4-lightning-talks
注22「Tutorial for Paribas kaggle competition」https://github.com/catboost/tutorials/blob/master/competition_examples/kaggle_paribas.ipynb

4.3 GBDT（勾配ブースティング木）

● COLUMN

xgboostのアルゴリズムの解説

ここでは、xgboostのアルゴリズムについて解説します[注23]。

目的関数を変えることで、タスクは分類、回帰のどちらも同じ枠組みで計算できます。通常は、回帰であれば二乗誤差、二値分類であればlogloss、マルチクラス分類であればmulti-class loglossを目的関数とします。以下の説明において、レコード数は N 個、決定木は M 個あるものとします。また、レコードの添字は $i(1 \leq i \leq N)$、決定木の添字は $m(1 \leq m \leq M)$ で表します。

a. 決定木によるブースティング

モデルは、決定木によるブースティングにより作成されます。なお、決定木のうち回帰木という種類のものを使用します。分類であっても回帰木を使い、予測値を予測確率に変換して使用します。

決定木を逐次的に学習させていきます。m 番目の木を学習させる際には、$m-1$ 番目の木までの予測の誤差を補正するように、m 番目の木を決定します。学習が進んでいくと補正が必要な程度が小さくなるため、決定木のウェイトは徐々に小さくなっていきます。

GBDTでは、各決定木でのレコードが属する葉のウェイトを合計したものがモデルの予測値となります。つまり、あるレコード i の特徴量の組を $\mathbf{x_i}$ とし、ある決定木 m でそのレコードが属する葉のウェイトを $w_m(\mathbf{x_i})$ とすると、予測値は $\sum_{m=1}^{M} w_m(\mathbf{x_i})$ と表されます（二値分類の場合には、$\sum_{m=1}^{M} w_m(\mathbf{x_i})$ にシグモイド関数を適用したものが予測確率になります）。

流れは以下のようになります。

1. 決定木を M 本作成していく。2〜4のように決定木を作成することを繰り返す
2. 決定木は、分岐の作成を繰り返すことで作成する。分岐を作成するためには、どの特徴量のどの値で分岐させるかを選ぶ必要がある
3. どの特徴量のどの値で分岐させるかは、基本的にすべての候補を調べて、分岐させて最適な葉のウェイトを設定したときの目的関数の減少が最も大きいものとする
4. 決定木が作成されると、その決定木に基づいて予測値を更新する。例えば、あるレコードが分岐によってウェイト w の葉に落ちる場合は、そのレコードの予測値に $w \times \eta$（η は学習率）を加える

b. 正則化された目的関数

- 目的変数を y_i、予測値を $\hat{y}_i$ としたときの目的関数を $l(y_i, \hat{y}_i)$ とする

注23 Chen, Tianqi, and Carlos Guestrin. "Xgboost: A scalable tree boosting system." Proceedings of the 22nd acm sigkdd international conference on knowledge discovery and data mining. ACM, 2016.

- それぞれの決定木を f_m としたとき、決定木に対して罰則が計算される正則化項を $\Omega(f_m)$ とする
- T を木の葉の数、j を葉の添字、w_j を葉のウェイトとすると、
  正則化項 $\Omega(f_m) = \gamma T + \frac{1}{2}\lambda \sum_j w_j^2 + \alpha \sum_j |w_j|$ となる（論文には一次の正則化項 $\alpha \sum_j |w_j|$ はないが実装上は使用されている。また、係数はそれぞれパラメータ gamma、lambda、alphaと対応）。

すると、目的関数 L は以下の式で表されます。

$$L = \sum_{i=1}^{N} l(\hat{y}_i, y_i) + \sum_{m=1}^{M} \Omega(f_m)$$

正則化により、モデルが必要以上に複雑になることを防ぎます。なお、xgboostでは正則化項を計算に含めて決定木の葉のウェイトを決めていますが、簡単のため以下の説明においては省略します。

c. 決定木の作成

それぞれの決定木は、1つの葉から始めて分岐を繰り返すことにより作成します。勾配（対象とする点での関数の傾き）を使って、決定木の分岐をどう行うかを決めます。勾配を使う最適化手法のうち、勾配降下法では勾配のみ利用しますが、xgboostではニュートン法のように勾配に加えて二階微分の値も利用します。

c-1. 葉の最適なウェイトと分岐によって得られる目的関数の減少の計算

どの特徴量で分岐させるか、どの値より大きい／小さいかで分岐させるかを決めると、分岐先の葉に含まれるデータの集合が得られます。ここで、それらに与えるべき最適なウェイトとそのときの目的関数の変化を求めたいです。

それまでの決定木による予測値が $\hat{y}_i$ に与えられているとします。分岐を定めたときのある葉のレコードの集合を I_j、ウェイトを w_j とすると、そのレコードの集合の目的関数の和は以下になります。

$$L_j = \sum_{i \in I_j} l(y_i, \hat{y}_i + w_j)$$

これを直接最適化するのは難しいので、二次近似します。それぞれのレコードにおいて、目的関数を二次関数として近似し、その和を最適化することになります。それぞれのレコードの予測値 $\hat{y}_i$ の周りにおける勾配 $g_i = \frac{\partial l}{\partial \hat{y}_i}$、二階微分値 $h_i = \frac{\partial^2 l}{\partial \hat{y}_i^2}$ とすると、目的関数の和は以下のように表されます（なお、二次関数の和なので、$\tilde{L}_j$ は二次関数になります）。

$$\tilde{L}_j = \sum_{i \in I_j}(l(y_i, \hat{y}_i) + g_i w_j + \frac{1}{2}h_i w_j^2)$$

定数となる部分 $l(y_i, \hat{y}_i)$ は、どうウェイトを定めるかに影響しないので取り除きます。

$$\tilde{L}_j' = \sum_{i \in I_j}(g_i w_j + \frac{1}{2}h_i w_j^2)$$

この算式から計算すると、目的関数 $\tilde{L}_j'$ を最小にするウェイト w_j およびそのときの値は以下のようになります。

$$w_j = -\frac{\sum_{i \in I_j} g_i}{\sum_{i \in I_j} h_i}, \tilde{L}_j' = -\frac{1}{2}\frac{(\sum_{i \in I_j} g_i)^2}{\sum_{i \in I_j} h_i}$$

あらかじめ g_i や h_i を求めておくと、この算式を用いて、ある集合が与えられたときの目的関数の値を求めることができます。そこから、分岐を行ったときの目的関数の減少も求めることができます。つまり、分岐前の集合の目的関数を $\tilde{L}_j'$、分岐後の左の葉と右の葉の目的関数を $\tilde{L}_{jL}', \tilde{L}_{jR}'$ とすると、分岐による目的関数の減少が $\tilde{L}_j' - (\tilde{L}_{jL}' + \tilde{L}_{jR}')$ という式で求まります。

二乗誤差の場合の目的関数の減少の計算

目的関数が二乗誤差の場合は、目的関数の減少の計算においていくつか分かりやすい性質を持ちます。

目的関数は、$l(y_i, \hat{y}_i) = \frac{1}{2}(\hat{y}_i - y_i)^2$ です。よって、勾配や二階微分値は以下のようになります。

- 勾配：$g_i = \frac{\partial l}{\partial \hat{y}_i} = \hat{y}_i - y_i$
- 二階微分値：$h_i = \frac{\partial^2 l}{\partial \hat{y}_i^2} = 1$

これを二次近似した目的関数の和の式に代入すると、目的関数の和 $\tilde{L}_j$ は以下の式で表されます。

$$\tilde{L}_j = \sum_{i \in I_j}\left(\frac{1}{2}(\hat{y}_i - y_i)^2 + (\hat{y}_i - y_i)w_j + \frac{1}{2}w_j^2\right)$$
$$= \sum_{i \in I_j}\left(\frac{1}{2}((\hat{y}_i + w_j) - y_i)^2\right)$$

二乗誤差の関数は二次関数であるため当然ではあるのですが、この括弧内は$l(y_i, \hat{y}_i + w_j)$に等しく、二次近似が厳密な計算になっていることがわかります。

また、目的関数$\tilde{L}_j'$を最小にするウェイトw_jは以下のように表され、（正則化項を考慮しなければ）目的変数とそれまでの決定木による予測値の差の平均となることがわかります。

$$w_j = -\frac{\sum_{i \in I_j} g_i}{\sum_{i \in I_j} h_i} = -\frac{\sum_{i \in I_j}(\hat{y}_i - y_i)}{\sum_{i \in I_j} 1}$$

c-2. 分岐の特徴量と基準となる値の決定

どの特徴量で分岐させるか、どの値より大きい／小さいかで分岐させるかは、基本的にはすべての候補を調べ、正則化された目的関数が最も小さくなるものを選択します。ただし、データの件数が多い場合には一定の分位点のみを候補として調べます。また、疎なデータに対して効率的に計算する工夫が行われています。

d. 過学習を防ぐ工夫

正則化の他に過学習を防ぐ工夫として、以下があります。

- 学習率
  上記で求めた最適なウェイトまで一気に予測値を補正してしまうと、過学習を招いてしまいます。ですので、各決定木において求めたウェイトの一定割合を実際には適用し、少しずつ補正していきます。その率はパラメータetaで指定します。

- サンプリング
  それぞれの決定木を作るときに、特徴量の列をサンプリングします。その割合はパラメータcolsample_bytreeで指定します。また、それぞれの決定木を作るときに、学習データの行もサンプリングします。その割合はパラメータsubsampleで指定します。

- データが少なすぎる葉を構成しない
  葉を構成するために最低限必要となる二階微分値の和をパラメータmin_child_weightで指定でき、下回る場合には葉は分割されません。ここで二階微分値が出てくるのは、分岐やウェイトを決める計算で重要な役割を果たしているためです。なお、目的関数が二乗誤差の場合は、二階微分値は1であるため、二階微分値の和はデータの個数と同じになります。

- 決定木の深さの制限
  木の深さの最大値をパラメータmax_depthで制限でき、デフォルトの深さの最大値は6です。深くすると複雑なモデルとなり、よりデータの性質を良く表現できる可能性がありますが、一方で過学習しやすくなります。

4.4 ニューラルネット

4.4.1 ニューラルネットの概要

　テーブルデータに対しては、いわゆる深層学習で使われる10層以上あるようなニューラルネットではなく、中間層が2から4層程度の全結合層からなる多層パーセプトロン（Multi Layer Perceptron, MLP）という構造がよく使われます。中間層が2層の多層パーセプトロンは図4.15のような構造になります。

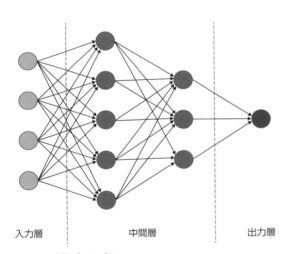

入力層　　　中間層　　　出力層

図4.15　多層パーセプトロン

　多層パーセプトロンは以下のようなモデルです。

1. 入力層には、特徴量がインプットとして与えられる
2. 中間層では、前の層の値をウェイトで重みづけした和をとり結合し、そのあと活性化関数を適用する（活性化関数にはReLU（Rectified Linear Unit）がよく利用される）
3. 出力層では、前の層の値をウェイトで重みづけした和をとり結合し、そのあとタスクに合わせて活性化関数を適用する（出力層の活性化関数としては、回帰であれば特に与えず（＝恒等関数）、二値分類であればシグモイド関数、マルチクラス分類であればソフトマックス関数が通常使われる）

層の各要素をユニットと言います。入力層のユニット数は特徴量と同じ数で、中間層のユニット数はハイパーパラメータで設定します。出力層のユニット数は回帰、二値分類ならば1つ、多クラス分類であればクラスの数となります。

中間層の計算は以下のようになります。ある層のユニットiの出力値z_iについては、以下のように計算されます。

- まず、前の層からの各ユニットの出力（前の層のユニットjの出力z'_j × ウェイト$w_{i,j}$）の和をとって結合する（なお、バイアスについての記述は省略した）

$$u_i = \sum_j z'_j w_{i,j}$$

- 次に、活性化関数ReLUを適用し、出力$z_i = \mathrm{Max}(u_i, 0)$となる（$f(x) = \mathrm{Max}(x, 0)$をReLUと言う）

このように単純な計算ではありますが、ReLUなどの活性化関数を適用していくつか層を重ねることで、非線形性が表現できます。

出力層にシグモイド関数やソフトマックス関数を適用することで、出力値は二値分類・多クラス分類での確率を表す値となります。

シグモイド関数は以下の関数で、出力値を$(0,1)$に制限します。

$$f(x) = \frac{1}{1 + exp(-x)}$$

ソフトマックス関数は以下の関数で、出力値を$(0,1)$に制限し、またそれぞれの出力の和は1となるように変換します（以下の関数でKはクラス数）。

$$f_i(x_1, x_2, \ldots, x_k) = \frac{exp(x_i)}{\sum_{k=1}^{K} exp(x_k)}$$

学習するのは、中間層、出力層のウェイトです。学習は勾配降下法という手法を用いて、誤差を出力層から入力層に伝播させていきウェイトを更新する誤差逆伝播法（バックプロパゲーション）で行われます。勾配降下法の最適化アルゴリズム（オプティマイザと言います）がいくつか提案されており、ハイパーパラメータとして指定できます。

学習データをミニバッチと呼ばれる少数のサンプルに分けて、ミニバッチごとに層のウェイトを更新していきます。学習データの最後まで学習することを1エポックと言いますが、これを十分に学習が進むまで繰り返していきます。このようにミニバッチごとに更新する手法は確率的勾配降下法と呼ばれ、学習データ全体を計算するごとにウェイトを更新するよりも、計算効率が高くなりやすく、また局所解に陥りにくい利点があります。

4.4.2 ニューラルネットの特徴

ニューラルネットの特徴は以下のようになります。

- 特徴量は数値

- 欠損値を扱うことはできない
ニューラルネットの計算のしくみ上、欠損値を扱うことはできません。

- 非線形性や変数間の相互作用が反映される
ニューラルネットの構造から、ある程度の非線形性や変数間の相互作用が反映できます。

- 基本的には特徴量を標準化などでスケーリングする必要がある
特徴量の大きさが揃っていない場合は学習が上手くいかないことがあります。

- ハイパーパラメータ次第で精度が出ないことがある
比較的ハイパーパラメータの調整が難しいです。ハイパーパラメータ次第では過学習してしまったり、逆にまったく学習が進まないこともあります。

- 多クラス分類に比較的強い
構造上、多クラス分類を自然にモデリングできるため、GBDTと遜色ない精度が出ることがあります。

- GPUでの高速化
GPUはニューラルネットで必要とされる行列演算に適しており、高速に計算できます。

　ニューラルネットは、GBDTに比べるとモデリングやチューニングにおいて手間がかかります。

4.4.3 ニューラルネットの主なライブラリ

以下はニューラルネットの主なライブラリです。

- keras[注24]
- pytorch[注25]
- chainer[注26]
- tensorflow[注27]

本書では、kerasで説明します。kerasはtensorflowなどのライブラリをバックエンドとし、扱いやすいAPIを提供するラッパーです。分かりやすく記述できることから、分析コンペでよく利用されています。

4.4.4 ニューラルネットの実装

サンプルデータに対してkerasでモデリングしてみます。なお、ニューラルネットに学習させるデータについては、カテゴリ変数をLabel encodingでなくone-hot encodingしたものを使用しています。

(ch04/ch04-04-run_nn.pyの抜粋)

```
from keras.layers import Dense, Dropout
from keras.models import Sequential
from sklearn.metrics import log_loss
from sklearn.preprocessing import StandardScaler

# データのスケーリング
scaler = StandardScaler()
tr_x = scaler.fit_transform(tr_x)
va_x = scaler.transform(va_x)
test_x = scaler.transform(test_x)

# ニューラルネットモデルの構築
model = Sequential()
model.add(Dense(256, activation='relu', input_shape=(train_x.shape[1],)))
```

注24 https://keras.io/
注25 https://pytorch.org/
注26 https://docs.chainer.org/en/stable/
注27 https://www.tensorflow.org/

```
model.add(Dropout(0.2))
model.add(Dense(256, activation='relu'))
model.add(Dropout(0.2))
model.add(Dense(1, activation='sigmoid'))

model.compile(loss='binary_crossentropy',
              optimizer='adam', metrics=['accuracy'])

# 学習の実行
# バリデーションデータもモデルに渡し、学習の進行とともにスコアがどう変わるかモニタリングする
batch_size = 128
epochs = 10
history = model.fit(tr_x, tr_y,
                    batch_size=batch_size, epochs=epochs,
                    verbose=1, validation_data=(va_x, va_y))

# バリデーションデータでのスコアの確認
va_pred = model.predict(va_x)
score = log_loss(va_y, va_pred, eps=1e-7)
print(f'logloss: {score:.4f}')

# 予測
pred = model.predict(test_x)
```

4.4.5 kerasの使い方のポイント

目的関数

モデルのコンパイル時にパラメータlossに目的関数を設定することで、それを最小化するように学習が進みます。

- 回帰の場合はmean_squared_errorを設定することで、平均二乗誤差を最小化するように学習する
- 二値分類の場合はbinary_crossentropyを設定することで、loglossを最小化するように学習する
- マルチクラス分類の場合はcategorical_crossentropyを設定することで、multi-class loglossを最小化するように学習する

ハイパーパラメータ

モデルの多くはハイパーパラメータの種類が決まっていて、使う際にはそれらのパラメータを設定するだけです。対してニューラルネットでは層の構成など自由にできる部分が多く、パラメータに応じて中間層の層数やユニット数などが異なるネットワークを作成するコードをまず記述した上で、パラメータを設定して調整します。オプティマイザの種類や学習率などのパラメータ、中間層の層数やユニット数、ドロップアウトの強さなどをハイパーパラメータとしてチューニングします。詳細は6章で説明します。

ドロップアウト

学習時に、ドロップアウトの対象とした層について、一部のユニットをランダムに存在しないものとみなして誤差逆伝播法によるウェイトの更新を行います。複数のネットワークを学習させた結果を平均するのと同じ効果があると考えられていて、過学習を防ぐ効果があります。パラメータでユニットのうち何割をドロップするかを指定できます。

学習データとバリデーションデータのスコアのモニタリング

エポックごとに学習データおよびバリデーションデータへのスコアを出力できます。アーリーストッピングは後述のコールバックを用いて行います。

コールバック

学習時、ミニバッチの処理ごとやエポックごとに指定した処理を走らせることができます。以下のような目的に使用します。

- アーリーストッピング
- モデルの定期的な保存（最もバリデーションデータでの評価が良いモデルを残すこともできる）
- 学習率のスケジューリング（計算の進行に応じた学習率の調整）
- ログ・可視化

以下のコードは、コールバックを用いてアーリーストッピングを行う例です。

(ch04/ch04-04-run_nn.pyの抜粋)

```
from keras.callbacks import EarlyStopping

# アーリーストッピングの観察するroundを20とする
# restore_best_weightsを設定することで、最適なエポックでのモデルを使用する
epochs = 50
early_stopping = EarlyStopping(monitor='val_loss', patience=20, restore_best_weights=True)

history = model.fit(tr_x, tr_y,
                    batch_size=batch_size, epochs=epochs,
                    verbose=1, validation_data=(va_x, va_y), callbacks=[early_stopping])
pred = model.predict(test_x)
```

embedding layer

正の整数を密な数値ベクトルに変換する層で、モデルの最初の層としてのみ設定できます。この層はカテゴリ変数を入力にするときに利用できます。二値でないカテゴリ変数についてはもともとone-hot encodingで前処理が行われていましたが、label encodingからembedding Layerを適用する方法が用いられるようになってきました。また、自然言語を扱う際に、Word2VecやGloveなどの学習済みのembedding（単語をそれに対応する密な数値ベクトルで表現したもの）をウェイトとして設定することもできます。

batch normalization

batch normalization層（以下BN層と言います）を用いて、学習におけるミニバッチごとに標準化することで、各層の出力のばらつきを適度に抑えようとする方法です。効果が高いため、広く使われています[注28、注29]。

BN層への入力は、まずミニバッチごとに標準化（＝平均を0、標準偏差を1とすること）されます。そのあと、標準化された値を$\hat{x}$とおくと、$\gamma \hat{x} + \beta$と変換され出力となります。このγ、βはBN層で学習されるパラメータです。この計算はそれぞれの入力に対して行われ、γ、βも入力の数だけあります。

なお、学習中のBN層への入力の平均と標準偏差は保持されます。予測時にそれらを用いて標準化が行われるので、予測時にはミニバッチの選び方により結果が変わるこ

注28 Ioffe, Sergey, and Christian Szegedy. "Batch normalization: Accelerating deep network training by reducing internal covariate shift." arXiv preprint arXiv:1502.03167 (2015).
注29 なぜ Batch Normalization が学習に効果的なのかは、以下の記事や論文が参考になるでしょう。
  - 「論文紹介 Understanding Batch Normalization（じんべえざめのノート）」https://jinbeizame.hateblo.jp/entry/understanding_batchnorm
  - Bjorck, Nils, et al. "Understanding batch normalization." Advances in Neural Information Processing Systems. 2018.

とはありません。

4.4.6 参考になるソリューション - 多層パーセプトロン

　ニューラルネットの場合、層をどう構成するか、オプティマイザに何を使うかなどの選択肢が多く、モデルを作成するときに悩みます。ですので、Kaggleの過去のソリューションをベースに、必要に応じて修正を加えていくと良いです。以下のソリューションには多層パーセプトロンのモデルが含まれており、参考になるでしょう。

- Kaggleの「Recruit Restaurant Visitor Forecasting」で5位に入ったDanijel Kivaranovic氏によるソリューション[注30]
- Kaggleの「Corporación Favorita Grocery Sales Forecasting」で1位に入ったweiwei氏などのチームのKernel[注31]
- Kaggleの「Otto Group Product Classification Challenge」において、puyokw氏がコンペ終了後に上位者のソリューションを参考に作成したソリューション（9th相当のスコアが出ている）[注32]
- Kaggleの「Home Depot Product Search Relevance」で3位に入ったChenglong Chen氏などのチームのソリューション[注33]
  このソリューションはhyperoptで自動的にパラメータをチューニングしてモデルを作成しています。パラメータは、`Chenglong/model_param_space.py`、ニューラルネットの構築は`Chenglong/utils/keras_utils.py`を参考にしてください。
- Kaggleの「Mercari Price Suggestion Challenge」で1位に入ったPaweł氏などのチームのソリューション[注34]
  このコンペは、商品のタイトルや説明文といった自然言語を中心としたデータからその商品の価格を予測するもので、Kaggle Kernelにコードを提出する形で行われました。疎なデータをインプットとする多層パーセプトロンのソリューションが主となっています。

注30 https://github.com/dkivaranovic/kaggledays-recruit
注31 https://www.kaggle.com/shixw125/1st-place-nn-model-public-0-507-private-0-513
注32 https://github.com/puyokw/kaggle_Otto
注33 https://github.com/ChenglongChen/Kaggle_HomeDepot
注34 https://www.kaggle.com/c/mercari-price-suggestion-challenge/discussion/50256

4.4.7 参考になるソリューション - 最近のニューラルネットの発展

テーブルデータを対象とする場合、以前はほぼ多層パーセプトロンが利用されていましたが、最近はコンペで上位に入賞したソリューションとしてRNN（リカレントニューラルネット）などの構造を用いたニューラルネットが利用されるようになってきました。人手での特徴量作成を行ったGBDTと、あまり特徴量作成を行わないニューラルネットが遜色ない精度となっているケースもあり、注目する価値があるでしょう。

いくつかソリューションの例を紹介します。

- Kaggleの「Instacart Market Basket Analysis」で3位に入ったsjv氏によるソリューション[注35]
  顧客の時系列的な注文データから、次にどの商品が購入されるかを予測するコンペです。このソリューションでは、RNNおよびCNN（畳み込みニューラルネット）を用いて、ある商品を購入するか、ある商品カテゴリのいずれかを購入するか、注文した商品の数などといった項目を予測するモデルを作成し、それらをアンサンブルしています。

- Kaggleの「Web Traffic Time Series Forecasting」で6位に入った、同じくsjv氏によるソリューション[注36]
  Wikipediaの記事の日ごとの閲覧数を予測するコンペです。このソリューションは、WaveNetという、音声波形を生成するために考案されたニューラルネットをベースにしています[注37]。

- Kaggleの「Mercari Price Suggestion Challenge」で4位に入ったChenglong Chen氏によるソリューション[注38]
  このソリューションは、DeepFMという、Factorization Machineというモデルの枠組みをネットワーク構造に組み込んだニューラルネットをベースにしています[注39]。

注 35 https://github.com/sjvasquez/instacart-basket-prediction
注 36 https://github.com/sjvasquez/web-traffic-forecasting
注 37 Oord, Aaron van den, et al. "Wavenet: A generative model for raw audio." arXiv preprint arXiv:1609.03499 (2016).
注 38 https://github.com/ChenglongChen/tensorflow-XNN
注 39 Guo, Huifeng, et al. "DeepFM: a factorization-machine based neural network for CTR prediction." arXiv preprint arXiv:1703.04247 (2017).

4.5 線形モデル

4.5.1 線形モデルの概要

シンプルなモデルとして、線形モデルが使われることがあります。単体では精度は高くなく、GBDTやニューラルネットに勝てることはほぼありません。アンサンブルの1つのモデルやスタッキングの最終層に適用するなどの使い道が主になります。稀にコンペによっては活躍することがあります。

> **AUTHOR'S OPINION**
> データが十分でなかったり、ノイズが多いなど、過学習しやすいようなデータでは活躍することがあるようです。Kaggleの「Two Sigma Financial Modeling Challenge」や「Walmart Recruiting II: Sales in Stormy Weather」では線形モデルが入賞者の主要なモデルとして使われています。(T)

回帰タスクの場合、以下のような線形回帰モデルとなります。なお、後述するL1正則化を行う線形回帰モデルのことをLasso、L2正則化を行う線形回帰モデルのことをRidgeと言います（以下の式でyを予測値、$x_1, x_2, \ldots$を特徴量とします）。

$$y = b_0 + b_1 x_1 + b_2 x_2 + \ldots$$

学習するのは、各変数に対する係数$b_0, b_1, b_2, \ldots$です。

分類タスクの場合は、ロジスティック回帰モデルが使われます。ロジスティック回帰とは、線形回帰にシグモイド関数を適用することにより予測値のとりうる範囲を$(0, 1)$に制限し、確率を予測するモデルとしたものです（以下の式でyを予測確率とします）。

$$y' = b_0 + b_1 x_1 + b_2 x_2 + \ldots$$

$$y = \frac{1}{1 + exp(-y')}$$

線形モデルにおいては、係数の絶対値が大きいほど罰則を与える正則化が行われます。これにより、大きすぎる係数で学習データに過剰に適合することを防ぐことができます。係数の絶対値に比例して罰則を与えるものをL1正則化、係数の2乗に比例して罰則を与えるものをL2正則化と言います。

4.5.2 線形モデルの特徴

線形モデルの特徴は以下のようになります。

- 特徴量は数値
- 欠損値を扱うことはできない
- GBDTやニューラルネットと比較して精度は高くない
- 非線形性を表現するためには、明示的に特徴量を作成する必要がある
  例えば、特徴量 x_f があり、それが予測値に $log(x_f)$ に比例する程度に影響していることを表現するには、$log(x_f)$ という特徴量を作成する必要があります。

- 相互作用を表現するためには、明示的に特徴量を作成する必要がある
  例えば、フラグ1とフラグ2の関連性を表現するには、「フラグ1が真かつフラグ2が真」といった特徴量を作成する必要があります。

- 特徴量は基本的には標準化が必要
  特徴量の大きさが揃っていない場合は、正則化の効き方が特徴量によって異なってしまうため、学習が上手くいかないことがあります。

- 特徴量を作るときに丁寧な処理が必要
  上記の理由から、非線形性や相互作用を表す特徴量をわざわざ作ったり、最大・最小を制限したり、binningを行ったり、それらを組み合わせたりと、さまざまな変換や処理を行っていくことになります。

- L1正則化を行った場合、予測に寄与していない特徴量の係数が0になる性質がある
  この性質を利用して、線形モデルを特徴選択に利用することがあります。

4.5.3 線形モデルの主なライブラリ

線形モデルの主なライブラリは以下になります。

- scikit-learnのlinear_modelモジュール
- vowpal wabbit[注40]
  使い方の癖がありますが、高速な学習を行うことができます。

本書では、scikit-learnのlinear_modelモジュールで説明を行います。scikit-learnのlinear_modelにはいろいろなクラスがありますが、以下を選べば良いでしょう。

- 回帰タスクではRidge
  RidgeではL2正則化を適用します。代わりにL1正則化を適用するLassoや、L1正則化とL2正則化がともに使えるElasticNetを使用しても構いません。
- 分類タスクではLogisticRegression
  デフォルトではL2正則化を適用します。

4.5.4 線形モデルの実装

サンプルデータに対してscikit-learnのLogisticRegressionモデルでモデリングしてみます。なお、線形モデルに学習させるデータについても、カテゴリ変数をone-hot encodingしたものを使用しています。

(ch04/ch04-05-run_linear.pyの抜粋)

```python
from sklearn.linear_model import LogisticRegression
from sklearn.metrics import log_loss
from sklearn.preprocessing import StandardScaler

# データのスケーリング
scaler = StandardScaler()
tr_x = scaler.fit_transform(tr_x)
va_x = scaler.transform(va_x)
test_x = scaler.transform(test_x)

# 線形モデルの構築・学習
model = LogisticRegression(C=1.0)
model.fit(tr_x, tr_y)

# バリデーションデータでのスコアの確認
# predict_probaを使うことで確率を出力できます。(predictでは二値のクラスの予測値が出力されます)。
```

注40 https://github.com/VowpalWabbit/vowpal_wabbit/wiki

```
va_pred = model.predict_proba(va_x)
score = log_loss(va_y, va_pred)
print(f'logloss: {score:.4f}')

# 予測
pred = model.predict(test_x)
```

4.5.5 線形モデルの使い方のポイント

目的関数

基本的には、モデルによって最小化する目的関数が決まっています。

- 回帰の場合（Ridgeモデルなど）
  平均二乗誤差を最小化するように学習します。

- 分類の場合（LogisticRegressionモデル）
  二値分類の場合は、loglossを最小化するように学習します。マルチクラス分類の場合はone-vs-restと呼ばれる、あるクラスとそれ以外のクラスの二値分類を繰り返す方法で学習します（multi-class loglossを最小化する方法で学習するオプションもあります）。

ハイパーパラメータ

チューニングが必要なパラメータは基本的に正則化の強さを表す係数のみです。

4.6 その他のモデル

その他にも、さまざまなモデルがあります。アンサンブルのモデルの1つとして使われることが多いでしょう。

4.6.1 k近傍法（k-nearest neighbor algorithm、kNN）

k近傍法（k-nearest neighbor algorithm, kNN）は、レコード間の距離をそれらの特徴量の値の差を用いて定義し、その距離が最も近いk個のレコードの目的変数から回帰、分類を行います。

scikit-learnのneighborsモジュールのKNeighborsClassifier、KNeighborsRegressorクラスを用います。

デフォルトでは、距離の定義はユークリッド距離（特徴量の差の二乗和の平方根）です。回帰では最も近いk個のレコードの平均、分類では最も近いk個のレコードで最も多いクラスを予測値とします。値のスケールが大きい特徴量が重視されすぎないようにするため、特徴量に標準化などのスケーリングを行っておく必要があります。

4.6.2 ランダムフォレスト（Random Forest、RF）

ランダムフォレスト（Random Forest, RF)は、決定木の集合により予測を行うモデルですが、GBDTとは違い並列に決定木を作成します（図4.16）。それぞれの決定木の学習においてレコードや特徴量をサンプリングして与えることで多様な決定木を作成し、これらをアンサンブルすることで汎化性能の高い予測を行います。 以下のようにモデルを作成します。

1. 学習データからレコードをサンプリングして抽出する
2. 1.に対して学習を行い、決定木を作成する
   分岐を作成するときに、特徴量の一部のみをサンプリングして抽出し、特徴量の候補とします。それらの特徴量の候補から、データを最も良く分割する特徴量と閾値を選び分岐とします。

3. 1.から2.を作成する決定木の本数だけ並列に行う

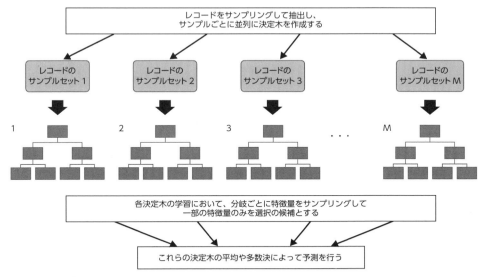

図4.16　ランダムフォレスト

　scikit-learnのensembleモジュールのRandomForestClassifier、RandomForest Regressorクラスを用います（以下はこれらのクラスのデフォルトのパラメータでの説明です）。
　ランダムフォレストの決定木の作成におけるポイントをいくつか説明します。

- 分岐は、回帰タスクでは二乗誤差、分類タスクではジニ不純度が最も減少するように行う
- 決定木ごとに元の個数と同じだけのレコードを復元抽出するブートストラップサンプリングが行われる
  ブートストラップサンプリングでは重複して抽出されるレコードがある一方で、平均して1/3程度が抽出されないレコードとなります。
- 分岐ごとに特徴量の一部をサンプリングしたものを候補とし、その中から分岐の特徴量を選ぶ
  回帰タスクではサンプリングせずにすべてを候補とします。分類タスクでは特徴量の個数の平方根の個数だけ抽出して候補とします。

ランダムフォレストのその他のポイントをいくつか説明します。

- 決定木の本数と精度の関係
  決定木を並列に作成するため、GBDTと違って決定木の本数が増え過ぎて精度が悪くなることはありませんが、ある程度増やすと精度が上がらなくなってきます。決定木の本数は計算時間と精度のトレードオフで定めます。

- out-of-bag
  ブートストラップサンプリングで抽出されないレコードをout-of-bagと言います。out-of-bagのレコードを使うことで、バリデーションデータを用意しなくても汎化性能を見積もることができます。

- 予測確率の妥当性
  分類タスクにおいて、GBDTではウェイトに基づいた予測確率のloglossを最小化しようとするのに対し、ランダムフォレストではジニ不純度を最小化しようとする各決定木の予測を平均します。ランダムフォレストの方法では、予測確率が妥当であることは保証されないため歪んでいます（「2.5.4 予測確率とその調整」も参照してください）。

4.6.3 Extremely Randomized Trees（ERT）

　Extremely Randomized Treesはランダムフォレストとほぼ同じ方法でモデルを作成しますが、分岐を作成する際にそれぞれの特徴量において最も良くデータを分割できる閾値を用いるのではなく、ランダムに設定した閾値を用いる点が異なります。ランダムフォレストよりやや過学習しづらいと考えられます。scikit-learnのensembleモジュールのExtraTreesClassifier、ExtraTreesRegressorクラスを用います。

4.6.4 Regularized Greedy Forest（RGF）

　Regularized Greedy Forestは目的関数に正則化項を明示的に含める点はGBDTと同じですが、違う方法で決定木を作成・成長させます。目的関数が小さくなるように以下の操作を繰り返すことで、決定木の集合を作成します。

- 葉を分岐させる、もしくは新しい木を作成する
- 今まで作成した決定木全体について葉のウェイトを修正する
  この操作は計算コストが高いため、葉の分岐や木の作成を一定数行うごとに定期的に行います。

Regularized Greedy Forest[注41]ライブラリを利用します（pipインストールを行うときのパッケージ名はrgf_python）。

4.6.5 Field-aware Factorization Machines（FFM）

Field-aware Factorization MachinesはFactorization Machines（FM）を発展させたモデルで、レコメンドのタスクとの相性が良いです。Kaggleの「Display Advertising Challenge」や「Outbrain Click Prediction」などで、入賞したソリューションの主要なモデルとして使われています。libffmというライブラリを使用します[注42]。他にも、xlearnといったライブラリもあります[注43]。

> **INFORMATION**
>
> **Field-aware Factorization Machines（FFM）の説明**
>
> ユーザ・商品・ジャンルがカテゴリ変数で、それらの組み合わせへの評価の値が目的変数として与えられている問題を考えます。ユーザ・商品・ジャンルをone-hot encodingを行って表すことで、"ユーザの数+商品の数+ジャンルの数"を特徴量の数として、疎なデータとして表すことができます（図4.17）。
>
> | ユーザ | 商品 | ジャンル | 評価 |
> |---|---|---|---|
> | A | c | y | 4 |
> | A | a | x | 3 |
> | B | c | y | 3 |
> | C | b | x | 1 |
>
> ユーザ・商品・ジャンルに対して、その組み合わせの評価を目的変数とする
>
>
>
> | ユーザ ||| 商品 ||| ジャンル || 評価 |
> |---|---|---|---|---|---|---|---|---|
> | A | B | C | a | b | c | x | y | |
> | 1 | 0 | 0 | 0 | 0 | 1 | 0 | 1 | 4 |
> | 1 | 0 | 0 | 1 | 0 | 0 | 1 | 0 | 3 |
> | 0 | 1 | 0 | 0 | 0 | 1 | 0 | 1 | 3 |
> | 0 | 0 | 1 | 0 | 1 | 0 | 1 | 0 | 1 |
>
> FMやFFMでは、ユーザ・商品・ジャンルをそれぞれone-hotの特徴量で表現する
>
> 図4.17　Factorization Machinesでのデータの表現

注41 https://github.com/RGF-team/rgf
注42 https://github.com/ycjuan/libffm
注43 https://github.com/aksnzhy/xlearn

Factorization Machines（FM）は、特徴量同士の相互作用を特徴量に対応するベクトルの内積で表現する線形モデル（の亜種）と言えます。

それぞれの特徴量はその性質を表す要素数kのベクトルを持ち、これらのベクトルが学習の対象となります。要素数kはハイパーパラメータとして指定されます。予測値は、i番目の特徴量のベクトルをv_iとすると、すべての特徴量の組み合わせに対するベクトルv_i, v_jの内積×特徴量iの値x_i×特徴量jの値x_jの和として表現されます（以下の式のように、定数項w_0や、ウェイトw_i×特徴量iの値x_iによる項もあります。また、n_fは特徴量の数です）。

$$y = w_0 + \sum_{i=1}^{n_f} w_i x_i + \sum_{i=1}^{n_f} \sum_{j=i+1}^{n_f} \langle v_i v_j \rangle x_i x_j$$

なお、評価を行った時点からの経過期間など、カテゴリ変数ではなく数値変数を特徴量として持つこともできます。

Field-aware Factorization Machines（FFM）はこれを拡張し、組み合わせ相手の種類ごとに異なるベクトルを持つようにしたものです。その種類をフィールドと言い、この例ではユーザ・商品・ジャンルとなります（以下の式では、組み合わせ相手であるj番目の特徴量が属するフィールドがf_jの場合に使われる、i番目の特徴量のベクトルをv_{i,f_j}と表しています）。

$$y = w_0 + \sum_{i=1}^{n_f} w_i x_i + \sum_{i=1}^{n_f} \sum_{j=i+1}^{n_f} \langle v_{i,f_j} v_{j,f_i} \rangle x_i x_j$$

FMでは学習の対象となるベクトルの個数は特徴量の数ですが、FFMでは特徴量の数×フィールドの数となります。ただし、特定のフィールドとの関係性のみ考えれば良いので、必要となるベクトルの要素数は小さくなります。

4.7 モデルのその他のポイントとテクニック

他章と重複する内容もありますが、モデルを扱うときに困る点の対応やその他のテクニックを紹介します。

4.7.1 欠損値がある場合

欠損値がある場合でも、GBDTでは問題なく取り扱うことができます。逆に、欠損値を扱えないモデルでは、どうにかして欠損値を埋める必要があります。欠損値を埋めるなど、欠損値を上手く扱う方法については、「3.3 欠損値の扱い」を参照してください。

4.7.2 特徴量の数が多い場合

特徴量が多すぎる場合、学習がいつまで経っても終わらなかったり、メモリが足りなくて学習できないことがあります。また、余計な特徴量があることによってモデルの精度が上がらないこともあります。

GBDTでは、学習さえできればそれなりの結果が出ることがあるので、少しずつ特徴量の数を増やしながらどのくらいまで学習できるかまずは試してみるのが良いでしょう。特徴量が数千あるようなケースでも、データが疎の場合や二値しか値を持たない特徴量が多い場合には分岐の候補として考えるべき点が多くないため、学習ができて精度も出ることがあります。

とはいえ、余計な特徴量はない方が良いので、精度への寄与がないと思われる特徴量を落としたい場合には、「6.2 特徴選択および特徴量の重要度」にあるような特徴選択を行うことになります。

4.7.3 目的変数に1対1で対応するテーブルでない場合

教師あり学習を行うには、以下の形になっている必要があります（n_{tr}はレコード数、n_fは特徴量の数）。

- 学習データは $n_{tr} \times n_f$ の行列
- 目的変数は n_{tr} 個の配列

最初からこの形になっている場合は良いのですが、コンペによっては、目的変数1つに複数行のレコードが対応するような形式で与えられることがあります。

例えば、Kaggleの「Walmart Recruiting: Trip Type Classification」では、目的変数に対応するものとして、複数行からなる購入した商品の履歴が与えられました。このままでは予測できないので、行数や購入量の合計、ある商品があるかないかなど、目的変数に1対1で対応させた特徴量に変換する必要があります。

このような場合の特徴量の作り方については、「3.8 他のテーブルの結合」や「3.9 集約して統計量をとる」で説明していますので参照してください。

4.7.4 pseudo labeling

テストデータに対する予測値を目的変数の値とみなし、学習データに加えて再度学習するpseudo labelingと呼ばれるテクニックがあります[注44]。これは、目的変数のないデータについても学習に用いる半教師あり学習の手法の1つです。画像系のコンペで活用する例が比較的よくありますが、テーブルデータで効果がある例もあります。テストデータの数が学習データの数より多い場合など、目的変数がないとしてもテストデータの情報を使いたい場合に有効なことがあります。

以下のように行います。

1. 学習データで学習し、モデルを作成する
2. 1.で作成したモデルによりテストデータを予測する
3. 学習データに、2.の予測値を目的変数としたテストデータを加える（このように使う予測値を、pseudo label（疑似ラベル）と呼ぶ）
4. テストデータが追加された学習データで再度学習し、モデルを作成する
5. 4.で作成したモデルによりテストデータを予測し、これを最終的な予測値にする

pseudo labelingの細かな部分の手法については違いがあり、例えば以下のような

注44「Introduction to Pseudo-Labelling : A Semi-Supervised learning technique（Analytics Vidhya）」https://www.analyticsvidhya.com/blog/2017/09/pseudo-labelling-semi-supervised-learning-technique/

工夫があります[注45、注46、注47]。

- 学習に用いるデータの質を保つため、例えば分類タスクでは予測確率が十分高いテストデータのみを加える
- 複数のモデルのアンサンブルによる予測値をpseudo labelとして用いる
- テストデータをいくつかのグループに分け、あるグループの最終的な予測値は、そのグループ以外のテストデータを加えて学習したモデルで作成する

● COLUMN

分析コンペ用のクラスやフォルダの構成

筆者(T)の分析コンペ用のクラスやフォルダの構成を紹介します。人によって方法はさまざまですので、あくまで参考です。Githubにサンプルコードを公開していますので、そちらも参照してください。

分析コンペにおいては、ときにはやや汚いコーディングや、他のコードとの一貫性が保たれない手法を行う必要があるので、あまりきれいに書きすぎるのもマイナスになることがあります。例えば、以下のようなコーディングスタイルをとる人もいます。

- ファイル名をa01_run_xgb.py、a02_run_nn.pyのように連番ではじめる
- ファイルの分割をあまり行わず、また修正する場合はファイルをコピーした上で修正することで、過去のコードを残して計算結果を再現しやすくする

筆者の場合は、ある程度クラスを整理して進めていくことが多いです。以下のようにModelクラス、Runnerクラスを作りラン（計算）を行います。また、UtilクラスやLoggerクラスについても作成します。それぞれのクラスについてとフォルダ構成について説明します。

Modelクラス

xgboostやscikit-learnの各モデルをラップしたクラスであり、学習や予測を行います。Modelクラスを継承し、ModelXgb（xgboost）やModelNN（ニューラルネット）といったクラスを作成して使います。xgboostやscikit-learnのモデルなどはそれぞれインターフェイスが異なるため、その違いをここで吸収し、また必要に応じて便利な処理を追加できるようにします。

注45 「Kaggle State Farm Distracted Driver Detection」https://speakerdeck.com/iwiwi/kaggle-state-farm-distracted-driver-detection
注46 「1st place solution overview（Toxic Comment Classification Challenge）」https://www.kaggle.com/c/jigsaw-toxic-comment-classification-challenge/discussion/52557
注47 「An overview of proxy-label approaches for semi-supervised learning（Sebastian Ruder）」http://ruder.io/semi-supervised/

scikit-learnのBaseEstimatorを継承する方がお行儀が良いかもしれません。筆者は、GBDTやニューラルネットでは学習時にバリデーションデータも渡したい、GridSearchCVクラスを用いるような処理は自分でカスタマイズして書きたいといった理由で、scikit-learn準拠とする必要があまり感じられなかったためそうしませんでした。

Runnerクラス

クロスバリデーションなどを含めて学習・予測の一連の流れを行うクラスです。データの読み込みもここで対応します。Modelクラスを保持し、学習・予測はModelクラスに実行させます。継承せずに使用しますが、データの読み込み処理を変更したい場合など、継承してその部分だけ変更し使用することがあります。

Utilクラス、Loggerクラス

UtilクラスやLoggerクラスでは、以下を行います。

- ユーティリティメソッド
  ファイルの入出力などのユーティリティメソッドを記述します。
- ログの出力・表示
  処理のログをファイルとコンソールに出力します。途中で異常終了したときの原因把握や、処理にかかる時間を見積もりたいときには、実行時刻を付けてログを残しておくと便利です。
- 計算結果の出力・表示
  各モデルのバリデーションのスコアをファイルとコンソールに出力し、集計できるようにしておきます。

フォルダ構成

フォルダ構成は表4.1のようにしています。コードはcodeとcode-analysisディレクトリにのみ保存します[注48]。

表4.1　フォルダ構成

フォルダ名	説明
input	train.csv、test.csvなどの入力ファイルを入れるフォルダ
code	計算用のコードのフォルダ
code-analysis	分析用のコードやJupyter Notebookのフォルダ
model	モデルや特徴量を保存するフォルダ
submission	提出用ファイルを保存するフォルダ

注48 フォルダ構成については以下の記事も参考になるでしょう。
- 「データサイエンスプロジェクトのディレクトリ構成どうするか問題」https://takuti.me/note/data-science-project-structure/
- 「Patterns for Research in Machine Learning」http://arkitus.com/patterns-for-research-in-machine-learning/

a. Modelクラス

Modelクラスの役割は、学習・予測・モデルの保存・読み込みなどです。Modelクラスを継承し、ModelXgb（xgboost）やModelNN（ニューラルネット）といったクラスを作成して使います。ランのクロスバリデーションの各foldごとにインスタンスを作成します。クラス生成時には、ランの名前とどのfoldかを組み合わせた名前（例：xgb-param1-fold1など）を渡します。これを保存先のパスに使ってモデルの保存・読み込みを行います。trainメソッドにはバリデーションデータを渡すことも考えますが、学習データ全体でモデルを学習する場合を考えて渡さないことにも対応させます。バギング（乱数シードを変えた複数のモデルの平均で予測値を出力する）などをモデルに組み込みたい場合にもこのクラスで対応できます。

表4.2に示すメソッドを定義します（引数のselfは省略しています、以下同様）。

表4.2 Modelクラスのメソッド

パラメータ	説明
__init__(run_fold_name, prms)	コンストラクタ。ランの名前とどのfoldかを組み合わせた名前とパラメータを渡す
train(tr_x, tr_y, va_x, va_y)	学習データと目的変数、バリデーションデータと目的変数を入力とし、モデルの学習を行い、保存する
predict(te_x)	バリデーションデータやテストデータを入力とし、学習済のモデルでの予測値を返す
save_model()	モデルの保存を行う
load_model()	モデルの読み込みを行う

b. Runnerクラス

Runnerクラスの役割は、クロスバリデーションなども含めた学習・評価・予測です。そのため、データの読み込みやクロスバリデーションのfoldのインデックスの読み込みも管理します。クラス生成時には、ランの名前・使用するModelクラス・特徴量のリスト・パラメータを渡します。クロスバリデーションのfoldのインデックスは、乱数シードを固定するかファイルに保存するなどして定めておきます。各foldのモデルの平均で予測する場合には、run_train_all、run_predict_allメソッドは不要です。

外部から使用するメソッドは表4.3のとおりです。

表4.3 外部から使用するメソッド

パラメータ	説明
__init__(run_name, model_cls, features, prms)	コンストラクタ。ランの名前、モデルクラス、特徴量名のリスト、パラメータ（dict型）を渡す
run_train_fold(i_fold)	クロスバリデーションでのfoldを指定して学習・評価を行う。他のメソッドから呼び出すほか、単体でも確認やパラメータ調整に用いる

パラメータ	説明
run_train_cv()	クロスバリデーションでの学習・評価を行う。各foldのモデルの保存、精度のログ出力についても行う
run_predict_cv()	クロスバリデーションで学習した各foldのモデルの平均により、テストデータの予測を行う。あらかじめrun_train_cvを実行しておく必要がある
run_train_all()	学習データすべてで学習し、そのモデルを保存する
run_predict_all()	学習データすべてで学習したモデルにより、テストデータの予測を行う。あらかじめrun_train_allを実行しておく必要がある

外部からは使用しないメソッドとして、表4.4に示すメソッドを定義します。

表4.4 外部から使用しないメソッド

パラメータ	説明
build_model(i_fold)	foldを指定して、モデルの作成を行う
load_x_train()	学習データを読み込む
load_y_train()	学習データの目的変数を読み込む
load_x_test()	テストデータを読み込む
load_index_fold(i_fold)	foldを指定して対応するインデックスを返す

第5章

モデルの評価

5.1 モデルの評価とは？
5.2 バリデーションの手法
5.3 時系列データのバリデーション手法
5.4 バリデーションのポイントとテクニック

5.1 モデルの評価とは？

　予測モデルを作成する主な目的は、未知のデータに対して高い精度で予測を行うことです。実務においては、予測精度の他にモデルの軽量さや解釈性などが重視される場合もありますが、それらの点は本書のスコープ外とし、予測精度に限定して話を進めます。未知のデータに対する予測能力のことを、モデルの汎化性能と呼びます。

　モデルの汎化性能を改善していくためには、当然ながらそのモデルの汎化性能を知る方法が必要です。一般的に、学習データを学習に用いるデータとバリデーションデータ（評価用のデータ）に分け、バリデーションデータへの予測の精度を何らかの評価指標によるスコアで表すことで評価します。バリデーションデータの分け方にはいくつか方法があり、適切に評価するためには、学習データとテストデータの性質を考慮して分け方を選ぶことが必要です。本書では、このようにしてモデルの汎化性能を評価することをバリデーションと呼びます。

　本章では、まず「5.2 バリデーションの手法」「5.3 時系列データのバリデーション手法」で、主なバリデーションの手法について説明します。そのあと、「5.4 バリデーションのポイントとテクニック」で、さまざまなケースで広く適用できる、適切なバリデーションを行うための考え方について説明します。

5.2 バリデーションの手法

本節では、主なバリデーションの手法について説明します。

5.2.1 hold-out法

最も単純な方法は、学習データの一部を学習に使わず、バリデーション用に取っておくことです。残りの学習データでモデルを学習した上で、バリデーションデータでモデルを評価します。これにより、未知のテストデータに対する予測を模擬できます。この方法をhold-out法と呼びます。

trainで学習したモデルでvalidを予測し、そのスコアで評価する
・train: 学習データのうちバリデーションでの学習に使用するデータ
・valid: バリデーションデータ

図5.1　hold-out法

hold-out法は、学習データとテストデータがランダムに分割されているということを前提とした方法です。一方、時系列データの場合、学習データとテストデータは、ランダムではなく時系列に沿って分割されることが多いため、そのような場合には別の方法をとる必要があります。時系列データの場合の方法は次節で説明します。

以下のコードのように、scikit-learnのmodel_selectionモジュールのtrain_test_split関数を用いることでhold-out法によるデータの分割ができます（以降はscikit-learnのmodel_selectionモジュールの関数・クラスについて、本文中のモジュール名の記述は省略します）。

（ch05/ch05-01-validation.pyの抜粋）

```
from sklearn.model_selection import train_test_split

# train_test_split関数を用いてhold-out法で分割する
```

```
tr_x, va_x, tr_y, va_y = train_test_split(train_x, train_y,
                                          test_size=0.25, random_state=71, shuffle=True)
```

データを分割したあとに、学習データでの学習、バリデーションデータへの予測、スコアの計算を行います。以下のコードのようになります。

(ch05/ch05-01-validation.pyの抜粋)

```
from sklearn.metrics import log_loss
from sklearn.model_selection import train_test_split

# Modelクラスを定義しているものとする
# Modelクラスは、fitで学習し、predictで予測値の確率を出力する

# train_test_split関数を用いてhold-out法で分割する
tr_x, va_x, tr_y, va_y = train_test_split(train_x, train_y,
                                          test_size=0.25, random_state=71, shuffle=True)

# 学習の実行、バリデーションデータの予測値の出力、スコアの計算を行う
model = Model()
model.fit(tr_x, tr_y, va_x, va_y)
va_pred = model.predict(va_x)
score = log_loss(va_y, va_pred)
print(score)
```

また、train_test_split関数でなく、後述するクロスバリデーションのための分割を行うKFoldクラスによって複数回分割したうちの1つを用いて、学習に使うデータとバリデーションデータを分けることもできます。

(ch05/ch05-01-validation.pyの抜粋)

```
from sklearn.model_selection import KFold

# KFoldクラスを用いてhold-out法で分割する
kf = KFold(n_splits=4, shuffle=True, random_state=71)
tr_idx, va_idx = list(kf.split(train_x))[0]
tr_x, va_x = train_x.iloc[tr_idx], train_x.iloc[va_idx]
tr_y, va_y = train_y.iloc[tr_idx], train_y.iloc[va_idx]
```

なお、データが何らかの規則に従って並んでいることがあり、そのような場合にはデータをシャッフルする必要があるので注意が必要です。例えば、多クラス分類のタスクでデータが出力クラス順に並んでいることがあります。そのような場合に単純に上から順に何割を学習用、残りをテスト用と分割してしまうと、正しい学習や評価が

できません。他のバリデーション方法でも同様ですが、一見ランダムにデータが並んでいるように見えても、念のためシャッフルしておくと良いでしょう。train_test_split関数においては、shuffle引数にTrueを指定すると、シャッフルした上で分割できます。

hold-out法は、次に説明するクロスバリデーションと比較すると、データを有効に使えていない欠点があります。バリデーションデータが少ないと評価を信頼できませんが、バリデーションデータを増やすと学習に用いることのできるデータが減ってしまい、そもそものモデルの精度が落ちてしまいます。テストデータに対して予測する際には学習データ全体でモデルを作成し直すことができますが、データ数が違うと最適なハイパーパラメータや特徴量が変わってくることもあるため、バリデーションにおいても学習データはある程度確保することが望ましいでしょう。

5.2.2 クロスバリデーション

学習データを分割し、hold-out法の手続きを複数回繰り返すことで、各回のバリデーションの学習に用いるデータの量を保ちつつ、バリデーションの評価に用いるデータを学習データ全体とすることができます。例えば、図5.2のようにデータを4分割して4回のhold-out法を繰り返せば、すべてのレコードが1回ずつバリデーションデータに含まれることになります。この方法をクロスバリデーションと呼び、しばしば略してCVと呼ばれます（なお、KaggleのDiscussionなどでは、CVという単語がクロスバリデーションに限らず他の方法も含めたバリデーションを意味することもあります）。

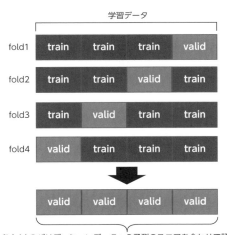

図5.2　クロスバリデーション（4-fold）

以下のコードのようにすると、KFoldクラスを用いたクロスバリデーションでのデータの分割ができます。

(ch05/ch05-01-validation.pyの抜粋)

```python
from sklearn.model_selection import KFold

# KFoldクラスを用いてクロスバリデーションの分割を行う
kf = KFold(n_splits=4, shuffle=True, random_state=71)
for tr_idx, va_idx in kf.split(train_x):
    tr_x, va_x = train_x.iloc[tr_idx], train_x.iloc[va_idx]
    tr_y, va_y = train_y.iloc[tr_idx], train_y.iloc[va_idx]
```

クロスバリデーションで分けたそれぞれの分割ごとに、学習データでの学習、バリデーションデータへの予測、スコアの計算を行います。以下のコードのようになります。

(ch05/ch05-01-validation.pyの抜粋)

```python
from sklearn.metrics import log_loss
from sklearn.model_selection import KFold

# Modelクラスを定義しているものとする
# Modelクラスは、fitで学習し、predictで予測値の確率を出力する

scores = []

# KFoldクラスを用いてクロスバリデーションの分割を行う
kf = KFold(n_splits=4, shuffle=True, random_state=71)
for tr_idx, va_idx in kf.split(train_x):
    tr_x, va_x = train_x.iloc[tr_idx], train_x.iloc[va_idx]
    tr_y, va_y = train_y.iloc[tr_idx], train_y.iloc[va_idx]

    # 学習の実行、バリデーションデータの予測値の出力、スコアの計算を行う
    model = Model()
    model.fit(tr_x, tr_y, va_x, va_y)
    va_pred = model.predict(va_x)
    score = log_loss(va_y, va_pred)
    scores.append(score)

# 各foldのスコアの平均をとる
print(np.mean(scores))
```

分割されたデータをfoldと呼び、分割数をfold数と呼びます[注1]。

注1 あるfoldをバリデーションデータ、それ以外のfoldを学習データとして分割し、その分割に基づいてバリデーションを行う手続きを繰り返しますが、この各回の分割や手続きについても本書ではfoldと呼んでいます。これはsplitと呼ばれることもあります。

クロスバリデーションのfold数はn_splits引数で指定します。fold数を増やすほど学習データの量を確保できるため、データ全体で学習させた場合に近い精度評価ができます。反面、計算時間が増えるため、そのトレードオフになります。例えば、fold数を2から4に増やすと、計算する回数が2倍になりますが、学習データは全体の50%から75%と1.5倍に増えます。1.5倍に増えるとモデル精度向上の効果もそれなりに期待できるでしょう。しかし、そこからさらにfold数を2倍の8にしても、学習データは全体の75%から87.5%と約1.17倍にしかなりません。つまり、クロスバリデーションのfold数をむやみに増やしても、計算時間の増加に対して得られる効果は薄くなります。

分析コンペで与えられるデータでは、クロスバリデーションのfold数は4もしくは5で良いことが多いでしょう。計算時間や、学習データの割合とバリデーションスコアの関係を見て、場合によってはfold数を変えると良いでしょう。

なお、与えられた学習データが十分大きい状況では、バリデーションに用いる学習データの割合を変えてもモデルの精度がほとんど変化しない場合があります。データが大きいと計算時間も長いので、そのような場合にはfold数を2としたり、hold-out法を選択するという判断もあります。

クロスバリデーションでモデルの汎化性能を評価する際は、通常は各foldにおけるスコアを平均して行いますが、それぞれのfoldの目的変数と予測値を集めてデータ全体で計算する方法もあります。なお、評価指標によっては各foldのスコアの平均と、データ全体で目的変数と予測値から計算したスコアが一致しません。例えば、MAEやloglossではそれらが一致しますが、RMSEでは各foldのスコアの平均はデータ全体で計算するより低くなります。

5.2.3 stratified k-fold

分類タスクの場合に、foldごとに含まれるクラスの割合を等しくすることがしばしば行われ、これを層化抽出（stratified sampling）と呼びます。

テストデータに含まれる各クラスの割合は、学習データに含まれる各クラスの割合とほぼ同じであろうという仮定に基づき、バリデーションの評価を安定させようとする手法です。特に多クラス分類で極端に頻度の少ないクラスがある場合は、ランダムに分割した場合には各クラスの割合にむらが生じ、評価のぶれが大きくなる可能性があるため、層化抽出を行うことが重要です。逆に二値分類で正例と負例のどちらかに偏っていない場合は、クラスの割合にそれほどむらが生じないため、層化抽出を使わ

なくても良いでしょう。

以下のコード例のように、StratifiedKFoldクラスを用いることで、層化抽出によるクロスバリデーションを行うことができます。KFoldクラスと違い、層化抽出を行うためにsplitメソッドの引数に目的変数の値を入力する必要があります。なお、hold-out法で層化抽出を行いたい場合は、train_test_split関数の引数stratifyに目的変数の値を指定します（本章での以降のコード例においては、バリデーションデータの分割を行う部分のみを記述しています）。

(ch05/ch05-01-validation.pyの抜粋)

```
from sklearn.model_selection import StratifiedKFold

# StratifiedKFoldクラスを用いて層化抽出による分割を行う
kf = StratifiedKFold(n_splits=4, shuffle=True, random_state=71)
for tr_idx, va_idx in kf.split(train_x, train_y):
    tr_x, va_x = train_x.iloc[tr_idx], train_x.iloc[va_idx]
    tr_y, va_y = train_y.iloc[tr_idx], train_y.iloc[va_idx]
```

5.2.4 group k-fold

分析コンペによっては、学習データとテストデータがランダムに分割されていない場合があります。例えば、各顧客に複数の行動の履歴があり、それぞれの行動に対して予測を行うタスクの場合、顧客の単位でデータが分割されることがよくあります。つまり、学習データとテストデータに同一顧客のデータが混在しないように分割されます。これは、他の顧客のデータのみを使って新たな顧客の予測を行う状況を想定していると考えられます。

この場合、単純にランダムにデータを分割してバリデーションを行ってしまうと、本来の性能よりも過大評価してしまう恐れがあります。バリデーションデータと同じ顧客のデータが学習データに含まれることで、その顧客の属性と目的変数の関係を少し学ぶことができてしまうため予測しやすくなるからです。したがって、このようなケースでは、バリデーションにおいても顧客単位での分割が必要です。

以下のコード例のように、KFoldクラスで顧客IDのようなグループを表す変数を分割し、それを用いて元のデータを分割すると良いでしょう。scikit-learnにはGroupKFoldクラスが用意されていますが、分割をシャッフルする機能と分割の乱数シードを設定する機能がないため、使いづらいです。

(ch05/ch05-01-validation.pyの抜粋)

```python
from sklearn.model_selection import KFold, GroupKFold

# user_id列の顧客IDを単位として分割することにする
user_id = train_x['user_id']
unique_user_ids = user_id.unique()

# KFoldクラスを用いて、顧客ID単位で分割する
scores = []
kf = KFold(n_splits=4, shuffle=True, random_state=71)
for tr_group_idx, va_group_idx in kf.split(unique_user_ids):
    # 顧客IDをtrain/valid（学習に使うデータ、バリデーションデータ）に分割する
    tr_groups, va_groups = unique_user_ids[tr_group_idx], unique_user_ids[va_group_idx]

    # 各レコードの顧客IDがtrain/validのどちらに属しているかによって分割する
    is_tr = user_id.isin(tr_groups)
    is_va = user_id.isin(va_groups)
    tr_x, va_x = train_x[is_tr], train_x[is_va]
    tr_y, va_y = train_y[is_tr], train_y[is_va]

# （参考）GroupKFoldクラスではシャッフルと乱数シードの指定ができないため使いづらい
kf = GroupKFold(n_splits=4)
for tr_idx, va_idx in kf.split(train_x, train_y, user_id):
    tr_x, va_x = train_x.iloc[tr_idx], train_x.iloc[va_idx]
    tr_y, va_y = train_y.iloc[tr_idx], train_y.iloc[va_idx]
```

5.2.5 leave-one-out

　分析コンペでは稀なケースですが、学習データのレコード数が極めて少ない場合があります。データが少ない場合にはできる限り多くのデータを使いたいですし、学習にかかる計算時間も短いので、fold数を増やしていくことが考えられます。最も極端にすると、fold数が学習データのレコード数と同じになり、バリデーションデータがそれぞれ1件となります。この手法をleave-one-out（LOO）と呼びます。

　KFoldクラスにおいてn_splitsにレコード数を指定すれば良いだけですが、leave-one-outを行うためのLeaveOneOutクラスもあります。

(ch05/ch05-01-validation.pyの抜粋)

```python
from sklearn.model_selection import LeaveOneOut

loo = LeaveOneOut()
for tr_idx, va_idx in loo.split(train_x):
    tr_x, va_x = train_x.iloc[tr_idx], train_x.iloc[va_idx]
    tr_y, va_y = train_y.iloc[tr_idx], train_y.iloc[va_idx]
```

なお、leave-one-outの場合には、GBDT（勾配ブースティング木）やニューラルネットなど、逐次的に学習を進めていくモデルでアーリーストッピングを用いると、バリデーションデータに最も都合がよいポイントで学習を止めることができてしまうため、モデルの精度が過大評価されてしまいます。

　leave-out-outでなくてもfold数が大きくなるとこのような問題が生じる恐れがあります。対処法の1つとしては、一度各foldでアーリーストッピングを行い、その平均などで適切なイテレーション数を見積もったあと、そのイテレーション数を固定して再度クロスバリデーションを行う方法が考えられます。

5.3 時系列データのバリデーション手法

　時系列データのタスクでは、時間的に新しいデータに対して予測できるモデルが求められることが多いため、学習データとテストデータは時系列に沿って分割されているケースが多いです。つまり、学習データにはテストデータと同じ期間のデータが含まれないことになります。このようなケースでは、より注意深くバリデーションを行う必要があります。

　単純にランダムに分割してしまうと、バリデーションデータと同じ期間のデータで学習できてしまいます。時系列データでは時間的に近いデータは似た傾向をとることが多いため、それらが学習データとバリデーションデータに混在していると予測が容易になり、モデルの性能を過大評価してしまう危険性が高いので注意が必要です。

　以降では、上記の時系列データの特性を適切に踏まえてバリデーションを行う方法を見ていきます。

5.3.1 時系列データのhold-out法

　時系列を考慮してバリデーションを行うシンプルな方法は、図5.3のように学習データのうちテストデータに最も近い期間をバリデーションデータとする方法です。時系列に沿ったhold-out法と言えます。

train で学習したモデルで valid を予測し、そのスコアで評価する
・train: 学習データのうちバリデーションでの学習に使用するデータ
・valid: バリデーションデータ

図5.3　時系列データにおけるhold-out法

テストデータに最も近い期間のデータをバリデーションデータとすることで、テストデータに対する予測の精度を良く推定することを期待しています。ただし、そのようにバリデーションデータをとる理由には、時間的に近いほどデータの傾向も近いという仮定があります。周期性を持つデータではその限りではなく、例えば、1年ごとの周期性が強いデータの場合には、直近よりもテストデータの1年前の期間をバリデーションデータとした方が良いかもしれません。

どちらの場合も、テストデータを予測するモデルを作成する際に最も傾向の近いデータを学習に使わないのはもったいないです。そのため最終的には、バリデーションで求めた最適な特徴量やパラメータをそのまま使い、バリデーションデータも含めて再学習してモデルを作成します。この再学習したモデルの評価はできませんが、特徴量やパラメータはそのままで学習データの期間が少し変わっただけですので、大きな問題はないでしょう。

この方法はhold-out法の応用ですので、やはりデータを有効に使えていない欠点があります。バリデーションデータがある期間に限定されているため、それ以外の期間を適切に予測できるモデルかどうかを確認するのが難しいですし、単純にバリデーションデータのレコード数が足りずに結果が安定しないこともあります。

時系列データのhold-out法を行うには、特に関数などが用意されているわけではないので、以下のコード例のように自分で指定して分割することになります。

(ch05/ch05-02-timeseries.pyの抜粋)

```
# 変数periodを基準に分割することにする（0から3までが学習データ、4がテストデータとする）
# ここでは、学習データのうち、変数periodが3のデータをバリデーションデータとし、0から2までのデータ
を学習に用いる
is_tr = train_x['period'] < 3
is_va = train_x['period'] == 3
tr_x, va_x = train_x[is_tr], train_x[is_va]
tr_y, va_y = train_y[is_tr], train_y[is_va]
```

5.3.2 時系列データのクロスバリデーション（時系列に沿って行う方法）

時系列データのhold-out法の欠点を解決する方法として、クロスバリデーションの考え方を取り入れた方法があります。これは図5.4のように、時系列に沿ってデータを分割したあと、学習データとバリデーションデータの時間的な関係性を保ちながら評価を繰り返す方法です。

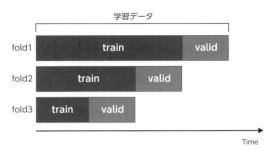

図5.4　時系列データにおけるクロスバリデーション（時系列に沿って行う方法）

　この方法では、時間的な近さだけではなく、時間的な順序にも注意を払っています。学習データとテストデータが時間的に分割されている場合、テストデータに対する予測モデルはそれよりも過去のデータで学習して作成するので、バリデーションにおいても同様に過去のデータから将来のデータを予測するという状況を再現しています。

　各foldでの学習データの期間は、与えられた学習データの最初からとすることもできますし、バリデーションデータの直前の1年間などのように揃えることもできます。与えられた学習データの最初からとする場合、foldごとに学習データの長さが異なることに注意が必要です（図5.5）。

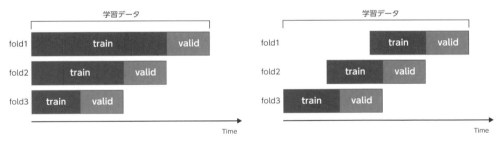

図5.5　時系列データにおけるクロスバリデーション
　　　　左：学習データの期間を最初からとする場合　右：学習データの期間の長さを揃える場合

　この方法で悩ましい問題は、ある程度以上古いデータをバリデーションデータとする場合に、それより過去の学習データしか使えないため、使える学習データが少なくなってしまうことです。学習データの少ない部分のバリデーションのスコアはあまり参考にならないので、どこかで打ち切る必要があるでしょう。また、そもそも古いデータはテストデータと性質が違い、参考にならないかもしれません。

どの程度古いデータまでバリデーションを行うか、学習データやバリデーションデータの期間をどの程度とするかは、データの性質や計算負荷などを考えて決めることになります。

こちらも、以下のコード例のように分割方法を自分で指定して分割することになります。月ごとにバリデーションデータを分割するなど、データの性質に応じて定義することになるでしょう。なお、scikit-learnにはTimeSeriesSplitクラスが用意されていますが、データの並び順だけで分割して、時間情報を使って分割してくれるわけではありませんので、使える場面は限定的です。

(ch05/ch05-02-timeseries.pyの抜粋)

```
# 変数periodを基準に分割することにする（0から3までが学習データ、4がテストデータとする）
# 変数periodが1, 2, 3のデータをそれぞれバリデーションデータとし、それ以前のデータを学習に使う

va_period_list = [1, 2, 3]
for va_period in va_period_list:
    is_tr = train_x['period'] < va_period
    is_va = train_x['period'] == va_period
    tr_x, va_x = train_x[is_tr], train_x[is_va]
    tr_y, va_y = train_y[is_tr], train_y[is_va]

# （参考）TimeSeriesSplitの場合、データの並び順しか使えないため使いづらい
from sklearn.model_selection import TimeSeriesSplit

tss = TimeSeriesSplit(n_splits=4)
for tr_idx, va_idx in tss.split(train_x):
    tr_x, va_x = train_x.iloc[tr_idx], train_x.iloc[va_idx]
    tr_y, va_y = train_y.iloc[tr_idx], train_y.iloc[va_idx]
```

5.3.3 時系列データのクロスバリデーション（単純に時間で分割する方法）

一方、データによっては、レコード同士の時間的な前後関係はあまり気にせず、レコード同士の時間的な近さだけに注意を払えば十分な場合もあります。そのような場合、バリデーションデータより将来のデータを学習データに含めても問題なく、図5.6のように単純に時間的に区切って分割する方法をとることがあります。

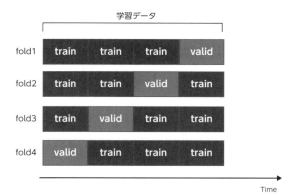

図5.6 時系列データにおけるクロスバリデーション（単純に時間で分割する方法）

以下のコードで実行できます。時系列に沿って行う方法との違いは、バリデーションデータより前ではなく、バリデーションデータ以外の学習データすべてを用いる点です。

(ch05/ch05-02-timeseries.pyの抜粋)

```
# 変数periodを基準に分割することにする（0から3までが学習データ、4がテストデータとする）
# 変数periodが0, 1, 2, 3のデータをそれぞれバリデーションデータとし、それ以外の学習データを学習に
使う

va_period_list = [0, 1, 2, 3]
for va_period in va_period_list:
    is_tr = train_x['period'] != va_period
    is_va = train_x['period'] == va_period
    tr_x, va_x = train_x[is_tr], train_x[is_va]
    tr_y, va_y = train_y[is_tr], train_y[is_va]
```

5.3.4 時系列データのバリデーションの注意点

時系列データでは、タスクの設計、データの性質や分割のされ方によって、行うべきバリデーションが異なります。後述する実際の分析コンペでの例のように、タスクに応じて特殊なバリデーションを考えることが有効な場合もあります。

また、「3.10.5 時点と紐付いた特徴量を作る」や「5.4.6 クロスバリデーションのfoldごとに特徴量を作り直す」でも説明していますが、バリデーションの方法だけでなく、特徴量の作成についても注意が必要です。テストデータに対して利用できる情報が何かを意識し、バリデーションデータに対しても整合的な条件で特徴量を作成しないと、有利な条件でのバリデーションとなってしまい正しく評価できないことがあります。

> **AUTHOR'S OPINION**
>
> ●「時系列に沿って行う方法」と「単純に時間で分割する方法」のどちらの方法をとるか
>
> 　時系列データでは、目的変数はその時点より過去の目的変数の情報を含んでいることが多く、そのような場合に将来のデータを学習に含めてしまうと程度の違いはあるもののリークしていることになります。そのため、「単純に時間で分割する方法」をとった場合には、過去の情報から将来の傾向を予測できて良い精度となっているモデルと、単に過去と将来の目的変数との平均的な予測をすることにより良い精度となっているモデルの区別がつかないことがあり得ます。
>
> 　そのため、「時系列に沿って行う方法」の方が安全なのでこちらが基本となりますが、目的変数が過去の目的変数の情報をそれほど持たないデータの場合や、「時系列に沿って行う方法」では使えるデータが少なく十分なデータで学習できない場合は、「単純に時間で分割する方法」が有効なことがあるでしょう。
>
> ●時系列データのバリデーションの大まかな方針
>
> 　データが十分にあれば、「時系列に沿って行う方法」のクロスバリデーションで良いでしょう。バリデーションの期間の区切り方は、週単位や月単位など、データの時間的な粒度を見て設定します。区切る期間の単位が大きすぎると、バリデーションスコアのぶれの原因がバリデーションデータなのか、学習データの期間の違いなのかを考察しづらくなります。一方で、単位が小さすぎると計算時間がかかります。
>
> 　予測値と真の値のプロットを行い予測精度が安定しているかを確認したり、バリデーションスコアとPublic Leaderboardとの相関を見ながら、どこまでのバリデーション期間を参考にするか、また学習データの期間をどこまでにするかを考えます。また、あえて同じバリデーションデータに対して使う学習データの期間をずらしてみて、どの程度予測やスコアが変動するかを見るのも良いでしょう。
>
> 　また、データが十分にない場合には簡単にいかないことがあります。データが十分にないというのは、レコード数が少なくて安定しない、データの期間が短く周期的な傾向がとらえられないといった状況のほかに、直近の期間のみ傾向が変わったり、大きな影響を与えるイベントが少数回発生しているような状況も含みます。この場合の対応は難しくどうしてもケースバイケースになってしまうのですが、「単純に時間で分割する方法」のバリデーションとしたり、データについてのドメイン知識から仮説を立てて上手く特徴量を作り、テストデータを上手く予測できるようにするといった方法が考えられます。(T)

5.3.5 Kaggleの「Recruit Restaurant Visitor Forecasting」

実際の分析コンペでの例を紹介します。3章でも紹介しましたが、Kaggleの「Recruit Restaurant Visitor Forecasting」は飲食店の将来の来客数を予測するタスクです。学習データの期間は2016/1/1から2017/4/22まで、テストデータの期間は2017/4/23から2017/5/31までです。テストデータの予測対象日によって使える過去のデータの範囲が異なることから、筆者（J）は日に応じて個別に（39個の）モデルを作成しましたが、ここではそれらのモデルのバリデーション方法について説明します。

基本的には、学習データの末尾4週間のデータのうち、予測日の曜日に一致する日のみをバリデーションデータとして用いました。例えば、2017/4/23を予測するモデルを作成する際は、3/26、4/2、4/9、4/16をバリデーションデータとしてモデルを評価しました。このように、バリデーションデータと曜日を合わせることに加え、同じ曜日の複数日をバリデーション対象にすることで、日による評価のばらつきを低減させています。

ただし、時間的な傾向変化が大きいようなデータでは、あまりに過去のデータまでバリデーション対象に含めると、過去のデータに対する評価の比重が大きくなり、テストデータに対する汎化性能と乖離する恐れがあります。その辺りのバランスは試行錯誤しながら決める必要があります。筆者は、複数パターンを試した結果として、末尾4週間のデータに限定することに決めました。

最終的にテストデータに対する予測モデルを作成する際には、より予測対象に近い日も学習データに含めるため、バリデーションデータとしていた期間のデータも含めてモデルを作成し直しました。もちろんこの際はバリデーションはできませんが、モデルのパラメータはバリデーションで最適化されたものを使って大きな問題はないと判断しました。

5.3.6 Kaggleの「Santander Product Recommendation」

もう1つ実際の分析コンペでの例を紹介します。こちらも3章で紹介しましたが、Kaggleの「Santander Product Recommendation」はSantander Bankにおける顧客ごとの金融商品の購入商品を予測するタスクです。

学習データの期間は2015年2月〜2016年5月、予測対象月は2016年6月であった

ため、前月までの履歴を学習に使えることになります。このような場合、基本的な戦略は2016年4月までのデータを使って学習し、2016年5月のデータでバリデーションを行うということでしょう。1か月分の評価で十分でなければ、2016年3月までのデータを使って学習し2016年4月のデータでバリデーションを行う、といったことをひと月ずつ遡っていけばより信頼できる評価となります。

しかし、筆者（J）は上記とは別の戦略をとっています。このコンペは月ごとのデータ量が比較的大きく、単月のデータだけで学習しても十分な性能が発揮できました。筆者の学習環境の制約もあったため、過去データを一挙に使わず、2016年4月、3月とひと月ずつデータを用いて複数のモデルを作成し、最後にそれらをアンサンブルしました。この際、最も予測対象に近い2016年5月のデータをバリデーションデータとして用いました。

一方で、最も予測対象に近い2016年5月のデータでもモデルを作成し、アンサンブルに加えることで精度を上げることができるのではないか、というのは自然な発想だと思います。筆者は、時間的な順序が逆転するのを承知で、2016年4月のデータをバリデーションデータとして2016年5月のデータで学習し、アンサンブルに加えました。一見危なっかしいことをやっているようにも思えますが、リークが起こらないように注意すれば、このようなことも可能です。

このコンペで最も大きなポイントは、複数の金融商品についてそれぞれ予測する必要があり、商品によっては年間の周期性が強く表れるものがあったことです。実際、過去の購入実績を見ると6月に極端に集中している商品があり、予測対象月である2016年6月にも同様のピークが存在することが、Public Leaderboardからも容易に推測できました。このような場合、学習データやバリデーションデータに直近のデータを用いることは、むしろ適切な戦略ではありません。

予測対象月の1年前にあたる2015年6月のデータを学習データに用いることで、より有効なモデルを作成できると考えられますが、そうすると適切なバリデーションデータがないことが問題になります。もう少し過去のデータがあれば、2014年6月のデータでモデルを作成し、2015年6月のデータでバリデーションを行いたいところですが、データがない以上は仕方ありません。

そこで筆者は苦肉の策として、2015年6月のデータを学習データにして、2015年7月のデータでバリデーションを行うことにしました。この方法では、もはやテストデータに対する精度を正しく見積もることはできませんが、特徴量選択やパラメータのチューニングの指針にできると判断しました。もちろん、これだけだと危険が残り

ますが、Public Leaderboardのスコアも参照することで、適切に精度が出せているかをある程度判断できました。

このコンペでは、学習とバリデーションの設計がきちんとできたかどうかが、最終的なパフォーマンスにかなり影響があったように思います。

5.4 バリデーションのポイントとテクニック

本節では、適切なバリデーションを行うための考え方や観点およびそのテクニックについて説明します。

5.4.1 バリデーションを行う目的

分析コンペにおけるバリデーションには主に2つの目的があります。

- モデルを改善していく上での指針となるスコアを示す
- テストデータに対するスコアやそのばらつきを見積もる

前者は、モデルを改善する指針とするために、参考にするのに適したバリデーションのスコアを示すことです。分析コンペでは、特徴量の取捨選択やハイパーパラメータ調整をしながらモデルをいくつも作成していきます。モデルを比較し、スコアが良くなる方向にモデルを修正していくことで、汎化性能の向上を期待します。ですので、もし正しくバリデーションができていない場合には誤った方向にモデルの修正を進めてしまいます。また、正しくできていたとしても、データのレコード数が少ないなどの理由でぶれが大きく、小さな汎化性能の向上が見えなくなってしまうこともあります。

この目的では、そのコンペでの評価指標と異なる指標を使うこともできます。「2.6.5 MCCのPR-AUCによる近似とモデル選択」で詳しく説明していますが、スコアが安定しない評価指標の場合などは、より安定する指標を使用した方が良いでしょう。例えば、二値分類のタスクであれば、コンペでの評価指標にかかわらずloglossやAUCを参考にする方法があります。

後者は、バリデーションのスコアから、テストデータに対するその分析コンペの評価指標でのスコアを見積もることです。ここで、そのように見積もったスコアと、自身や他の参加者のPublic Leaderboard上のスコアを比較し、その情報を考察や戦略に活かすことができます。これについては、「5.4.4 Leaderboardの情報を利用する」で説明します。

なお、これらの考え方は分析コンペだけでなく、実務においても役に立つでしょう。

適切な評価を通してより精度の高いモデルを作っていくとともに、本番の予測において、ビジネス上の観点から設定した評価指標でどの程度のスコアが出るか、スコアのぶれはどの程度と予想されるかを把握しておくことは重要です。

5.4.2 学習データとテストデータの分割をまねる

　バリデーションの主な手法について説明しましたが、タスクやデータの性質によってはどのようなバリデーションを行うべきか迷ってしまうこともあります。このような場合の有効な指針として「学習データとテストデータの分割をまねる」という考え方があります。

　つまり、学習データとテストデータの分割を模倣するように、学習データを分割してバリデーションデータを作ります。なぜこの考え方が有効かというと、テストデータの予測に使える情報と同等の情報を使ってバリデーションデータの予測をしたのなら、テストデータを予測するモデルの適切な評価と言えるでしょうし、逆にそれ以外の情報を使ったのならば、有利な状況での予測となってしまっており適切でない評価の恐れがあるためです。

　「学習データとテストデータの分割をまねる」考え方は、典型的なデータの分割が行われている場合、複雑なデータの分割が行われていてバリデーションが難しい場合のどちらにも適用できます。

　この考え方を用いると、データの分割が典型的な場合には、「5.2 バリデーションの手法」「5.3 時系列データのバリデーション手法」で説明した主なバリデーションの手法にあてはまることが多いです。複雑にデータが分割されている場合には、分割を完全にまねることができないこともありますが、できるだけ分割の方法を近づけるようなバリデーションを考えることができます。

　例として、ユーザの解約予測をするタスクを考えてみます。学習データとテストデータがどのように分割されるかによって、以下のように違う問題となり、行うべきバリデーションの枠組みも変わります（図5.7）。

1. 2018年12月末時点のユーザが1か月以内に解約するかを予測する。ランダムに抽出された半分のユーザがテストデータで、残りの半分のユーザが学習データで目的変数を与えられている

2. 2018年12月末時点のユーザが1か月以内に解約するかを予測する。その時点のすべてのユーザがテストデータとなっている。過去の各月末のユーザと翌月に解約したかどうかが与えられており、それを基に学習データを作る

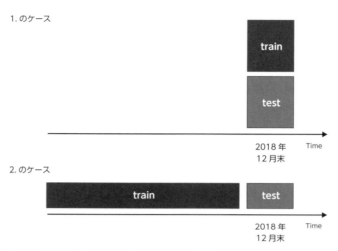

図5.7 学習データとテストデータの分割とバリデーション

これらについて、「学習データとテストデータの分割をまねる」ようにバリデーションデータを作ると図5.8のようになります。どのように考えると良いか説明します。

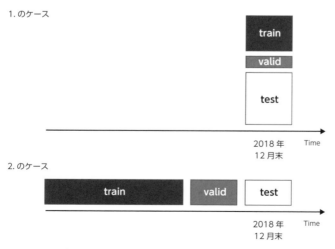

図5.8 学習データとテストデータの分割とバリデーション

1.のケースでは、バリデーションデータを作る際も学習データをランダムに分割すれば良く、通常のクロスバリデーションを行えば良いでしょう。

なお、抽出がランダムかどうかは考慮すべきポイントです。例えば、学習データとテストデータが地域で分割された場合では、バリデーションでも地域でgroup k-foldを行うことを検討すべきでしょう。なぜなら、地域ごとに目的変数に関連する何らかの性質があるとすると、テストデータについてはその性質を学ぶことができないにもかかわらず、ランダムな学習データの分割を行った場合にはバリデーションデータの性質を学ぶことができてしまい、フェアでない評価となってしまうためです。

2.のケースは、ユーザの月末時点での存在や各月の解約の履歴を時系列に並べ、それをある時点で切ったものが学習データ・テストデータとなっています。このケースでは、同じようにデータを分割し、「時系列に沿って行う方法」での時系列のクロスバリデーションを行うことが基本です。例えば、10月末までのユーザを学習データとし11月末のユーザをバリデーションデータとする、9月末までを学習データとし10月末をバリデーションデータとする、といった形になります。

この場合、ランダムにバリデーションを行ってしまうと、同じ時期のデータが学習データとバリデーションデータに混在したり、時間的な順序が逆転して学習データの方に先の時点のデータが入ったりします。この状況をテストデータに対して当てはめると、12月末のユーザや1月末のユーザのデータも学習データに含まれる前提で予測していることになります。同じ時点や将来時点のデータが予測に有用な情報を持っていると、フェアでない評価になってしまいます。

なお、実務で予測モデルを作るときにリークが起きていないかどうかについても、評価に使ったデータと学習データの関係が、本番の予測対象のデータと取得可能な学習データの関係になっているか、という視点で考えると良いでしょう。こう考えると、有効な特徴量が予測を行いたい時点では取得できない、値が更新される前である、といったことが見えてきたりします。

> **AUTHOR'S OPINION**
>
> 「学習データとテストデータの分割をまねる」は広く使える非常に有効な考え方で、迷うような場合にはこの考え方に立ち返ると良いでしょう。(T)

5.4.3 学習データとテストデータの分布が違う場合

学習データとテストデータの分布が「同じ」場合と「違う」場合があります。

分布が同じとは、同じ分布からのサンプルとして学習データとテストデータが与えられたと考えられるものです。あるデータを2つにランダムに分割し、片方を学習データ、もう片方の目的変数を隠してテストデータとしたものは、分布が同じと言えます。

分布が違うとは、時間や地域などを基に学習データとテストデータを分割した結果、それぞれ何かのパラメータが違う分布からのサンプルとして与えられたと考えられるものです。典型的な例は、時系列データで時間に沿って分割されたケースです。時間の経過とともに、予測対象となる商品や店舗に対する人気や、新規ユーザの流入量や性質など、データの背景にあるさまざまな環境は多少なり変わるでしょう。そのため、データの特徴量や目的変数を生成する分布が背後にあると考えたときに、そのパラメータは違うでしょう。

分布が同じ場合は、機械学習の問題としては比較的扱いやすく、適切なバリデーションができている前提で、最も学習データを良く予測できるモデルを探していけば良いでしょう。一方で、分布が違う場合は、学習データと同じ分布のデータを予測するだけでは不十分で、テストデータの分布のデータで良い予測をしなければなりません。分布の違いに頑強なモデルを作るのが理想的ですが、与えられたデータのみからはなかなか難しく、Public Leaderboardのスコアなどを参考にしてテストデータに合わせていくことも必要かもしれません。

分布が違う場合には、以下のような対応策が考えられます（adversarial validationは後述します）。

- 学習データとテストデータの傾向の違いについて、データの作成過程やEDA（探索的データ分析）を基に考察する
- adversarial validationの結果やPublic Leaderboardのスコアを参考にして、Leaderboardのスコアに相関するバリデーション方法を確立する
- モデルを複雑にしすぎないことや効く理由が説明できる特徴量を使うことで、分布の違いに頑強な予測にする
- さまざまなモデルの平均をとるアンサンブルによって予測を安定させ（極端な予測値をとりづらくする）、分布の違いに頑強な予測にする
- adversarial validationのスコアが低くなるように特徴量を変換することで、分布の違いに影響されづらい予測とする[注2]

[注2] 「Our Solution（CPMP view）（Microsoft Malware Prediction）」https://www.kaggle.com/c/microsoft-malware-prediction/discussion/84069

adversarial validation

　学習データとテストデータを結合し、テストデータか否かを目的変数とする二値分類を行うことで、学習データとテストデータの分布が同じかどうかを判断する手法があります。同じ分布であればそれらの見分けはできないので、その二値分類でのAUCは0.5に近くなります。一方、AUCが1に近くなった場合は、それらをほぼ確実に見分けられる情報があることになります。

　上記の二値分類でAUCが0.5を十分上回るような、学習データとテストデータが違う分布の場合を考えます。このとき、「テストデータらしい」学習データをバリデーションデータとすることで、テストデータを良く模したデータでの評価を期待できます。この方法をadversarial validationと呼び、以下のように行います[注3, 注4]。

1. 学習データとテストデータを結合し、テストデータか否かを目的変数とする二値分類を行うモデルを作成する
2. 1の二値分類モデルにより、それぞれのレコードがテストデータである確率の予測値を出力する
3. テストデータである確率が高いと予測された学習データを一定数選んでバリデーションデータとする
4. 本来のタスクのバリデーションを3で作成したデータで行う

AUTHOR'S OPINION

　学習データとテストデータの分布が大きく違う場合、その差異の要因を明らかにできれば、それを模擬することでadversarial varidationなどよりも確実なバリデーション方法を構築でき、他の参加者に対して優位に立てるかもしれません。コンペ序盤のEDAで違いが発見できなくても、adversarial validationで判別に効いている特徴量を確認し、その特徴量を中心にさまざまな仮説を立てて再度EDAを行ってみると良いでしょう。

　また、リークなどの問題があり学習データとテストデータで異なる性質を持つ特徴量を作ってしまった場合、adversarial validationで有効に働いてしまうので、学習データとテストデータの違いを考察する目的では、与えられたデータをそのまま結合して入力とするのが良いでしょう。逆に、手元のバリデーションとLeaderboardのスコアの整合がとれない場合に、自身の作成した特徴量のどこに問題があるのかを探る意味で、adversarial validationを用いるという使い方もできるでしょう。（J）

注3 「Adversarial validation, part one（FastML）」http://fastml.com/adversarial-validation-part-one/
注4 「Adversarial validation, part two（FastML）」http://fastml.com/adversarial-validation-part-two/

5.4.4 Leaderboardの情報を利用する

　Kaggleには"trust your CV"というフレーズがあり、直訳では「クロスバリデーションを信用せよ」という意味になります。このフレーズが意味するように、Public Leaderboardのスコアに惑わされずにバリデーションによってモデルを適切に評価し、汎化性能の良いモデルを求めていくことは重要です。ですが、Public Leaderboardから得られる情報は、上手く参考にすると役に立つことがあります。

バリデーションとLeaderboardのスコアの差異を考察する

　バリデーションによるスコアとPublic Leaderboardのスコアの水準と動きが整合的であれば、学習データとテストデータの性質が近く、バリデーションも上手くできていることが推測されます。このときはバリデーションについては安心して進めることができるでしょう。

　一方で、それらが整合的でない場合には原因を考察していくことになります。バリデーションのスコアとPublic Leaderboard上でのスコアが乖離している場合、以下の可能性を考えることができます。

1. 偶然によるスコアのばらつき
2. バリデーションデータとテストデータの分布が異なる
3. バリデーションの設計が不適切で、汎化性能を正しく評価できていない

　まずは、1.のケースかどうかを確認すると良いでしょう。Publicのテストデータと同じレコード数のhold-outデータを異なる分割で複数回評価し、どの程度スコアにばらつきが生じるかを把握します。これにより、スコアの乖離が単なる偶然かどうかをある程度判断できます。偶然によるものだと判断できれば、Public Leaderboardのスコアに振り回されずに済みます。

　また、スコアのばらつきからは、上位のスコアと自分のスコアの差がぶれの範囲内なのか、ぶれではなく実質的に差がついているのかも考察できます。もしぶれの範囲内であれば、順位が低くても気にせずモデルの改善を進めて行けば良いでしょう。

　2.のケースですが、まずは、データの性質や分割の方法について考察すると良いでしょう。例えば、時系列データが時間に沿って分割されている場合にはデータの分布が異なる可能性が高いです。ここで、例えば月ごとにバリデーションを行うことで、

月ごとのスコアのぶれの見当を付けることができます。

　また、このようなケースでは他の参加者も同様の状況ですので、KaggleではDiscussionでバリデーションのスコアとLeaderboardのスコアの乖離について議論するトピックが立つことが多いです。逆に言うと、そのようなトピックがない場合には、3.のケースを疑って少し念入りに自身の解法を見直した方が良いかもしれません。

　2.のケースにどう対処するかは、前節を参考にすると良いでしょう。

　1.のケースでも2.のケースでもない場合は、3.のケースである可能性が高くなりますが、この場合は当然ながら適切なバリデーションを行えるように設計し直す必要があります。

データの分割とLeaderboardのスコアの扱い

　図5.9はKaggle GrandmasterのOwen氏のスライドからの図です[注5]。ここからデータの分割とLeaderboardの情報を使うべきかどうかについての示唆が得られます。筆者（T）は以下のように解釈しています。

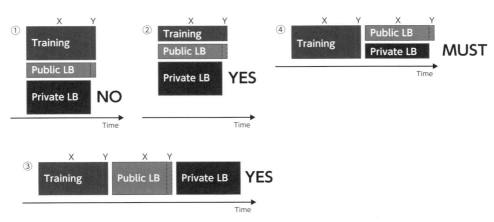

図5.9　データの分割とLeaderboardのスコアの扱い

- (1)の図は、データがランダムに分割されており、Publicのテストデータに比べて学習データが十分に多い場合。この場合には、Public Leaderboard（以下、Public LB）よりもバリデーションのスコアが信頼できるため、Public LBのスコアはあまり気にしなくて良いと考えられる

注5　出典：「Tips for data science competitions」(P12,Owen Zhang,2015)。https://www.slideshare.net/OwenZhang2/tips-for-data-science-competitions

- (2)の図は、データがランダムに分割されており、Publicのテストデータに比べて学習データがそれほど多くない場合。この場合には、バリデーションだけでなくPublic LBのスコアについても考慮することで、Publicのテストデータも評価に加わることになり、より安定した評価ができる
- (3)の図は、データが時系列に分割されており、期間が学習データ、Publicのテストデータ、Privateのテストデータの順となっている場合。この場合には、学習データよりもPublicのテストデータの方がPrivateのテストデータに時間的に近いため、Public LBのスコアが良ければPrivateのテストデータの予測も良い可能性が少し高まる。とはいえ、単にPublicのテストデータに過剰に適合していただけということも起こる
- (4)の図は、データが時系列に分割されており、期間が学習データとテストデータの順になっていて、またPublicとPrivateのテストデータがランダムに分割されているケース。この場合には、PublicとPrivateのテストデータの分布がほぼ同じであることが推定され、Publicのテストデータを上手く予測できていればPrivateのテストデータに対しても同様である可能性が高いため、Public LBのスコアを参考にすることが強く推奨される

shake up

　Public Leaderboardの順位と、コンペ終了時に開示されるPrivate Leaderboardの順位が大きく入れ替わることがあり、これをshake upと言います。

　shake upは、Publicのテストデータのレコード数が少ないなどの理由でPublic Leaderboardの順位やスコアに信頼がおけない場合や、PublicとPrivateのテストデータの分布が違う場合によく起こります。また、スコアは良いが単にPublicのテストデータに過剰に適合しているだけのKernelにつられてしまうと悲惨な結果になってしまうこともあります。

　Kaggleの「Santander Customer Satisfaction」や「Mercedes-Benz Greener Manufacturing」では、Public LeaderboardとPrivateの間で2,000位以上の順位変動が生じました。Public Leaderboardを信用しすぎてPrivateでの順位が大幅に落ちてしまわないために、スコアの差異が偶然のものかどうかという判断は重要です。

5.4.5 バリデーションデータやPublic Leaderboardへの過剰な適合

試行が多すぎることによる過剰な適合

　パラメータチューニングで数多くの試行を行うなど、バリデーションデータのスコアを参照してそれにより取捨選択しすぎた場合、バリデーションデータに過剰に適合してしまうことがあります。つまり、多くの試行を行うと単なるランダム性でスコアの良いものが出てきますが、それを実力だと誤って評価してしまうことが発生します。

　また、予測値を提出しすぎた場合も同様で、ランダム性でPublicのテストデータにたまたま合う予測値となり、Public Leaderboardのスコアが実力以上に高く出てしまうことがあります。

　このような状況を、本書ではバリデーションデータやPublic Leaderboardに過剰に適合していると表現しています（バリデーションデータやPublic Leaderboardに過学習していると表現されることもあります）。

　このような状況に対処するには、各提出における手元でのバリデーションスコアとPublic Leaderboardのスコアをプロットすることで、感覚的にぶれの影響をつかむ方法があります。また、以下で説明するクロスバリデーションの分割を変える方法も有効です。

クロスバリデーションの分割を変える

　パラメータチューニングのしすぎによるバリデーションデータへの過剰な適合を防ぐために、パラメータチューニングに用いるクロスバリデーションの分割と、モデルの良し悪しの評価を行うための分割を変える方法があります。分割を変えることは、KFoldクラスなどに与える乱数シードを変えることでできます。

　つまり、以下の方法です。
1. ある分割によるクロスバリデーションにより、パラメータチューニングを行って最適なパラメータを選択する
2. 1.とは違う分割によるクロスバリデーションにより、1.で選択したパラメータによるモデルの評価を行う

　分割が違うとはいえ、バリデーションに使ったデータ全体が同じであることは少し

気になります。ただ、Public Leaderboardのスコアをバリデーションに用いていないhold-outデータによる評価として参照できることもあり、この方法で十分な場合が多いでしょう。

より保守的には、hold-outデータを取り分けておき、残りの学習データでクロスバリデーションによりパラメータチューニングを行い、hold-outデータで評価を行うような方法もあります。ただ、学習やバリデーションに用いるデータが少なくなる欠点があり、分析コンペではあまり使われないようです。

5.4.6 クロスバリデーションのfoldごとに特徴量を作り直す

場合によっては、クロスバリデーションのfoldごとに特徴量を作り直す必要があることがあります。いくつか例を挙げて説明します。

時系列データでない場合

時系列データでない通常のクロスバリデーションの場合で、foldごとに特徴量を作り直す典型的な例はtarget encodingです。学習データのencodingを行うときに当然テストデータの目的変数は使えませんが、この制約をバリデーションにおいても再現するためには、foldごとにそのときの学習データの目的変数のみを使ってtarget encodingをし直す必要があります（図5.10）。このように、目的変数を絡めて特徴量を作成する場合には、foldごとに特徴量を作り直すことが必要な場合があります。

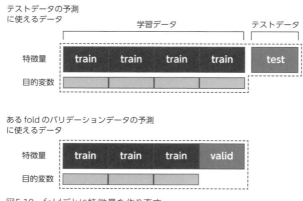

図5.10　foldごとに特徴量を作り直す

時系列データの場合

時系列データの場合は「3.10.5 時点と紐付いた特徴量を作る」で説明した、時点と紐付いた特徴量を作る方法を採用できれば分かりやすいです。ですが、時点と紐付いた値が作りづらかったり、計算量が負担になる場合もあります。このような場合にfoldごとに特徴量を作り直す方法があります。

ここでは、特徴量の作成の基となるデータから特徴量を作り、そのあとに学習を行うことを考えます。例えば、ログデータを集計して特徴量を作ることを考えます。

図5.11左の例では、以下のようにバリデーションとテストデータの予測に使用するデータの期間を整合させています。

- テストデータの予測で用いる特徴量は、テストデータの期間の最後の時点までのログデータを集計して作成する
- バリデーションで用いる特徴量は、バリデーションデータの期間の最後の時点までのログデータを集計して作成する

それぞれのレコードを予測する時点で知り得る情報のみを使う制約は守れるとは限らないのですが、テストデータとバリデーションデータで使うデータの期間を整合的にすることで、評価の整合性を保つ考え方です。このように、バリデーションのfoldごとに使用するログデータの期間を変えて特徴量を作成することになります。

対して良くない例（図5.11右）では、バリデーションで用いる特徴量を、テストデータの期間の最後の時点までのログデータを集計して作成しています。このようにするとfoldごとに特徴量を作り直す必要はないのですが、評価対象より先の時点のログデータを使っているため、テストデータの予測より有利な状況でバリデーションを行ってしまっています。

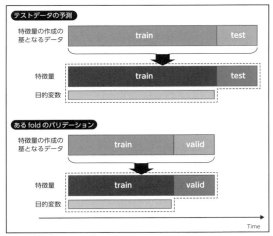
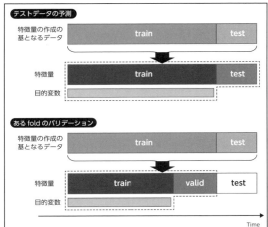

図5.11　時系列データでfoldごとに特徴量を作り直す

5.4.7 使える学習データを増やす

　データによっては、与えられたデータから新たなデータを生成して学習データを増やすことができます。このテクニックをdata augmentationと呼びます。バリデーションの枠組みからは少し話が反れますが、データの性質を理解した上でどのように学習データを与えてモデルの学習を行うかという共通点があるため、本章で紹介します。

　画像データを扱うタスクでは、与えられた画像を反転・回転させたり、歪ませたりして別の画像を生成し、学習データを増やすことはよく行われます。テーブルデータの場合、通常はそのような分かりやすいデータの変換がないため、画像データのようなデータの生成は難しいのですが、タスクやデータによっては可能なことがあります。以下で実例を紹介します。

Kaggleの「Instacart Market Basket Analysis」

　3章でも紹介しましたが、Kaggleの「Instacart Market Basket Analysis」は、オンラインの食料品配達サービスにおいて、前回に引き続き注文される商品を予測するタスクでした。

　注文データは、図5.12のようにtrain、test、priorに分類されていました。各ユーザにおける最新の注文がtrainとtestに分割され、それ以前の注文はすべてpriorに割り当

てられていました。しかし、このタスクで最新の注文のみを学習データとする必然性はなく、priorとして分類されている過去の注文も学習データとして使うことができます。

ユーザのデータが十分蓄積されてない期間のデータやあまりに古い注文データを使うと、テストデータを予測するときの状況と異なり精度が落ちる可能性があります。その点を考慮し、どこまで過去のデータまでを学習データに取り入れるか決めることになります。

2位のONODERA氏のソリューションでは、各ユーザについて利用できる直近の3つの注文（図のグレーの部分）を学習データに追加することで、学習データを増やしていました[注6]。

	order_number										
window1	1	2	3	4	5	6	7	8	9	10	11
userA	p	p	p	p	p	tr					
userB	p	p	p	p	p	p	p	p	p	tr	
userC	p	p	p	p	p	p	p	te			
userD	p	p	p	p	p	p	p	p	p	p	tr

	order_number										
window2	1	2	3	4	5	6	7	8	9	10	11
userA	p	p	p	p	p	tr					
userB	p	p	p	p	p	p	p	p	p	tr	
userC	p	p	p	p	p	p	p	te			
userD	p	p	p	p	p	p	p	p	p	p	tr

	order_number										
window3	1	2	3	4	5	6	7	8	9	10	11
userA	p	p	p	p	p	tr					
userB	p	p	p	p	p	p	p	p	p	tr	
userC	p	p	p	p	p	p	p	te			
userD	p	p	p	p	p	p	p	p	p	p	tr

図5.12　Instacart Market Basket Analysis - 学習データの追加

なお、例えば各ユーザの直近から2つ目の注文を使うときには、それが最新の注文であるとみなして、それより将来の注文の情報を含めずに特徴量を作成することが必要です（将来の情報を含めてもリークすることがないと判断した場合には、含めて特徴量を作成することもあります）。

注6 「Instacart Market Basket Analysis, Winner's Interview: 2nd place, Kazuki Onodera」http://blog.kaggle.com/2017/09/21/instacart-market-basket-analysis-winners-interview-2nd-place-kazuki-onodera/

Kaggleの「Recruit Restaurant Visitor Forecasting」

　Kaggleの「Recruit Restaurant Visitor Forecasting」で20位の成績を収めたYuyaYamamoto氏のソリューションでは、ランダムにデータの一部を削ったあとに特徴量作成を行うことで新たに学習データを作り、学習データを増やしていました。その手法について解説します[注7]。

　このコンペにおいて、各飲食店における最初のデータの日付は開店日ではなく、その飲食店がサービスに登録した日であるという仮説を立てることができました。その仮説に基づくと、もしその店舗のサービス登録日がより後ろにずれていたとしても、来客数の傾向が変わることはないということが言えます。そしてその状況は、図5.13のように各飲食店の先頭の方のデータを削ることにより仮想的に作り出すことができます。

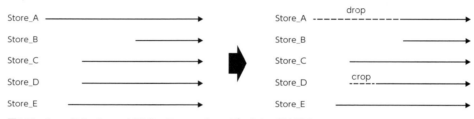

図5.13　Recruit Restaurant Visitor Forecasting - データの一部を削る

　ランダムにこのようにデータを削ったあとにtarget encodingなどの特徴量作成を行うと、データを削らない場合と比べて特徴量が少し異なる学習データを新たに生成できます。このソリューションでは、このように増やした学習データを元のデータに加えて学習するのではなく、別のモデルを学習するために使い、それらのモデルによる予測をアンサンブルしていました。

　また、このプロセスはテストデータに対しても行われました。これは、画像データでよく使われる、テストデータに対しても変換を行い画像を増やし、それらの画像への予測値の平均を予測とするtest-time augmentationに類似した手法と言えます。

注7　「20th place solution based on custom sample_weight and data augmentation（Recruit Restaurant Visitor Forecasting）」https://www.kaggle.com/c/recruit-restaurant-visitor-forecasting/discussion/49328

第6章 モデルのチューニング

6.1 パラメータチューニング
6.2 特徴選択および特徴量の重要度
6.3 クラスの分布が偏っている場合

6.1 パラメータチューニング

本章では、モデルのハイパーパラメータのチューニングや特徴量の選択によってモデルの精度を高めるテクニックを紹介します。また、分類タスクでクラスの分布が偏っている場合への対処についても説明します。

まず本節では、ハイパーパラメータのチューニングについて説明します。

6.1.1 ハイパーパラメータの探索手法

モデルのハイパーパラメータを探索する手法としては、以下があります。

手動でのパラメータ調整

手動でハイパーパラメータを調整することで、パラメータの理解が深ければ着実に精度を上げることができたり、パラメータを変えたときのスコアの動きからデータの理解を深めることができたりします。例えば、意味のない特徴量が使われすぎているように感じる場合には正則化のパラメータを強めたり、相互作用の反映が足りないように感じる場合には決定木を分岐させる数を増やすといった方法が考えられます。

計算時間は比較的かかりませんが、作業者がチューニングする手間がかかるのが難点です。

グリッドサーチ／ランダムサーチ

グリッドサーチは、各パラメータに対して候補を定め、それらの組み合わせをすべて計算する方法です。探索するパラメータの候補を把握しやすいですが、組み合わせによる探索点の数が膨大になり得るため、探索するパラメータやその候補の数を多くすることはできません。

ランダムサーチは、各パラメータに対して候補を定め、パラメータごとにランダムに選んだ組み合わせを作り、それを計算することを設定した回数だけ繰り返す方法です。候補として分布を指定でき、あるパラメータについてある範囲の一様分布から選

ぶといったことができます。探索するパラメータやその候補の数が多い場合でも探索できますが、すべての組み合わせを探索するわけではないので、理想的なパラメータの組み合わせを探索できないかもしれません。

これらの実装は、scikit-learnのmodel_selectionモジュールのGridSearchCV、RandomizedSearchCVといったクラスを使う方法もありますし、複雑な処理ではないので自分で同等のしくみを作成しても良いでしょう。

グリッドサーチ／ランダムサーチで探索するパラメータは、コードで表すと以下のようになります。

（グリッドサーチ／ランダムサーチで探索するパラメータ）

```python
# パラメータ1, パラメータ2の候補
param1_list = [3, 5, 7, 9]
param2_list = [1, 2, 3, 4, 5]

# グリッドサーチで探索するパラメータの組み合わせ
grid_search_params = []
for p1 in param1_list:
    for p2 in param2_list:
        grid_search_params.append((p1, p2))

# ランダムサーチで探索するパラメータの組み合わせ
random_search_params = []
trials = 15
for i in range(trials):
    p1 = np.random.choice(param1_list)
    p2 = np.random.choice(param2_list)
    random_search_params.append((p1, p2))
```

Bergstra and Bengioによると、グリッドサーチよりもランダムサーチの方が効率が良いとのことです。各タスクでどのパラメータが重要かは異なり、また各タスクで重要なパラメータが少数である状況では、図6.1のとおり同じ探索回数ではランダムサーチの方が重要なパラメータに対して多くの候補を探索できるためです。

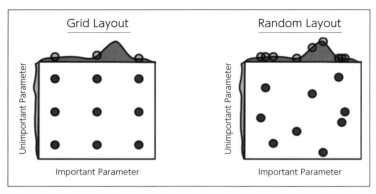

図6.1　グリッドサーチとランダムサーチ（出典：Bergstra, James, and Yoshua Bengio. "Random search for hyper-parameter optimization." Journal of Machine Learning Research 13.Feb (2012): 281-305. [Figure1]）

ベイズ最適化（Bayesian Optimization）

　以前に計算したパラメータの履歴に基づいて、次に探索すべきパラメータをベイズ確率の枠組みを用いて選択する方法です。ランダムサーチではまったく精度が出なかったパラメータの付近も探索しますが、ベイズ最適化では探索履歴を使うことで精度が良い可能性の高いパラメータを効率良く探索することを試みます。

　hyperoptというライブラリが比較的よく使われています。また、2018年末にoptunaというライブラリが公開されました。その他にgpyopt、spearmint、scikit-optimizeといったライブラリもあります。

AUTHOR'S OPINION

　トップクラスのKagglerは手動でパラメータ調整を行っている方が多いようです。ただ、そこまで熟練していない人にとっては、ベイズ最適化で効率的に探索したり、その結果を見ることによって経験を積んでいく方が得策ではないかと思います。

　筆者の分析コンペでのパラメータ調整方法は以下のとおりです。

1. まず、ベースラインとなるパラメータで学習させる
2. 次に、もし簡単に調整を行いたい場合は、1～3種類のパラメータとそれぞれ2～5個の候補程度でグリッドサーチを行う

3. 本格的にパラメータチューニングを行う場合にはベイズ最適化を行う（この段階では、グリッドサーチ／ランダムサーチよりはベイズ最適化を利用する方が効率的）

この方法では、分かりやすさを求めるときはグリッドサーチ、精度を求めるときにはベイズ最適化を用いるため、ランダムサーチを使う場面がなくなります。（T）

6.1.2 パラメータチューニングで設定すること

パラメータチューニングを行うにあたっては、以下について設定する必要があります。

1. ベースラインとなるパラメータ
2. 探索する対象となるパラメータとその範囲
3. 手動で調整するか、自動的に探索するか
4. 評価の枠組み（クロスバリデーションなどのfoldの分け方）

まず、最初にベースラインとなる経験的に良さそうなハイパーパラメータを設定します。手動で調整する場合はベースラインがないと始まらないですし、自動的に探索する場合は探索する範囲があれば良いとはいえ、それでもベースラインでのスコアを把握しておいた方が考察しやすいです。

モデルのデフォルト値には、速度や単純さを重視しており、分析コンペで使うには向いていないものもあります。例えば、xgboostのetaのデフォルト値は0.3となっていますが、これは大きすぎます。ですので、過去のコンペのソリューションからパラメータを取得するなどして、ベースラインとして汎用的に使えるパラメータを用意しておくと便利です。

次に、探索する対象となるパラメータとその範囲を定めます。そのためには、重要なパラメータと通常取り得るパラメータの範囲を理解しておく必要があります。

それから、手動で調整する場合には、データの性質や、学習データとバリデーションデータのスコアの推移を考慮し、重要なパラメータから順に大小どちらの方向にパラメータを動かしたら良いか考えていきます。自動で調整する場合には、探索するパラメータとその範囲をセットし、ベイズ最適化などで探索するプログラムを動かします。

最後に、評価の枠組みですが、手動で調整する場合には、モデルや特徴量を変えて

評価するときと変わらず、通常のクロスバリデーションなどで構わないでしょう。自動で調整する場合、パラメータチューニングを行いすぎて評価対象のデータに過剰に適合し、フェアな評価にならないことがあります。ですので、パラメータチューニングを行うときのfoldの分割と実際にモデルを作成・予測して使う場合のfoldの分割の乱数シードは変えた方が望ましいです（「5.4.5 バリデーションデータやPublic Leaderboadへの過剰な適合」を参照してください）。

また、計算時間を節約するために、クロスバリデーションのすべてのfoldでなく、そのうちの1つのfoldを使って精度を確認する方法があります。逆に、計算ごとのばらつきが大きいときには、foldの分け方を変えて何回か計算した場合の平均を使う方法もあります。

6.1.3 パラメータチューニングのポイント

パラメータチューニングのポイントとして、以下が挙げられます。

- 重要なパラメータとそこまで重要でないパラメータがある。すべてのパラメータを調整する必要はないので、重要なパラメータから調整していくと良い
- パラメータの値を増加させたときに、モデルの複雑性を増すパラメータと、逆にモデルを単純にするパラメータがある。これを理解しておくと、学習が上手く行かないときの考察に有用
- パラメータのある範囲を探索したときに、その上限または下限のパラメータに良いスコアの結果が集中していた場合は、範囲を広げて探索する方が良い
- モデルの多くで学習時の乱数シードを指定できる。乱数シードを固定すると結果が再現されるので作業がしやすい[注1]
- モデルの乱数シードやfoldの分割の乱数シードを変えたときのスコアの変化を見ることで、パラメータを変えたときのスコアの変化が単なるランダム性によるものか、パラメータの変更による改善なのかを推測できる

注1　ニューラルネットでGPUを利用するときなど再現が難しいこともあります。

> **AUTHOR'S OPINION**
>
> 特にモデルがGBDTである場合は、パラメータチューニングよりも、良い特徴量を加えることが精度改善に役立つことが多いです。ある程度パラメータチューニングを行うことは特徴量の評価が行いやすくなるため有効ですが、あまり序盤から注力し過ぎない方が良いでしょう。(T)

6.1.4 ベイズ最適化でのパラメータ探索

hyperopt

ベイズ最適化のライブラリのうち、分析コンペでよく使われているhyperoptについて説明します。TPE（Tree-structured Parzen Estimator）というアルゴリズムで計算します。

以下の設定をすることで、パラメータの探索を自動的に行い、探索したパラメータとそのときの評価指標によるスコアを出力できます。

- 最小化したい評価指標の指定
  モデルの精度を最も良くするパラメータを探すため、「パラメータを引数として、モデルをそのパラメータで計算したときの評価指標のスコアを返す関数」を作成し、それを設定します。accuracyなど高い方が良い評価指標の場合は正負を反転させるなどにより、低い方が良い評価指標にする必要があります。

- 探索するパラメータの範囲の定義
  探索するパラメータの範囲を事前分布として定義します。事前分布は複数の候補からの選択としたり、一様な分布としたり、対数が一様分布に従うものとすることができます。例えば、決定木の深さなどは一様な分布で良いでしょう。一方で、正則化の強さのようなパラメータで、0.1, 0.01, 0.001……のようにn倍ごとの間隔で探索をしたいことがあります。このような場合には、対数が一様分布に従うとした方が良いでしょう。なお、ニューラルネットにおいてオプティマイザの種類ごとにチューニングが必要なパラメータが異なる場合など、パラメータ間に階層構造がある場合の定義もできます。

- 探索回数の指定
  探索するパラメータの数や範囲にもよりますが、25回程度の探索でそれなりに妥当

なパラメータが見つかり始め、100回程度で十分な探索が行われます[注2]。また、一度hyperoptを回すことで適切なパラメータの範囲がわかるので、そこからもう一度パラメータの分布を狭めたり広げたりして探索する方法もあります。

探索するパラメータの空間は、以下のように指定します（取り得るパラメータの組み合わせの集合のことをパラメータ空間（parameter space）と言い、取り得るパラメータの中から良い組み合わせを探すことをパラメータ空間を探索すると言います）。

（ch06/ch06-01-hopt.pyの抜粋）

```
# hp.choiceでは、複数の選択肢から選ぶ
# hp.uniformでは、下限・上限を指定した一様分布から抽出する。引数は下限・上限
# hp.quniformでは、下限・上限を指定した一様分布のうち一定の間隔ごとの点から抽出する。引数は下限・上限・間隔
# hp.loguniformでは、下限・上限を指定した対数が一様分布に従う分布から抽出する。引数は下限・上限の対数をとった値

from hyperopt import hp

space = {
    'activation': hp.choice('activation', ['prelu', 'relu']),
    'dropout': hp.uniform('dropout', 0, 0.2),
    'units': hp.quniform('units', 32, 256, 32),
    'learning_rate': hp.loguniform('learning_rate', np.log(0.00001), np.log(0.01)),
}
```

hyperoptを使ったパラメータ探索は、以下のように行います。

1. チューニングしたいパラメータを引数にとり、最小化したい評価指標のスコアを返す関数を作成します。その関数では、モデルを引数のパラメータで学習させ、バリデーションデータへの予測を行い、評価指標のスコアを計算する処理を行います。
2. hyperoptのfmin関数に、その作成した関数、探索するパラメータの空間、探索回数などを指定することで探索します。

（ch06/ch06-01-hopt.pyの抜粋）

```
from hyperopt import fmin, tpe, hp, STATUS_OK, Trials
from sklearn.metrics import log_loss
```

注2 必要となる探索回数は、「6.1.5 GBDTのパラメータおよびそのチューニング」の「筆者(T)の方法：hyperoptによるベイズ最適化」で説明するパラメータの空間を探索する場合を想定しています。

```python
def score(params):
    # パラメータを与えたときに最小化する評価指標を指定する
    # 具体的には、モデルにパラメータを指定して学習・予測させた場合のスコアを返すようにする

    # max_depthの型を整数型に修正する
    params['max_depth'] = int(prms['max_depth'])

    # Modelクラスを定義しているものとする
    # Modelクラスは、fitで学習し、predictで予測値の確率を出力する
    model = Model(params)
    model.fit(tr_x, tr_y, va_x, va_y)
    va_pred = model.predict(va_x)
    score = log_loss(va_y, va_pred)
    print(f'params: {params}, logloss: {score:.4f}')

    # 情報を記録しておく
    history.append((params, score))

    return {'loss': score, 'status': STATUS_OK}


# 探索するパラメータの空間を指定する
space = {
    'min_child_weight': hp.quniform('min_child_weight', 1, 5, 1),
    'max_depth': hp.quniform('max_depth', 3, 9, 1),
    'gamma': hp.quniform('gamma', 0, 0.4, 0.1),
}

# hyperoptによるパラメータ探索の実行
max_evals = 10
trials = Trials()
history = []
fmin(score, space, algo=tpe.suggest, trials=trials, max_evals=max_evals)

# 記録した情報からパラメータとスコアを出力する
# (trialsからも情報が取得できるが、パラメータの取得がやや行いづらいため)
history = sorted(history, key=lambda tpl: tpl[1])
best = history[0]
print(f'best params:{best[0]}, score:{best[1]:.4f}')
```

章末にベイズ最適化およびTPEの説明を載せていますので、そちらも参照してください。

> **AUTHOR'S OPINION**
>
> ベイズ最適化を実際に行ってみると、以下のような問題ですんなりとチューニングできないことがあります。(T)
>
> - 計算時間のかかりすぎる試行
>   ニューラルネットで学習率を小さくした場合など、学習が収束するまでにかなりの時間がかかり、試行が進まないことがあります。学習率は先に調整してしまう、エポック数の上限を大きくしすぎない、コールバックにより一定の時間で学習が収束しない場合は打ち切るといった方法が考えられます。
> - パラメータ間の依存性
>   パラメータが精度に与える影響はそれぞれ独立でなく、ある程度の依存性はあるでしょう。あるパラメータの最適な値が他のパラメータの値に強く依存するなどの場合には効率的に探索できないことがあるかもしれません。依存関係をパラメータ空間に明示的に定義するか、それが難しい場合は試行回数を増やす方法が考えられます。
> - 評価のランダム性によるばらつき
>   評価のぶれが大きいと効果的に探索できないでしょう。1つのfoldでなくクロスバリデーションによる平均値で評価する、試行回数を増やすという方法が考えられます。

optuna

2018年末に公開されたフレームワークです。最適化アルゴリズム自体はhyperoptと同様にTPEを用いていますが、以下の改善がされています。APIが使いやすくなっている他、効率的なチューニングができるようになっています[注3、注4]。

- Define-by-RunスタイルのAPI
  ハイパーパラメータ空間を別途定義するのではなく、モデルの記述の中でハイパーパラメータの取り得る範囲を定義し、計算時にハイパーパラメータ空間が決まるしくみ

注3 https://optuna.readthedocs.io/en/latest/
注4 見出しは次の資料を参考にしていますが、説明は筆者によるものです。「ハイパーパラメータ自動最適化ツール「Optuna」公開（Preferred Research）」 https://research.preferred.jp/2018/12/optuna-release/

- 学習曲線を用いた試行の枝刈り
  計算途中で学習曲線を見てそのパラメータに見込みがないと分かった場合には計算を打ち切るため効率的

- 並列分散最適化
  複数ワーカーで非同期に分散してパラメータの最適化を行うことが容易

6.1.5 GBDTのパラメータおよびそのチューニング

GBDTの代表的なライブラリであるxgboostのパラメータおよびそのチューニングについて説明します。また、lightgbmについても、パラメータ名などは異なりますが、基本的な考え方は同じです。

xgboostのモデルで調整する主なパラメータを表6.1に示します。

表6.1 xgboostの主なパラメータ

パラメータ	説明
eta	学習率。決定木を作成し予測値をアップデートするときに、葉のウェイトそのままではなく、この率を乗じて小さくした値を予測値に加える
num_round	作成する決定木の本数
max_depth	決定木の深さ。深くすることで、特徴量の相互作用がより反映されるようになる
min_child_weight	葉を分岐するために最低限必要となる葉を構成するデータ数（正確にはデータ数ではなく目的関数への二階微分値が使われる[注5]）。これを大きくすると、葉に要素が少ないときには分岐しないため、分岐が起こりづらくなる
gamma	決定木を分岐させるために最低限減らさなくてはいけない目的関数の値。これを大きくすると、目的関数が少ししか減らないときは分岐しなくなるため、分岐が起こりづらくなる
colsample_bytree	決定木ごとに特徴量の列をサンプリングする割合
subsample	決定木ごとに学習データの行をサンプリングする割合
alpha	決定木の葉のウェイトに対するL1正則化の強さ（ウェイトの大きさに比例して罰則が与えられる）
lambda	決定木の葉のウェイトに対するL2正則化の強さ（ウェイトの二乗に比例して罰則が与えられる）

注5　二階微分値については、4章の「xgboostのアルゴリズムの解説」を参照してください。

まずは、学習率や決定木の本数といった、学習の流れを制御する部分について設定する必要があります。以下のように考えると良いでしょう。

- etaを小さくすることで精度が下がることはほぼないのですが、計算が収束するまでの時間がかかるようになります。ですので、最初は0.1程度のやや大きめの値にしておいて、コンペが進行し細かい精度を競うようになるにつれて0.01～0.05程度に小さくします。
- num_roundは1000や10000などの十分大きな値としておき、アーリーストッピングで自動的に決めるのが良いでしょう（アーリーストッピングではバリデーションデータの目的変数の情報をわずかに参考にしてしまうため、それを避けたい場合などnum_roundを調整対象のパラメータとする方法もあります）。
- アーリーストッピングを観察するround数（early_stopping_rounds）は50程度で良いでしょう。不必要に計算時間がかかりすぎる場合は小さくしたり、ぶれやすい場合は大きくしたりすると良いでしょう。また、予測のときにベストな決定木の本数を使うように指定しないと、学習が進みすぎたモデルを使ってしまうので注意が必要です。

モデルの複雑さやランダム性を制御するパラメータについては、以下の性質を考慮しながら、重要と思われるパラメータからチューニングしていきます。

- max_depth、min_child_weight、gamma
  分岐の深さや分岐を行うかどうかを制御することでモデルの複雑さを調整できる
- alpha、lambda
  決定木の葉のウェイトへの正則化によりモデルの複雑さを調整できる
- subsample、colsample_bytree
  ランダム性を加えることで過学習を抑えることができる

> **AUTHOR'S OPINION**
>
> max_depthが最も重要で、subsample、colsample_bytree、min_child_weightも重要という意見が多いようです。gamma、alpha、lambdaについては、それぞれ好みによって優先度が異なるように思います。(T)

6.1　パラメータチューニング

> ○ **INFORMATION**
> xgboostやlightgbmのパラメータチューニングについては、以下を参考にしてください。
>
> - XGBoost Parameters（xgboostドキュメント）[注6]、Notes on Parameter Tuning（xgboostドキュメント）[注7]
>   xgboost公式ドキュメントでのパラメータの説明、パラメータチューニングの説明です。
> - Parameters（lightgbmドキュメント）[注8]、Parameters Tuning（lightgbmドキュメント）[注9]
>   lightgbm公式ドキュメントでのパラメータの説明、パラメータチューニングの説明です。
> - Complete Guide to Parameter Tuning in XGBoost（Analytics Vidhya）[注10]
>   この記事は、パラメータの取りうる範囲やチューニングをする順番まで詳細に書かれたパラメータチューニングのガイドです。
> - PARAMETERS（Laurae++）[注11]
>   このLaurae氏のサイトでは、パラメータやその影響の説明が詳細にまとめられています。xgboostとlightgbmの両方に対応しています。
> - CatBoost vs. Light GBM vs. XGBoost（Towards Data Science）[注12]
>   この記事では、xgboostとlightgbmとcatboostの比較とそれぞれのパラメータの対応の説明が行われています。
> - Santander Product RecommendationのアプローチとXGBoostの小ネタ[注13]
>   このスライドでは、「XGBoostの小ネタ」の項でxgboostのパラメータに対する考察が行われています。
>
> xgboostおよびlightgbmのパラメータを深く理解したい場合は、Laurae氏のサイトが特に参考になります。パラメータ名（例：gamma）でなく一般的な表現（例：Loss Regularization）による索引のため参照しづらく、調べたいパラメータを検索ボックスに入れて調べるのが良いでしょう。Beliefs、Detailsに知見や詳細な挙動が記述されており、ここが最も価値のある部分でしょう。また、xgboostとlightgbmのパラメータの対応についても確認できます。

注6　https://xgboost.readthedocs.io/en/latest/parameter.html
注7　https://xgboost.readthedocs.io/en/latest/tutorials/param_tuning.html
注8　https://lightgbm.readthedocs.io/en/latest/Parameters.html
注9　https://lightgbm.readthedocs.io/en/latest/Parameters-Tuning.html
注10　https://www.analyticsvidhya.com/blog/2016/03/complete-guide-parameter-tuning-xgboost-with-codes-python/
注11　https://sites.google.com/view/lauraepp/parameters
注12　https://towardsdatascience.com/catboost-vs-light-gbm-vs-xgboost-5f93620723db
注13　https://speakerdeck.com/rsakata/santander-product-recommendationfalseapurotitoxgboostfalsexiao-neta

317

> ● COLUMN
>
> ## xgboostの具体的なパラメータチューニングの方法
>
> いくつか具体的なパラメータチューニングの方法を紹介します。
>
> ### 筆者(T)の方法：hyperoptによるベイズ最適化
>
> 筆者（T）は以下のように行います。
>
> - 本格的にチューニングする場合はhyperoptに任せる。hyperoptの結果を見ながら、再度探索する範囲を変えてチューニングすることもある
> - 決定木の数は十分多くして、アーリーストッピングにより制御する
> - 学習率etaはチューニングでは0.1を使い、提出するモデルを作るときには小さくする
> - チューニングには時間を短縮するためクロスバリデーションの1foldのみを使い、実際にモデルを作成・予測する場合には、異なる乱数シードで分割したfoldで行う
>
> ベースとなるパラメータおよび探索範囲（表6.2）、hyperoptのコードは以下です（Kaggleの「Home Depot Product Search Relevance」の3位のChenglongChen氏のコードを参考にし、やや探索範囲を狭めて作成しました）[注14]。
>
> 表6.2　hyperoptのパラメータおよび探索範囲
>
> | パラメータ | ベースラインの値 | 探索範囲とその事前分布 |
> | --- | --- | --- |
> | eta | 0.1 | パラメータ探索では固定する |
> | num_round | - | 十分大きくしてアーリーストッピングで最適な決定木の本数を設定 |
> | max_depth | 5 | 3〜9、一様分布に従う、1刻み |
> | min_child_weight | 1.0 | 0.1〜10.0、対数が一様分布に従う |
> | gamma | 0.0 | 1e-8〜1.0、対数が一様分布に従う |
> | colsample_bytree | 0.8 | 0.6〜0.95、一様分布に従う、0.05刻み |
> | subsample | 0.8 | 0.6〜0.95、一様分布に従う、0.05刻み |
> | alpha | 0.0 | デフォルト値としておき、余裕があれば調整する |
> | lambda | 1.0 | デフォルト値としておき、余裕があれば調整する |

注14「Home Depot Product Search Relevance, Winners' Interview: 3rd Place, Team Turing Test | Igor, Kostia, & Chenglong」http://blog.kaggle.com/2016/06/01/home-depot-product-search-relevance-winners-interview-3rd-place-team-turing-test-igor-kostia-chenglong/

(ch06/ch06-02-hopt_xgb.pyの抜粋)

```python
# ベースラインのパラメータ
params = {
    'booster': 'gbtree',
    'objective': 'binary:logistic',
    'eta': 0.1,
    'gamma': 0.0,
    'alpha': 0.0,
    'lambda': 1.0,
    'min_child_weight': 1,
    'max_depth': 5,
    'subsample': 0.8,
    'colsample_bytree': 0.8,
    'random_state': 71,
}

# パラメータの探索範囲
param_space = {
    'min_child_weight': hp.loguniform('min_child_weight', np.log(0.1), np.log(10)),
    'max_depth': hp.quniform('max_depth', 3, 9, 1),
    'subsample': hp.quniform('subsample', 0.6, 0.95, 0.05),
    'colsample_bytree': hp.quniform('colsample_bytree', 0.6, 0.95, 0.05),
    'gamma': hp.loguniform('gamma', np.log(1e-8), np.log(1.0)),
    # 余裕があればalpha, lambdaも調整する
    # 'alpha' : hp.loguniform('alpha', np.log(1e-8), np.log(1.0)),
    # 'lambda' : hp.loguniform('lambda', np.log(1e-6), np.log(10.0)),
}
```

筆者(J)の方法：手動でのチューニング

筆者（J）は以下のように行います。

1. 以下のパラメータを初期値に設定する
   - eta: 0.1 or 0.05（データ量に依存する）
   - max_depth: 最初にチューニングするので決めない
   - colsample_bytree: 1.0
   - colsample_bylevel: 0.3
   - subsample: 0.9
   - gamma: 0
   - lambda: 1
   - alpha: 0
   - min_child_weight: 1
2. depthの最適化
   - 5 〜 8ぐらいを試す。さらに浅いor深い方が改善しそうなら広げる

3. colsample_levelの最適化
   - 0.5 〜 0.1を0.1刻みで試す
4. min_child_weightの最適化
   - 1,2,4,8,16,32,... と2倍ごとに試す
5. lambda, alphaの最適化
   - 両者のバランスなのでいろいろ試す（初期ではやらないこともある）

1.の初期値の設定においては、colsample_bytreeの代わりにcolsample_bylevelを使うのが好みです。こうすると、特徴量のサンプリングを決定木ごとではなく分岐の深さごとに行うことになります。

なお、early_stopping_roundsは概ね10÷etaで、etaが0.1のときは100、etaが0.02のときは500のように設定します。etaを小さくすると学習曲線が引き延ばされるイメージなので、過学習が始まったかを判定するために観察するround数を多くしています。

Analytics Vidhyaの記事で紹介されている方法：手動でのチューニング

Analytics Vidhyaの記事「Complete Guide to Parameter Tuning in XGBoost」[注15]で紹介されている方法は以下のとおりです。細かい考え方や注意点など、元記事も参照してください。

1. 以下のパラメータを初期値に設定する
   - eta: 0.1
   - max_depth: 5
   - min_child_weight: 1
   - colsample_bytree: 0.8
   - subsample: 0.8
   - gamma: 0
   - alpha: 0
   - lambda: 1
2. max_depth, min_child_weightの最適化
   - max_depthは3 〜 9を2刻み、min_child_weightは1 〜 5を1刻みで試す
3. gammaの最適化
   - 0.0 〜 0.4までを試す
4. subsampleとcolsample_bytreeの最適化
   - それぞれ、0.6 〜 1.0まで0.1刻みを試す
5. alphaの最適化
   - 1e-5, 1e-2, 0.1, 1, 100を試す
6. eta(学習率)を減少させる

注15 https://www.analyticsvidhya.com/blog/2016/03/complete-guide-parameter-tuning-xgboost-with-codes-python/

6.1.6 ニューラルネットのパラメータおよびそのチューニング

多層パーセプトロンにおいては、ネットワークの構成、オプティマイザなどが調整の対象となります。調整するには、以下のような要素をパラメータとして変えられるように実装しておくことが必要です。

- ネットワークの構成
  入力層・出力層は入力データの次元数やタスクによってきまるので、調整する余地はほぼありません。以下が主なパラメータになります。
    - 中間層の活性化関数
      基本はReLUですが、PReLUもよく使われます。また、LeakyReLUという選択肢もあります。
    - 中間層の層数
    - 各層のユニット数、ドロップアウトの率
    - Batch Normalization層を適用するかどうか
- オプティマイザの選択
  オプティマイザは、ニューラルネットのウェイトをどのように学習するかのアルゴリズムです。シンプルな確率的勾配降下法のアルゴリズムであるSGDと、適応的に学習率を変えるAdamなどを試すと良いでしょう。いずれのオプティマイザでも、学習率は重要なパラメータになります。
- その他
    - バッチサイズ（ミニバッチのデータの個数）
    - Weight Decayなどの正則化の導入や、オプティマイザの学習率以外のパラメータの調整をしても良いでしょう。

まず学習率を調整し、ある程度学習が上手く進むようになってから、他のパラメータを調整した方が良いでしょう。学習率が高すぎる場合は目的関数（損失や損失関数とも呼ばれます）が発散してしまいますし、学習率が低すぎる場合、いつまでたっても学習が進まないことになります。

図6.2は、学習率の水準ごとに、学習の進行とスコアの動きの関係を表したものです。

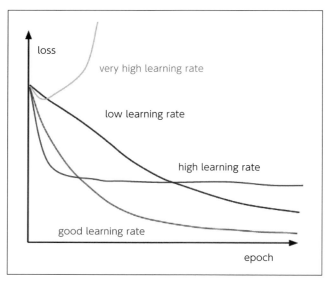

図6.2　ニューラルネットの学習率の水準、学習の進行とスコアの動き（出典：「Neural Networks Part 3: Learning and Evaluation (CS231n Convolutional Neural Networks for Visual Recognition)」http://cs231n.github.io/neural-networks-3/ [accuracies.jpeg]）

　ニューラルネットのパラメータの設定・チューニングについては、「4.4.6 参考になるソリューション - 多層パーセプトロン」で紹介した、Kaggleの過去のソリューションが参考になります。

> ● COLUMN
>
> **多層パーセプトロンの具体的なパラメータチューニングの方法**
>
> 　参考までに、多層パーセプトロンのベースとなるパラメータ、探索するパラメータの空間、ネットワークの層の構成について提示してみます。xgboostと同様に、Kaggleの「Home Depot Product Search Relevance」の3位のChenglongChen氏のコードを参考にし、やや探索範囲を狭めたものです[注16]。この例では、学習率も含めて一度にパラメータを探索しています。
>
> 　多層パーセプトロンの層の構成やチューニングについては、参考となる資料が少なく、より良いパラメータや層の構成は他にある可能性も考えられますが、議論の叩き台として紹介します。

注16「Home Depot Product Search Relevance, Winners' Interview: 3rd Place, Team Turing Test | Igor, Kostia, & Chenglong」http://blog.kaggle.com/2016/06/01/home-depot-product-search-relevance-winners-interview-3rd-place-team-turing-test-igor-kostia-chenglong/

表6.3　多層パーセプトロンのパラメータチューニング例

パラメータ	ベースラインの値	探索範囲とその事前分布
入力層のドロップアウト	0.0	0.0 ～ 0.2、一様分布に従う、0.05刻み
中間層の層数	3	2 ～ 4、一様分布に従う、1刻み
中間層のユニット数	96	32 ～ 256、一様分布に従う、32刻み
活性化関数	ReLU	ReLUもしくはPReLU
中間層のドロップアウト	0.2	0.0 ～ 0.3、一様分布に従う、0.05刻み
Batch Normalization層	活性化関数の前に設定	活性化関数の前に設定もしくは設定しない
オプティマイザ	Adam	AdamもしくはSGD。Adam、SGDともに学習率は0.00001 ～ 0.01、対数が一様分布に従うとした
バッチサイズ	64	32 ～ 128、一様分布に従う、32刻み
エポック数	-	計算時間を考慮した上で十分大きくしてアーリーストッピングで最適な値を設定

パラメータの範囲およびモデルを以下のように定義します。

(ch06/ch06-03-hopt_nn.pyの抜粋)

```python
from hyperopt import hp
from keras.callbacks import EarlyStopping
from keras.layers.advanced_activations import ReLU, PReLU
from keras.layers.core import Dense, Dropout
from keras.layers.normalization import BatchNormalization
from keras.models import Sequential
from keras.optimizers import SGD, Adam
from sklearn.preprocessing import StandardScaler

# 基本となるパラメータ
base_param = {
    'input_dropout': 0.0,
    'hidden_layers': 3,
    'hidden_units': 96,
    'hidden_activation': 'relu',
    'hidden_dropout': 0.2,
    'batch_norm': 'before_act',
    'optimizer': {'type': 'adam', 'lr': 0.001},
    'batch_size': 64,
}

# 探索するパラメータの空間を指定する
param_space = {
    'input_dropout': hp.quniform('input_dropout', 0, 0.2, 0.05),
    'hidden_layers': hp.quniform('hidden_layers', 2, 4, 1),
    'hidden_units': hp.quniform('hidden_units', 32, 256, 32),
```

```
    'hidden_activation': hp.choice('hidden_activation', ['prelu', 'relu']),
    'hidden_dropout': hp.quniform('hidden_dropout', 0, 0.3, 0.05),
    'batch_norm': hp.choice('batch_norm', ['before_act', 'no']),
    'optimizer': hp.choice('optimizer',
                           [{'type': 'adam',
                             'lr': hp.loguniform('adam_lr', np.log(0.00001), np.log(0.01))},
                            {'type': 'sgd',
                             'lr': hp.loguniform('sgd_lr', np.log(0.00001), np.log(0.01))}]),
    'batch_size': hp.quniform('batch_size', 32, 128, 32),
}


class MLP:

    def __init__(self, params):
        self.params = params
        self.scaler = None
        self.model = None

    def fit(self, tr_x, tr_y, va_x, va_y):

        # パラメータ
        input_dropout = self.params['input_dropout']
        hidden_layers = int(self.params['hidden_layers'])
        hidden_units = int(self.params['hidden_units'])
        hidden_activation = self.params['hidden_activation']
        hidden_dropout = self.params['hidden_dropout']
        batch_norm = self.params['batch_norm']
        optimizer_type = self.params['optimizer']['type']
        optimizer_lr = self.params['optimizer']['lr']
        batch_size = int(self.params['batch_size'])

        # 標準化
        self.scaler = StandardScaler()
        tr_x = self.scaler.fit_transform(tr_x)
        va_x = self.scaler.transform(va_x)

        self.model = Sequential()

        # 入力層
        self.model.add(Dropout(input_dropout, input_shape=(tr_x.shape[1],)))

        # 中間層
        for i in range(hidden_layers):
            self.model.add(Dense(hidden_units))
            if batch_norm == 'before_act':
```

```python
            self.model.add(BatchNormalization())
        if hidden_activation == 'prelu':
            self.model.add(PReLU())
        elif hidden_activation == 'relu':
            self.model.add(ReLU())
        else:
            raise NotImplementedError
        self.model.add(Dropout(hidden_dropout))

    # 出力層
    self.model.add(Dense(1, activation='sigmoid'))

    # オプティマイザ
    if optimizer_type == 'sgd':
        optimizer = SGD(lr=optimizer_lr, decay=1e-6, momentum=0.9, nesterov=True)
    elif optimizer_type == 'adam':
        optimizer = Adam(lr=optimizer_lr, beta_1=0.9, beta_2=0.999, decay=0.)
    else:
        raise NotImplementedError

    # 目的関数、評価指標などの設定
    self.model.compile(loss='binary_crossentropy',
                       optimizer=optimizer, metrics=['accuracy'])

    # エポック数、アーリーストッピング
    # あまりepochを大きくすると、小さい学習率のときに終わらないことがあるので注意
    nb_epoch = 200
    patience = 20
    early_stopping = EarlyStopping(patience=patience, restore_best_weights=True)

    # 学習の実行
    history = self.model.fit(tr_x, tr_y,
                             epochs=nb_epoch,
                             batch_size=batch_size, verbose=1,
                             validation_data=(va_x, va_y),
                             callbacks=[early_stopping])

def predict(self, x):
    # 予測
    x = self.scaler.transform(x)
    y_pred = self.model.predict(x)
    y_pred = y_pred.flatten()
    return y_pred
```

hyperoptによるパラメータ探索の実行は、以下のように行います。

(ch06/ch06-03-hopt_nn.pyの抜粋)

```python
from hyperopt import fmin, tpe, STATUS_OK, Trials
from sklearn.metrics import log_loss


def score(params):
    # パラメータセットを指定したときに最小化すべき関数を指定する
    # モデルのパラメータ探索においては、モデルにパラメータを指定して学習・予測させた場合のスコアとする
    model = MLP(params)
    model.fit(tr_x, tr_y, va_x, va_y)
    va_pred = model.predict(va_x)
    score = log_loss(va_y, va_pred)
    print(f'params: {params}, logloss: {score:.4f}')

    # 情報を記録しておく
    history.append((params, score))

    return {'loss': score, 'status': STATUS_OK}


# hyperoptによるパラメータ探索の実行
max_evals = 10
trials = Trials()
history = []
fmin(score, param_space, algo=tpe.suggest, trials=trials, max_evals=max_evals)

# 記録した情報からパラメータとスコアを出力する
# trialsからも情報が取得できるが、パラメータを取得しにくい
history = sorted(history, key=lambda tpl: tpl[1])
best = history[0]
print(f'best params:{best[0]}, score:{best[1]:.4f}')
```

6.1.7 線形モデルのパラメータおよびそのチューニング

線形モデルにおいては、正則化のパラメータがチューニングの対象となります。チューニング対象のパラメータが少なく、計算も比較的速いので、10倍ごとの刻み（0.1, 0.01, 0.001……など）でとりうる範囲を調べることが可能です。

scikit-learnのlinear_modelモジュールの各モデルでは、以下のようにパラメータを設定します。

- Lasso、Ridge：alphaが正則化の強さを表すパラメータ。LassoではL1正則化（係数の大きさに比例して罰則を与える）、RidgeではL2正則化（係数の大きさの2乗に比例して罰則を与える）が行われる
- ElasticNet：alphaが正則化の強さを表すパラメータ。l1_ratioがL1正則化とL2正則化の割合を表すパラメータ
- LogisticRegression：Cが正則化の強さの逆数を表すパラメータ（デフォルトではL2正則化）。Lassoなどと異なり、値が小さいと正則化が強くなることに注意

6.2 特徴選択および特徴量の重要度

　与えられたデータの特徴量や作成した特徴量には、モデルの精度に寄与しないものもたくさんあります。そのようなノイズとなる特徴量が多くあると、精度は落ちてしまいます。また、特徴量が多すぎると、メモリ不足で学習できなかったり、計算時間がかかり過ぎたりします。そういったときには特徴選択を行うことで、有効な特徴量をできるだけ残したまま数を減らすことができます。

　特徴選択の方法を以下に分けて紹介します。

- 単変量統計を用いる方法
  相関係数やカイ二乗などの統計量から求める方法です。

- 特徴量の重要度を用いる方法
  主にGBDTやランダムフォレストなどの決定木系のモデルで、モデルから出力される特徴量の重要度から求める方法です。単純に重要度の上位を選択するだけでなく、工夫が加えられた手法がいくつかあります。

- 反復して探索する方法
  特徴量の組を変えてモデルを学習させることを繰り返し、その精度などを用いて探索していく方法です。

　なお、理論的な方法の他に、思考や直感に基づいて試行錯誤を行い、一部の特徴量だけ選ぶのも有効なアプローチです。例えば、データやタスクの性質から考えてこの種の特徴量は効かないだろうとして除いたり、相互作用から作成した特徴量について、一部のパターンのみ加える試行錯誤を行うといった方法があります。

6.2 特徴選択および特徴量の重要度

> **AUTHOR'S OPINION**
>
> 分析コンペにおいては、特徴量がそれぞれ多少なり予測に役立つ情報を持っていること、GBDTでは意味のない特徴量があっても精度が落ちづらいこと、アンサンブルで過学習が抑えられることなどから、それほど特徴選択が用いられていないように思います。つまり、与えられたデータに含まれている特徴量はすべて採用し、考えて作った特徴量はスコアを見ながら取捨選択する、というのが1つの進め方です。一方で、考察および機械的な作成から大量に特徴量を生成する手法があります。このときはすべての特徴量を入れると計算できないため、特徴選択が必要となります。
>
> 特徴選択を行う場合には、「6.2.2 特徴量の重要度を用いる方法」で説明する、GBDTの特徴量の重要度をベースとする手法が比較的よく使われているように思います。重要度をそのまま使うのも有効ですが、重要度のクロスバリデーションのfold間での変動係数が小さい順に選択する手法など、ランダムな値からなる特徴量と比較して重要かどうかを判別できる手法も用いると良いでしょう。(T)

6.2.1 単変量統計を用いる方法

各特徴量と目的変数から何らかの統計量を計算し、その統計量の順序で特徴量を選択します。単変量統計は、あくまで特徴量と目的変数の1対1の関係を見るので、特徴量の相互作用は考慮されず、比較的単純な関係性を抽出します。

相関係数

各特徴量と目的変数との相関係数を計算し、相関係数の絶対値の大きい方から特徴量を選択する方法です。ピアソンの積率相関係数とも呼ばれます。シンプルな統計量ですが、線形以外の関係性をとらえることができないので注意が必要です。

要素xとyからなるデータがあったとき、相関係数は以下の算式で表されます(データは$(x_1, y_1), (x_2, y_2)\ldots,(x_n, y_n)$とし、$x_\mu$は$x$の平均、$y_\mu$は$y$の平均とします)。

$$\rho = \frac{\sum_i (x_i - x_\mu)(y_i - y_\mu)}{\sqrt{\sum_i (x_i - x_\mu)^2 \sum_i (y_i - y_\mu)^2}}$$

また、値の線形の関係性よりも値の大きさの順序関係のみに着目したい場合には、スピアマンの順位相関係数を使う方法もあります。スピアマンの順位相関係数は、元の値を順位に直し、その順位を用いて相関係数を計算したものと同じです。

相関係数はnumpyのcorrcoef関数、スピアマンの順位相関係数はscipy.statsモジュールのspearmanr関数を使うことができます。また、pandasのcorr関数を使う方法も便利です。

なお、特徴選択についてはscikit-learnのfeature_selectionモジュールにSelectKBestクラスがありますが、numpyのargsort関数を使って自分で記述した方が汎用性があるでしょう。

> **INFORMATION**
>
> numpyのargsort関数を使うことで、配列の値が小さい順や大きい順でインデックスをソートできます。これにより、ある値が上位の要素や下位の要素を取り出すことが簡単にできます。
>
> (ch06/ch06-04-filter.pyの抜粋)
>
> ```
> # argsortを使うことで、配列の値が小さい順／大きい順にインデックスをソートできる
> ary = np.array([10, 20, 30, 0])
> idx = ary.argsort()
> print(idx)        # 昇順 - [3 0 1 2]
> print(idx[::-1])  # 降順 - [2 1 0 3]
>
> print(ary[idx[::-1][:3]])  # ベスト3を出力 - [30, 20, 10]
> ```

相関係数を計算するコードは以下のようになります。

```
import scipy.stats as st

# 相関係数
corrs = []
for c in train_x.columns:
    corr = np.corrcoef(train_x[c], train_y)[0, 1]
    corrs.append(corr)
corrs = np.array(corrs)

# スピアマンの順位相関係数
corrs_sp = []
for c in train_x.columns:
    corr_sp = st.spearmanr(train_x[c], train_y).correlation
    corrs_sp.append(corr_sp)
```

```
corrs_sp = np.array(corrs_sp)

# 重要度の上位を出力する（上位5個まで）
# np.argsortを使うことで、値の順序のとおりに並べたインデックスを取得できる
idx = np.argsort(np.abs(corrs))[::-1]
top_cols, top_importances = train_x.columns.values[idx][:5], corrs[idx][:5]
print(top_cols, top_importances)

idx2 = np.argsort(np.abs(corrs_sp))[::-1]
top_cols2, top_importances2 = train_x.columns.values[idx][:5], corrs_sp[idx][:5]
print(top_cols2, top_importances2)
```

カイ二乗統計量

カイ二乗検定の統計量を計算し、統計量の大きい方から特徴量を選択する方法です。この手法を用いるときには、特徴量は非負の値で分類タスクである必要があります。また、特徴量の値のスケールに影響されます（例えば、特徴量の値を10倍すると統計量が変化します）。ですので、特徴量をMinMaxScalerなどでスケーリングしておくのが良いでしょう。

scikit-learnのfeature_selectionモジュールのchi2関数を使用します。

> **○ INFORMATION**
>
> scikit-learnのfeature_selectionモジュールのchi2関数で行っていることは以下のとおりです。
>
> 各特徴量について
> 1. 目的変数の各クラスごとにグルーピングして、特徴量の値の合計を観測度数とし、レコードの割合を期待確率とする集計表を作成する
> 2. その集計表に対し、観測度数が期待確率に基づいてランダムに抽出されたものかどうかのカイ二乗統計量を計算する
>
> 特徴量の値が二値や頻度でない場合にそれを観測度数とすることは理論的に解釈しづらいですが、それでも特徴量の値とクラスの関係性を見ることはできます。

カイ二乗統計量を計算するコードは以下のようになります。

(ch06/ch06-04-filter.pyの抜粋)

```
from sklearn.feature_selection import chi2
from sklearn.preprocessing import MinMaxScaler

# カイ二乗統計量
x = MinMaxScaler().fit_transform(train_x)
c2, _ = chi2(x, train_y)

# 重要度の上位を出力する（上位5個まで）
idx = np.argsort(c2)[::-1]
top_cols, top_importances = train_x.columns.values[idx][:5], corrs[idx][:5]
print(top_cols, top_importances)
```

相互情報量

各特徴量と目的変数との相互情報量を計算し、大きい方から特徴量を選択する方法です。確率変数XとYの相互情報量は以下の算式で表されます。

$$I(X;Y) = \int_Y \int_X p(x,y) \log \frac{p(x,y)}{p(x)\,p(y)} \, dx\, dy$$

相互情報量は、片方を知ることでもう一方をより推測できるようになる場合に値が大きくなります。XとYが完全に従属のときにはどちらかの変数の情報量と等しくなり、独立の場合は0になります。

scikit-learnのfeature_selectionモジュールから、目的変数が連続変数の場合はmutual_info_regression関数、クラスの場合はmutual_info_classif関数を使用します。相互情報量を計算するコードは以下のようになります。

(ch06/ch06-04-filter.pyの抜粋)

```
from sklearn.feature_selection import mutual_info_classif

# 相互情報量
mi = mutual_info_classif(train_x, train_y)

# 重要度の上位を出力する（上位5個まで）
idx = np.argsort(mi)[::-1]
top_cols, top_importances = train_x.columns.values[idx][:5], corrs[idx][:5]
print(top_cols, top_importances)
```

AUTHOR'S OPINION

学習データ全体を使って特徴選択をすることには注意が必要です。以下で少し詳しく説明します。

Kaggleの「Mercedes-Benz Greener Manufacturing」では、300以上の二値変数が特徴量として与えられたものの、その多くは予測に寄与しない特徴量でした。このようなケースでは、統計的検定などを用いて目的変数との傾向が強いものだけを選択したいと考えるのは自然です。

しかし、学習データ全体で統計量を計算して特徴選択をすると、本来は目的変数とは関係ないにもかかわらず、たまたま学習データで偏りが出ている特徴量が、有効な特徴量であるかのように選択されてしまうことがあります。ここでの問題は、この方法で特徴選択を行ってしまうと、以降のバリデーションでそれが単なる偶然によるものであることを認識できなくなることです。具体的には、バリデーションでは良いスコアが出るものの、予測値を提出すると思ったほどのスコアが出ない、という状況に陥ります。学習データ全体で目的変数との関連を見て特徴選択をした上で改めて学習させているわけですから、これも一種のリークと言えるでしょう。

そのため、理想的には特徴選択もout-of-foldで検証することが望ましいと筆者は考えます。つまり、学習データの一部で特徴選択を行い、残りのデータで精度がきちんと向上するかどうかを確認する手続きを踏むということです。そこまではしなくても良い場合がほとんどではありますが、上記のようなリスクが存在することは頭に入れておいて損はないと思います。（J）

6.2.2 特徴量の重要度を用いる方法

モデルから出力される特徴量の重要度を用いて特徴選択を行う方法について紹介します。まずは、ランダムフォレストおよびGBDTの特徴量の重要度について説明します。

ランダムフォレストの特徴量の重要度

ランダムフォレストは特徴量の重要度を出力できます。scikit-learnのRandomForestRegressorやRandomForestClassifierでは、重要度は分岐を作成するときの基準となる値（回帰では二乗誤差、分類ではジニ不純度）の減少によって計算されま

す[注17]。

　重要度の上位から特徴量を選択することで、特徴選択を行えます。コードは以下のようになります。

(ch06/ch06-05-embedded.pyの抜粋)

```python
from sklearn.ensemble import RandomForestClassifier

# ランダムフォレスト
clf = RandomForestClassifier(n_estimators=10, random_state=71)
clf.fit(train_x, train_y)
fi = clf.feature_importances_

# 重要度の上位を出力する
idx = np.argsort(fi)[::-1]
top_cols, top_importances = train_x.columns.values[idx][:5], fi[idx][:5]
print('random forest importance')
print(top_cols, top_importances)
```

GBDTの特徴量の重要度

　xgboostを例として説明します。xgboostは、以下の種類の特徴量の重要度を出力できます。

- ゲイン：その特徴量の分岐により得た目的関数の減少
- カバー：その特徴量により分岐させられたデータの数（正確には目的関数の二階微分値が使われている）
- 頻度：その特徴量が分岐に現れた回数

　ここで、（Pythonの）デフォルトでは頻度が出力されますが、ゲインを出力した方が良いでしょう。ゲインの方が、特徴量が重要かどうかをより表現していると考えられるためです。

注17「How are feature_importances in RandomForestClassifier determined?」https://stackoverflow.com/questions/15810339/how-are-feature-importances-in-randomforestclassifier-determined

INFORMATION

Pythonからxgboostを使用する場合は、モデルの特徴量の重要度を出力するget_score関数において、引数importance_typeにデフォルトで'weight'が指定され、頻度を出力するようになっています。ゲインを出力するには'total_gain'を指定する必要があります。なお、'gain'、'cover'は、ゲインやカバーを（なぜか）頻度で除した値となっているため、ゲインやカバーを得るには、'total_gain'や'total_cover'を指定する必要があります[注18]。

重要度の上位から特徴量を選択することで、特徴選択を行えます。コードは以下のようになります。

(ch06/ch06-05-embedded.pyの抜粋)

```
import xgboost as xgb

# xgboost
dtrain = xgb.DMatrix(train_x, label=train_y)
params = {'objective': 'binary:logistic', 'silent': 1, 'random_state': 71}
num_round = 50
model = xgb.train(params, dtrain, num_round)

# 重要度の上位を出力する
fscore = model.get_score(importance_type='total_gain')
fscore = sorted([(k, v) for k, v in fscore.items()], key=lambda tpl: tpl[1], reverse=True)
print('xgboost importance')
print(fscore[:5])
```

xgboostの特徴量の重要度は、学習データに対して作成された決定木の分岐の情報から計算されます。連続変数やカテゴリ数の多いカテゴリ変数は分岐の候補が多いためやや上位になりやすかったり、乱数によりでたらめな特徴量を作って試したときにその特徴量が上位に来てしまったりします。そのため、ばらつきを考慮することやランダムな値からなる特徴量と比較することは有効でしょう。例えば、重要度について、クロスバリデーションのfold間での変動係数（＝標準偏差／平均）を計算し、変動係数が小さい順に特徴量を選択する手法があります。

以下では、特徴量の重要度を計算する他の方法、重要度を用いた応用的な特徴選択の手法、特徴量の重要度を出力するライブラリを紹介します。

注18「Python API Reference（xgboostドキュメント）」https://xgboost.readthedocs.io/en/latest/python/python_api.html#xgboost.Booster.get_score

permutation importance

　モデルを学習させたあとに、通常どおり予測させたときのバリデーションデータのスコアと、ある特徴量の列をシャッフルして予測させたときのバリデーションデータのスコアを比較して、シャッフルした場合にどの程度予測精度が落ちるかということから、その特徴量の重要度を計算する方法です。モデルの種類にかかわらず適用可能な方法です。

　eli5[注19]というライブラリを使うと比較的簡単に計算できます。また、KaggleのKernel上の講座[注20]でも説明されています。

　なお、ランダムフォレストでは、並列で決定木を作りそれぞれの決定木でデータのサンプリングを行うことから、学習データ中のサンプリングの対象から外れたout-of-bagと呼ばれるデータを使ってpermutation importanceを求めることができます。rfpimpモジュールやRのrandomForestパッケージで計算できます。explained.ai[注21]というサイトでは、permutation importanceを含むいくつかのランダムフォレストの特徴量の重要度が考察されています。

null importance

　特徴量をシャッフルするのではなく、目的変数をシャッフルして学習させた場合の重要度をnull importanceとして基準とし、目的変数をシャッフルしていない通常の重要度をactual importanceとします。この違いを重要度とする方法です[注22]。

　null importanceはシャッフルごとに変わるため、数十回繰り返しその統計量を用います。重要度のスコアの計算方法はいくつか考えられますが、以下のような方法があります。

- actual importanceをnull Importanceの75パーセンタイル点で除した値の対数
- actual importanceがnull importanceの何パーセンタイル点にあるか

　十分に予測力のある特徴量であれば、actual importanceはnull importanceの100パーセンタイル点（最大値）より上になるはずです。

注19 「Permutation Importance（ELI5 ドキュメント）」https://eli5.readthedocs.io/en/latest/blackbox/permutation_importance.html
注20 「Permutation Importance」https://www.kaggle.com/dansbecker/permutation-importance
注21 「Beware Default Random Forest Importances」https://explained.ai/rf-importance/index.html
注22 Altmann, André, et al. "Permutation importance: a corrected feature importance measure." Bioinformatics 26.10 (2010): 1340-1347.

なお、Kaggleの「Home Credit Default Risk」の1位のチームのメンバーのolivier氏によるKernel[注23]が公開されています。

boruta

permutation importanceやnull importanceとまた違う方法でシャッフルして特徴選択を行う方法です。それぞれの特徴量をシャッフルしたデータを作成し、これをshadow featureと呼びます。shadow featureを元のデータの列方向に加えて、ランダムフォレストで学習を行い特徴量の重要度を計算します。このとき、それぞれの特徴量の重要度がshadow featureのうち最も高い重要度よりも高いかどうかを判定して記録します。これを繰り返し、shadow featureより重要と言えない特徴量は除外し、除外を行ったあとの特徴量によって再び学習を行い、十分に重要度の高い特徴量のみを残していきます。

BorutaPyというライブラリが公開されています[注24、注25]。また、KaggleのKernel[注26]でも使い方が説明されています。

特徴量を大量生成してからの特徴選択

分析コンペへのアプローチとして、特徴量を考察および機械的な作成を組み合わせて数千から数万個作り、そのあとに特徴選択する手法があります。

> **AUTHOR'S OPINION**
>
> GBDTでは単なるノイズとなる特徴量があっても精度が落ちづらいため、ノイズとなる特徴量を完全ではなくても十分に落とすことができれば、有効な特徴量を見付けたときのプラスの方が大きいという考え方が、こういった手法の背景にあるのではないかと推測します。(T)

注23 「Feature Selection with Null Importances」https://www.kaggle.com/ogrellier/feature-selection-with-null-importances
注24 https://github.com/scikit-learn-contrib/boruta_py
注25 「BorutaPy – an all relevant feature selection method」http://danielhomola.com/2015/05/08/borutapy-an-all-relevant-feature-selection-method/
注26 「Boruta feature elimination」https://www.kaggle.com/tilii7/boruta-feature-elimination

Kaggleの「Home Credit Default Risk」の2位のチームの一部では、以下の手法により大量の特徴量を作成してから特徴選択が行われていました。

1. 基本的な特徴量を入れた上で、大量作成した特徴量の一部を抽出して加え、学習データを作成する
2. lightgbmで学習させ、一定以上の重要度の特徴量を採用する
3. 特徴量の一部を復元抽出し、1-2を何度も行う

xgbfir

xgboostのモデルから決定木の分岐の情報を抽出し、特徴量の重要度を出力するライブラリです[注27]。2変数や3変数の相互作用も含めた特徴量の重要度や、各特徴量で分岐の基準となった値のヒストグラムも出力されます。これを基に相互作用や特徴量の性質について考察できます。

いくつか特徴量の重要度がありますが、Gainを基本として見ると良いでしょう。

> **INFORMATION**
>
> xgbfirでの重要度の定義は以下のようになっています。
>
> - Gain：ゲイン、total_gainに同じ
> - FScore：頻度、weightに同じ
> - wFScore：カバー（total_cover）に近いが、決定木ごとにデータ全体のカバーで除算している
> - Average wFScore：wFScoreをFScoreで除したもの
> - Average Gain：GainをFScoreで除したもの
> - Expected Gain：Gainにそれぞれの分岐に行く確率を乗じたもの（すでにGainは対象となっているデータで計算されているため、これを計算する意味はあまりないように思える）

6.2.3 反復して探索する方法

特徴量の組を変えてモデルを学習させることを繰り返し、その精度などを用いて探索していく方法があります。選択の基準となるモデルと評価指標を定める必要があります

注27 https://github.com/limexp/xgbfir

が、通常はそのコンペで主に使用しているモデルと評価指標を使えば良いでしょう。

Greedy Forward Selection

Greedy Forward Selectionと呼ばれる方法があり、以下のように行います。

1. 使用する特徴量の集合を空から始める（この集合をMとする）
2. 候補となる特徴量それぞれについて、Mに加えた場合のスコアを計算する
3. 最もスコアを改善させた特徴量をMに加える
4. 3で採用された特徴量を候補から除外し、2-3をスコアの改善が止まるまで続ける

この方法の問題点は計算量が大きいことで、計算量は候補の特徴量の数の2乗に比例してしまいます。もう少し計算量を落としたい場合、以下のように簡単にした手法が考えられます。この方法では、計算量は候補の特徴量の数に比例します。

1. 使用する特徴量の集合を空から始める（この集合をMとする）
2. 候補となる特徴量を有望な順番もしくはランダムな順番に並べる
3. 次の特徴量を加えることでスコアが良くなればMに加える、そうでなければ加えない
4. 3をすべての候補について繰り返す

Greedy Forward Selectionの例は、以下のようになります。

(ch06/ch06-06-wrapper.pyの抜粋)

```
best_score = 9999.0
selected = set([])

print('start greedy forward selection')

while True:

    if len(selected) == len(train_x.columns):
        # すべての特徴が選ばれて終了
        break

    scores = []
    for feature in train_x.columns:
        if feature not in selected:
            # 特徴量のリストに対して精度を評価するevaluate関数があるものとする
```

```
            fs = list(selected) + [feature]
            score = evaluate(fs)
            scores.append((feature, score))

    # スコアは低い方が良いとする
    b_feature, b_score = sorted(scores, key=lambda tpl: tpl[1])[0]
    if b_score < best_score:
        selected.add(b_feature)
        best_score = b_score
        print(f'selected:{b_feature}')
        print(f'score:{b_score}')
    else:
        # どの特徴を追加してもスコアが上がらないので終了
        break

print(f'selected features: {selected}')
```

Greedy Forward Selectionを簡単にした手法の例は、以下のようになります。

(ch06/ch06-06-wrapper.pyの抜粋)

```
best_score = 9999.0
candidates = np.random.RandomState(71).permutation(train_x.columns)
selected = set([])

print('start simple selection')
for feature in candidates:
    # 特徴量のリストに対して精度を評価するevaluate関数があるものとする
    fs = list(selected) + [feature]
    score = evaluate(fs)

    # スコアは低い方が良いとする
    if score < best_score:
        selected.add(feature)
        best_score = score
        print(f'selected:{feature}')
        print(f'score:{score}')

print(f'selected features: {selected}')
```

6.3 クラスの分布が偏っている場合

二値分類において負例ばかりで正例がほとんどないなど、分類タスクのクラスの分布が偏っている場合があります。そのようなケースで使えるテクニックを紹介します。

アンダーサンプリング

負例の方が多い場合に、負例の一部のみを使用してモデルを学習させる方法です。また、異なる負例を取り出して学習させた複数のモデルを平均する手法（バギング）も有効です。

- 分析コンペではデータ数が多く学習に時間がかかることが多いので、効率の面でのメリットが大きい
- モデルの学習ではアンダーサンプリングさせる場合でも、特徴量を作るときには負例のすべてのデータを利用する方が望ましい
- すべてのデータで学習した場合とバリデーションでの精度を比較し、精度が下がらないことを確認した方が良い

Kaggleの「TalkingData AdTracking Fraud Detection Challenge」では、学習データが1億件以上と非常に多く、また正例の比率は0.2%以下という分布が偏ったデータでした。1位のソリューションでは、アンダーサンプリングを行ってほとんどの負例を捨てることにより、効率的にモデリングを行っています[注28]。アンダーサンプリングを使用してもそれほど精度は落ちず、複数回抽出を行い、異なるサンプルから作成したモデルの予測値を平均することで十分な精度が出たとのことです。なお、特徴量作成においては、アンダーサンプリングを行わずにすべてのデータを用いています。

特に工夫をしない

特に工夫をせずに分類タスクのモデリングを行うというのも1つの方法で、これで十分な精度が出ることもあります。偏りのあるデータであっても、GBDTなどのモデル

注28 「talkingdata-adtracking-fraud-detection」https://github.com/flowlight0/talkingdata-adtracking-fraud-detection

から出力される予測確率はそれなりに妥当です。正例か負例を判定する閾値の設定次第ではすべてが正例や負例となってしまう可能性があるため、評価指標や目的に応じて閾値を調整すると良いでしょう。

重み付け

モデルによってはレコードごとにウェイト[注29]を設定できるので、そこに正例と負例のウェイト合計が等しくなるように正例に高いウェイトを指定する方法です。xgboostであれば、DMatrixというxgboostのデータ構造に変換する際にウェイトを設定できます。また、パラメータscale_pos_weightを使う方法もあります。kerasであれば、学習を行うfitメソッドの引数としてウェイトを設定できます。

オーバーサンプリング

負例の方が多い場合に、正例を増やしてモデルを学習させる方法です。単純に正例を複数回抽出して増やす方法の他に、SMOTE（Synthetic Minority Oversampling Technique）などの人工的に正例を生成する方法があります。

確率を予測する必要がある場合の注意点

評価指標がAUCなど予測値の大小関係にのみ依存する場合は問題ないのですが、loglossなど適切な確率を予測する必要がある場合は注意が必要です。正例と負例の比率を変えた場合には、確率の補正を行う必要があります。そうでない場合でも、学習モデルが上手く低確率・高確率の部分を予測できていない場合などには、確率の補正が有効です（「2.5.4 確率の予測値とその調整」を参照してください）。

[注29] ここでのウェイトはレコードの影響の強さを表します。ウェイトを2と設定したレコードは、学習においてそのレコードが2件あるかのように扱われます。

> **AUTHOR'S OPINION**
>
> 分析コンペにおいては、アンダーサンプリングもしくは特に工夫をしない手法が主に使われているようにみえます。逆に、オーバーサンプリングはあまり使われないようです。不均衡データのハンドリングを行うimbalanced-learnというライブラリがあり、SMOTEなどが利用できるのですが、Kaggleではあまり人気がないかもしれません。(T)

● COLUMN

ベイズ最適化およびTPEのアルゴリズム

ここでは、ベイズ最適化（Bayesian Optimization）の理論とアルゴリズムについて解説します[30]。

a. ベイズ最適化の理論

ベイズ最適化は、それまでに計算したパラメータでの結果に基づいて、次に探索すべきパラメータをベイズ確率の枠組みを用いて選択する方法です。SMBO（Sequential Model-based Global Optimization）と呼ばれるより広い最適化に含まれる枠組みと考えることができます。

a.1 SMBO：Sequential Model-based Global Optimization

SMBOは目的関数の評価にとても時間がかかる最適化問題において、効率の良い最適化を行うための枠組みです。計算コストが少なく、目的関数を近似できる近似モデル（Model）と、次にどこを探索すべきかを評価する関数（Surrogate function）を用いて質の良い探索点を定め、元の目的関数の評価を繰り返すことで最適化を行います。大まかに以下のような手順で処理を行います。

a. 初期設定として初期モデルModelを用意する
b. Modelを使いSurrogate functionを最大化する探索点を求める
c. 求めた探索点で元の目的関数を評価する
d. 探索点と目的関数の値を探索履歴に追加する
e. これまでの探索履歴を使いModelをフィッティングし、bに戻る

---

[30] Bergstra, James S., et al. "Algorithms for hyper-parameter optimization." Advances in neural information processing systems. 2011.

Modelはあるパラメータに対するスコアの近似値以外に、それに付帯する情報を返すことも想定します。例えば、あるパラメータ近傍における勾配の近似値や、あるパラメータにおいてあるスコアが実現する確率などが考えられます。Surrogate functionは、スコアの近似値とこういった付帯情報を活用して次に探索すべきパラメータを求める関数を想定します。

a.2 ベイズ最適化

ベイズ最適化はSMBOの一種とみなすことができます。Modelとしてはベイズ確率の考え方における事後確率分布を用います。直前のn回の探索で得たパラメータとそのスコアの集合$D_n = \{(x_i, y_i), i = 1, \ldots, n\}$を用いてスコアの条件付き事後確率分布$P(y|x, D_n)$を求めてModelとして用います。

$P(y|x, D_n)$は、何らかの確率モデルを仮定し、D_nのデータを用いて確率モデルのパラメータをフィッティングさせることで求めます。確率モデルとしてはGaussian Processを仮定する方法、TPE（Tree-structured Parzen Estimator）を仮定する方法が提案されています。hyperoptやoptunaといったライブラリではTPEを用いています。

Surrogate functionには事後確率から計算される統計量を用います。Expected Improvementのほか、Probability of Improvement and Expected Improvementやminimizing the Conditional Entropy of the Minimizerなどが知られていますが、直感的なわかりやすさや幅広い条件で上手く行く指標であることからExpected Improvementが主流となっているようです（TPEの原論文にそのような言及があります）。

a.3 Expected Improvement

Expected Improvementは、あるパラメータでモデルのスコアを計算したときのスコアの改善量の期待値を、それまでの探索履歴から推定した値です。

直前のn回の探索で得られたパラメータとそのスコアの集合$D_n = \{(x_i, y_i), i = 1, \ldots, n\}$から求めたスコアの条件付き事後確率分布$P(y|x, D_n)$を用いて、Expected Improvementは以下のように計算できます。

$$EI_{D_n}(x) = \int_{-\infty}^{\infty} max(y^* - y, 0) P(y|x, D_n) dy$$

ここで、y^*は適当に定めたしきい値で、D_nの中でのスコア上位γ%点などの値を用います。

なお、スコアyは小さい値ほど良い評価指標を前提としており、$max(y^* - y, 0)$がスコアの改善量で、Expected Improvementは大きい方が良い指標となります。

a.4 Tree-Structured Parzen Estimator(TPE)

TPEは、Expected Improvementの計算に必要となる$P(y|x, D_n)$を求める一手法です。

TPEでは直接$P(y|x, D_n)$をモデル化する代わりに、ベイズの定理を使い

$$P(y|x, D_n) = \frac{P(x|y, D_n)P(y|D_n)}{P(x|D_n)}$$

として考えます。

$P(x|y, D_n)$の定義

$P(x|y, D_n)$を以下のように定義します。

$$P(x|y, D_n) = \begin{cases} l(x|D_n) & \text{if } y < y^* \\ g(x|D_n) & \text{if } y \geq y^* \end{cases}$$

ここで、$l(x|D_n)$はスコアがy^*未満のパラメータ（＝スコアが良いパラメータ）から推定した分布、$g(x|D_n)$はスコアy^*以上のパラメータ（＝スコアが悪いパラメータ）から推定した分布です。y^*はD_nの$\{y_i, i=1,\ldots,n\}$のγ分位点とします。すなわち、$P(y < y^*|D_n) = \gamma$となります。

$l(x|D_n)$、$g(x|D_n)$はParzen Estimatorを用いて推定します。Parzen Estimatorはカーネル密度推定法とも呼ばれる一般的な手法です。これについてはこのあとの項で説明します。

Expected Improvementを最大にするパラメータ

また、$P(x|D_n)$は$P(x, y|D_n) = P(x|y, D_n)P(y|D_n)$を$y$について周辺化することで求められ、以下のようになります。

$$\begin{aligned}P(x|D_n) &= \int_{-\infty}^{\infty} P(x|y, D_n)P(y|D_n)dy \\ &= \gamma l(x|D_n) + (1-\gamma)g(x|D_n)\end{aligned}$$

まとめると、TPEでは$P(y|x, D_n)$を以下の確率モデルで表現していることになります。

$$P(y|x, D_n) = \begin{cases} \dfrac{l(x|D_n) \cdot P(y|D_n)}{\gamma l(x|D_n) + (1-\gamma)g(x|D_n)} & \text{if } y < y^* \\ \dfrac{g(x|D_n) \cdot P(y|D_n)}{\gamma l(x|D_n) + (1-\gamma)g(x|D_n)} & \text{if } y \geq y^* \end{cases}$$

そして、TPEを用いた場合のExpected Improvementの式を書き下しておきます[注31]。

注31 導出は次の資料を参照してください。「Hyperoptとその周辺について」https://www.slideshare.net/hskksk/hyperopt

$$EI_{D_n}(x) = \left(\gamma + \frac{g(x|D_n)}{l(x|D_n)}(1-\gamma)\right)^{-1}\left\{\gamma y^* - \int_{-\infty}^{y^*} yP(y|D_n)dy\right\}$$

この式から、Expected Improvementを最大にするのは$g(x|D_n)/l(x|D_n)$を最小にするxであることが分かります。これは感覚的にはスコアの良い点の分布$l(x|D_n)$において密度が高く、スコアの悪い点の分布$g(x|D_n)$において密度が低い位置と解釈できます。

a.5 Parzen Estimator(カーネル密度推定法)

Parzen Estimator（カーネル密度推定法）は、ある未知の母集団からのサンプリングとみなせるデータ点の集合から、母集団の確率密度分布を推定する方法の一種です（図6.3）。データ点の集合を$\{x_i, i = 1, \ldots, n\}$としたとき、各データ点の周りにある関数で定められる密度を付与し、その重ね合わせによって全体の分布を表現します。

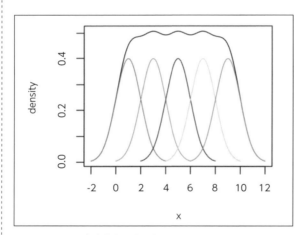

図6.3 カーネル密度分布の重ね合わせ

数式で表すと以下のようになります。

$$P(x) = \frac{1}{nh}\sum_{i=1}^{n} K\left(\frac{x - x_i}{h}\right)$$

hはバンド幅と呼ばれ、データ点の周りに密度を付与する幅を制御します。これによって得られる分布がどの程度滑らかになるかが決まります。データ点の周りの密度を定める関数Kをカーネルと呼びます。カーネルとしては標準ガウス関数が用いられることが多いです。

$$K(x) = \frac{1}{\sqrt{2\pi}} e^{-x^2/2}$$

b. TPEを用いたベイズ最適化のアルゴリズム詳解

本項では、TPEを用いたベイズ最適化のアルゴリズムについて、疑似Pythonコードを用いて詳細に見ていきます。

パラメータの探索空間spaceが以下のhyperoptを用いたコードで定義されているとします。サポートベクターマシンのカーネルの種類（線形カーネル、RBFカーネル）とカーネルのパラメータのチューニングを行う例です。

（パラメータの探索空間の疑似Pythonコード）

```
from hyperopt import hp
space = {'_kernel': hp.choice('_kernel',
            [{'kernel': 'linear'},
             {'kernel': 'rbf', 'gamma': hp.uniform('gamma', 1e-3, 1e3)}]),
         'C': hp.uniform('C', 1e-3, 1e3)
        }
```

なお、hyperoptのように事前にハイパーパラメータ空間を定義するDefine-And-Runスタイルを前提にした説明です。ですが、optunaのような目的関数の計算時にパラメータ空間が決まるDefine-By-Runスタイルでも、アルゴリズムの挙動はほぼ同様と考えて問題ありません。

b.1 アルゴリズム

まず、TPEを用いたベイズ最適化のアルゴリズムについてまとめておきます。

a. 初期探索

1. 事前分布からパラメータをサンプリングする
2. サンプリングしたパラメータを用いてスコアを評価する
3. パラメータとスコアの組を探索履歴に追加する
4. 初期探索を指定した回数行っていればbに進む、そうでなければa.1に戻る

b. 本探索

1. 探索履歴からカーネル密度推定法によりスコアの良い点の分布 $l(x|D_n)$、スコアの悪い点の分布 $g(x|D_n)$ を求める
2. $g(x|D_n)/l(x|D_n)$ が最小となるパラメータ（=Expected Improvementを最大化するパラメータ）を求める

3. 2.で求めたパラメータでスコアを評価する
4. パラメータとスコアの組を探索履歴に追加する
5. 本探索を指定した回数行っていれば終了し、探索履歴の中で最も良いスコアのパラメータを返す。そうでなければb.1に戻る

b.2 全体の流れ

アルゴリズム全体の流れをコードで示すと、以下のようになります。

(TPEアルゴリズム全体の疑似Pythonコード)

```python
def tpe_optimize(objective, max_evals, n_init):
    # objective: Callable[[dict], float]
    # (objectiveはパラメータを引数にとりスコアを返す関数)
    # max_evals: int
    # n_init: int

    history = []
    for i in range(max_evals):
        if i < n_init:
            # 最初のn_init回は初期探索フェーズ
            suggestion = sampling_from_prior()
        else:
            # n_init+1回以降は本探索
            suggestion = next_suggestion(history)

        # モデルのスコアの評価
        loss = objective(suggestion)
        # 探索履歴に追加
        history.append((loss, suggestion))

    # lossが最小のものを取得
    best = min(history, key=lambda x: x[0])

    # 最も良いパラメータを返す
    return best[1]
```

初期探索、つまりsampling_from_prior関数と本探索、つまりnext_suggestion関数について以下で見ていきます。

b.3 初期探索

十分な探索履歴が得られていないはじめのn_{init}回の探索では、パラメータ空間の事前分布からサンプリングした点が探索点として提案されます。上述のパラメータ空間からサンプリングする場合、以下のコードのようになります。

(初期探索の疑似Pythonコード)

```python
def sampling_from_prior():
    parameter = {}
    # カーネルの種類をサンプリング
    kernel = np.random.choice(['linear', 'rbf'])
    parameter['kernel'] = kernel
    if kernel == 'linear':
        # 線形カーネルならほかにパラメータはない
        pass
    else:  # kernel == 'rbf':
        # RBFカーネルならほかにgammaパラメータがある
        parameter['gamma'] = np.random.uniform(1e-3, 1e3)
    # Cをサンプリング
    parameter['C'] = np.random.uniform(1e-3, 1e3)

    # パラメータを返す
    return parameter
```

つまり、パラメータ空間を表す木構造を順にたどりながら、それぞれのパラメータのとる範囲を定義しているhp.choiceやhp.uniformに当たればサンプリングを行います。

b.4 本探索

本探索では、Expected Improvementが最大となるようなパラメータを次の探索点とします。以下のようなコードで表されるアルゴリズムで探索点が決まります。

(本探索の疑似Pythonコード)

```python
def next_suggestion(history):
    # history: List[Tuple[float,dict]]

    parameter = {}
    # カーネルの種類をExpected Improvement最大化で求める
    kernel = argmax_expected_improvement('kernel', history)
    parameter['kernel'] = kernel
    if kernel == 'linear':
        # 線形カーネルならほかにパラメータはない
        pass
    else:  # kernel == 'rbf'
        # RBFカーネルならほかにgammaパラメータがある
        # gammaをExpected Improvement最大化で求める
        gamma = argmax_expected_improvement('gamma', history)
        parameter['gamma'] = gamma
    # CをExpected Improvement最大化で求める
    parameter['C'] = argmax_expected_improvement('C', history)
```

```
# パラメータを返す
return parameter
```

つまり、パラメータ空間を表す木構造を順にたどりながら、hp.choiceやhp.uniformに当たればそのパラメータにおいてExpected Improvementが最大となる点を見付け、それを次の探索点とします。

このコードから分かるように、探索点の決定においてパラメータ空間の木構造に基づく依存性は考慮されますが、木構造において依存性を定義していないパラメータ同士は探索が独立に行われることに注意してください。例えばカーネルの種類kernelと次元Cのパラメータは木構造上では兄弟の関係にあり、kernelの探索とCの探索は独立に行われます。

b.5 Parzen Estimatorによる密度推定

ここで、TPEにおいてExpected Improvementが最大となるようなパラメータを見付けるためには、スコアの良い点の分布$l(x|D_n)$、スコアの悪い点の分布$g(x|D_n)$が必要となります。$l(x|D_n)$、$g(x|D_n)$を推定する処理を解説します。

過去の探索履歴のうち、スコアが良かった上位γ%のパラメータの集合をparams_below、下位$(100-\gamma)$%のパラメータの集合をparams_aboveとします（図6.4）。

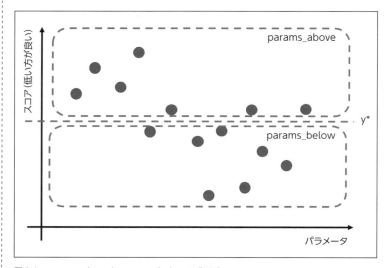

図6.4　param_aboveとparams_belowの求め方

params_belowに対してParzen Estimatorを適用します。これによりスコアが良かった点の確率密度分布$l(x)$を求めます。同様にparams_aboveからはスコアが悪かった点の確率密度分布$g(x)$が求められます（図6.5）。

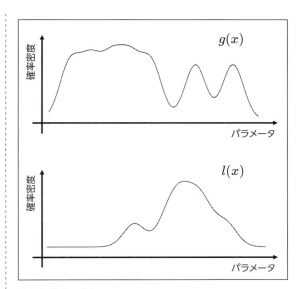

図6.5 $l(x)$と$g(x)$

($l(x)$と$g(x)$を推定する処理の疑似Pythonコード)

```python
import sklearn.neighbors as neighbors

def estimate_below_and_above_density(param_name, history):
    # param_name: str
    # history: List[Tuple[float,dict]]

    # 分位点のlossの値を取得
    gamma_quantile = 0.15  # 探索履歴の個数によって可変にすることもある
    loss_history = [loss for loss, _ in history]
    loss_split = np.quantile(loss_history, q=gamma_quantile)

    # lossの値に応じてパラメータを2つに分割
    params_below = np.array([params[param_name] for loss, params in history
                            if loss < loss_split]).reshape((-1, 1))
    params_above = np.array([params[param_name] for loss, params in history
                            if loss >= loss_split]).reshape((-1, 1))

    # それぞれの密度分布をParzen Estimatorで近似
    dist_below = neighbors.KernelDensity().fit(params_below)
    dist_above = neighbors.KernelDensity().fit(params_above)

    # 上位・下位の密度分布を返す
    return dist_below, dist_above
```

b.6 Expected Improvementを最大化するパラメータの探索

Expected Improvementを最大化する点の探索方法について解説します。

まず、スコアが良かった点の分布$l(x)$から一定の個数の値x_i^*をサンプリングします。TPEでは、$g(x)/l(x)$が最小となるパラメータがExpected Improvementを最大化するパラメータとなるため、x_i^*のそれぞれについて$g(x_i^*)/l(x_i^*)$を計算し、この値が最小となるx_i^*を次に探索すべき点として提案します（図6.6）。

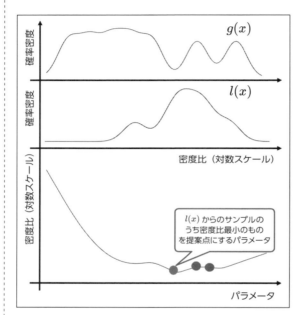

図6.6 密度比と次に探索すべき点

（Expected Improvementを最大化するパラメータを探索する疑似Pythonコード）

```python
def argmax_expected_improvement(param_name, history):
    # param_name: str
    # history: List[Tuple[float,dict]]

    # スコアが良かったパラメータと悪かったパラメータの分布を推定
    dist_below, dist_above = estimate_below_and_above_density(param_name, history)

    # dist_belowからn_sample個だけサンプリング
    n_sample = 25
    candidates = dist_below.sample(n_sample)

    # log(g(x)) - log(l(x))を計算
    log_density_ratio = (dist_above.score_samples(candidates)
```

```
                            - dist_below.score_samples(candidates))

# log(g(x)) - log(l(x)) が最小のサンプルの値を返す
best_index = np.argmin(log_density_ratio)
return candidates[best_index, 0]
```

c. TPEにおけるパラメータ探索の独立性とその対策

先にも記したとおり、探索点の決定において、パラメータ空間の木構造に基づく依存性は考慮されますが、木構造において依存性が定義されていないパラメータ同士は探索が独立に行われます。そのためパラメータ間に強い依存性がある場合には無駄な探索が発生してしまうことがあります。

前述のパラメータ空間の例で説明すると、線形カーネルの場合にはカーネルの次元Cは1付近でのスコアが良い一方、RBFカーネルの場合にはCは10付近でのスコアが良かったとします。Cの探索点の決定時にはカーネルとの依存性は無視（つまりカーネルの次元Cを周辺化）して探索するため、Cに対する$g(x)/l(x)$は1付近と10付近に2つの谷がある形となります。そのため、線形カーネルでCには10付近の値が提案されるようなことが起こってしまいます（図6.7）。

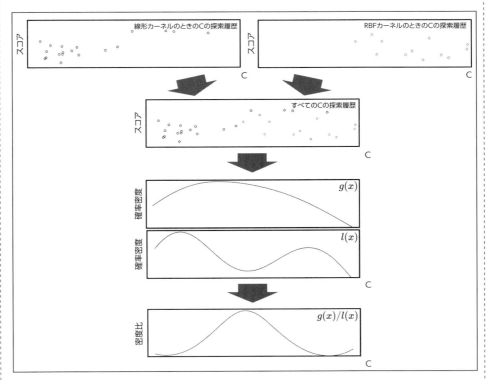

図6.7　ハイパーパラメータ間に依存性がある場合の$g(x)/l(x)$の様子

パラメータ間に依存性があることが明確に分かっている場合には、例えば以下のように、パラメータ空間の定義においてそれを考慮するようにすると良いでしょう。

(パラメータ間の依存性を定義した空間の疑似Pythonコード)

```python
space = {'_kernel': hp.choice('_kernel',
        [{'kernel': 'linear',
          'C_linear': hp.uniform('C_linear', 1e-3, 1e3)},
         {'kernel': 'rbf',
          'C_rbf': hp.uniform('C_rbf', 1e-3, 1e3),
          'gamma': hp.uniform('gamma', 1e-3, 1e3)}])
        }
```

第7章 アンサンブル

7.1 アンサンブルとは？
7.2 シンプルなアンサンブル手法
7.3 スタッキング
7.4 どんなモデルをアンサンブルすると良いか？
7.5 分析コンペにおけるアンサンブルの例

7.1 アンサンブルとは？

　複数のモデルを組み合わせてモデルを作ること、もしくは予測を行うことをアンサンブルと言います。分析コンペでは、最終提出は複数のモデルのアンサンブルによる予測値とすることがほとんどです。入賞ソリューションの中には、数百個のモデルを組み合わせたものもあります。

　実務では少しの精度のためにモデルを複数作ることは許容されないかもしれませんが、コンペでは単一のモデルでの精度向上だけでなく、アンサンブルすることでさらなる高い精度を目指すことになります。また、アンサンブルはチームを組むときにそれぞれの成果を混ぜ合わせる手法としても効果的です。

　次節以降では、平均をとるような比較的シンプルなアンサンブルの手法と、スタッキングと呼ばれる効率的にモデルを混ぜ合わせることができる手法を紹介します。

7.2 シンプルなアンサンブル手法

7.2.1 平均、加重平均

　回帰タスクの場合には、単に複数のモデルの予測値の平均をとってしまうのが最初に考えられるアプローチでしょう。これだけでも十分に効果がある場合があります。

　タスクやモデルによっては、ハイパーパラメータや特徴量が同じモデルで学習時の乱数シードを変えて平均をとるだけでも精度が上がることがあります。特にニューラルネットは学習ごとの精度がぶれやすいので効果が出やすいです。

　次に、複数作成したモデルの精度にばらつきがある場合、精度の高いモデルには大きめの重みをかけた加重平均をしたくなると思います。加重平均をとる場合、どうやって重みを決めるのかが問題になってきますが、以下のアプローチが考えられます。

- モデルの精度を見ながら適当に決める
  バリデーションのスコアやPublic Leaderboardを見ながら、精度の高いモデルには他のモデルの3倍の重みをかける、などと適当に決める方法があります。

- スコアが最も高くなるように最適化する
  スコアが最も高くなるように重みを最適化する処理を行う方法があります。最適化にはscipy.optimizeモジュールなどが利用できます。

　「2.5.3 閾値の最適化をout-of-foldで行うべきか？」でも説明しましたが、学習データ全体の予測値を使い、学習データ全体のスコアが最適になるように調整した場合、目的変数を知っている状態での調整となるためわずかに過大評価となってしまう点に注意が必要です。これを避けるにはクロスバリデーションをしてout-of-foldで求める方法があり、後述するスタッキングで2層目に線形モデルを用いるのと似た手法です。

7.2.2 多数決、重みづけ多数決

　分類タスクの場合には、予測値のクラスの多数決をとるのが最もシンプルです。こちらも、モデルごとに重みを付けて多数決をとる方法があります。

　ただ、分類タスクでは、通常は予測確率をもとに予測値のクラスを決めているはずなので、予測値のクラスよりも情報の多い予測確率を使うことができます。予測確率の平均や重みづけ平均をとり、そのあと分類する方法があります。

7.2.3 注意点とその他のテクニック

評価指標の最適化

　「2.5 評価指標の最適化」で説明していますが、評価指標によっては、モデルの予測値をそのまま提出するのではなく、評価指標に合わせるために最適化することが必要なケースがあります。アンサンブルの前に個別のモデルの予測値に対して最適化をするかどうかは状況によりますが、いずれにしてもアンサンブルのあとに最適化をする必要があることが多いでしょう。

不思議な調整

　過去のコンペのソリューションを見ると、最後によく分からない比率でモデルを組み合わせるなどの調整が入っていることがあります。これはあまり理由がないことも多いようですが、試行錯誤する中でバリデーションやPublic Leaderboardのスコアを考慮すると、わずかにテストデータにフィットしているモデルになっているとの判断がなされたと思われます。

順位の平均をとる

　AUCなど、予測値の大小関係のみが影響する評価指標の場合を考えます。このとき、確率の平均値でなく、確率を順位に変換して順位の平均値をとることで、モデルが予測する確率が歪んでいる場合でもその影響を除いてアンサンブルを行うことができます。

幾何平均や調和平均などの利用

以下のように、算術平均ではない平均を利用する方法があります。

- 幾何平均：n個の値があるとき、それらを掛け合わせて1/n乗する
- 調和平均：逆数の算術平均の逆数をとる
- n乗しての平均：n乗して平均をとり、1/n乗する

平均のとり方によって、図7.1のように出力値が異なります。例えば、算術平均と比べて幾何平均は値がともに高確率な場合のみ高確率として出力する傾向があります。このような傾向の違いにより、わずかに精度が良くなることがあります。

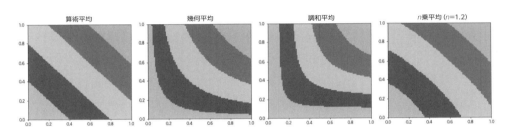

図7.1 さまざまな平均の出力値
（x軸、y軸はそれぞれ異なるモデルの予測確率で、等高線は各方法での平均が0.2、0.4、0.6、0.8となる点です）

過学習気味のモデルのアンサンブル

アンサンブルを行う前提であれば、複雑でやや過学習気味のモデルを選ぶ方が良いという意見があります[注1]。少し正確性を欠きますが、簡単に説明します。

- 一般にモデルが複雑であるほど、そのモデルでの平均的な予測値と真の値との乖離（バイアス）は小さくなる一方で、予測値の不安定性（バリアンス）は大きくなります。逆にモデルが単純であるほど、バイアスは大きく、バリアンスが小さくなります[注2]。
- アンサンブルは複数の予測値を組み合わせることでバリアンスを低減する効果がある[注3]ため、多少複雑なモデルにしておいてバイアスを抑えることを重視するという考え方です。もちろん、過学習させ過ぎて元の予測値の精度を大きく下げてしまっては元も子もありませんが、上記の考えを活かすことでより効果的なアンサンブルができる場面はあるでしょう。

注1 「Santander Product Recommendation のアプローチと XGBoost の小ネタ」https://speakerdeck.com/rsakata/santander-product-recommendationfalseapurotitoxgboostfalsexiao-neta
注2 「バイアス - バリアンス（朱鷺の杜 Wiki）」http://ibisforest.org/index.php? バイアス - バリアンス
注3 「アンサンブル学習（朱鷺の杜 Wiki）」http://ibisforest.org/index.php? アンサンブル学習

7.3 スタッキング

7.3.1 スタッキングの概要

スタッキングは、効率的かつ効果的に2つ以上のモデルを組み合わせて予測する方法です。スタッキングは以下の1〜5の手順で行います。

1. 学習データをクロスバリデーションのfoldに分ける（foldを1から4とする）
2. モデルをout-of-foldで学習させ、バリデーションデータへの予測値を作成する（図7.2上）
   つまり、fold2、fold3、fold4で学習したモデルでfold1の予測値を作成します。これをfold分繰り返したあとに予測値を元の順番に並べ直します。こうすることで学習データに「そのモデルでの予測値」という特徴量が作成されます。
3. 各foldで学習したモデルでテストデータを予測し、平均などをとったものをテストデータの特徴量とする（図7.2下）
4. 2〜3をスタッキングしたいモデルの数だけ繰り返す（図7.3）
   これらのモデルを1層目のモデルと呼びます。
5. 2〜4で作成した特徴量を使ってモデルの学習と予測を行う（図7.4）
   このモデルを2層目のモデルと言います。

スタッキングでは、元の学習データで学習したモデルを1層目のモデルと言い、「1層目のモデルでの予測値」という特徴量を用いて学習したモデルを2層目のモデルと言います。シンプルなスタッキングでは、2層目のモデルで出力した予測値を最終的な予測値とします。「7.3.4 スタッキングのポイント」で後述しますが、2層目のモデルでの予測値を用いて学習する3層目のモデル、3層目のモデルでの予測値を用いて学習する4層目のモデルと層を重ねていくこともできます。

また、スタッキングを行うときのクロスバリデーションのfoldは、各モデルで揃えるのが一般的です。ただし、必ずしも揃える必要がないという意見もあります[注4]。

注4 「3 place solution（Avito Demand Prediction Challenge）」https://www.kaggle.com/c/avito-demand-prediction/discussion/59885#349713

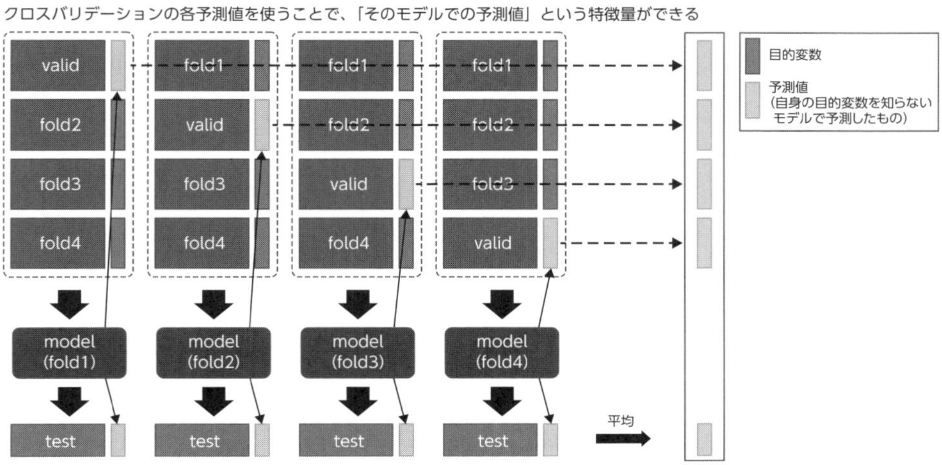

7.3 スタッキング

クロスバリデーションの各予測値を使うことで、「そのモデルでの予測値」という特徴量ができる

図7.2 スタッキング out-of-foldでのモデルの予測値

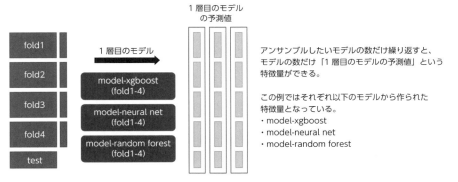

図7.3 スタッキング 1層目のモデルでの特徴量作成

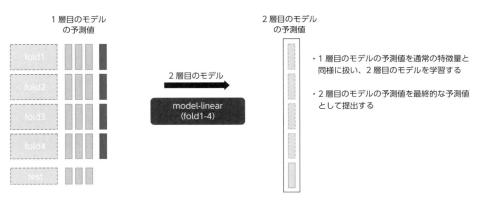

図7.4 スタッキング 2層目のモデルでの予測

361

このように作成した特徴量は、予測対象であるレコードの目的変数を知らない状況で学習したモデルによる予測値になっていることがポイントです。対してダメなパターンとして以下の方法があります。

1. 学習データをクロスバリデーションのfoldに分けず、前述のfold1からfold4まですべてを学習データとして使ったモデルで、学習データをそのまま予測する
2. 1のモデルでテストデータを予測する
3. 1〜2をスタッキングしたいモデルの数だけ繰り返す
4. 2層目のモデルでは、1〜2で作成した予測値を特徴量として使ってモデルの学習と予測を行う

この方法では、学習データについては「目的変数を知っている」予測値になってしまい、テストデータについては「目的変数を知らない」予測値となっているので、学習データとテストデータで意味が違う特徴量となってしまっています。そのため、2層目のモデルでテストデータを予測したときにその精度は悪くなります（図7.5）。

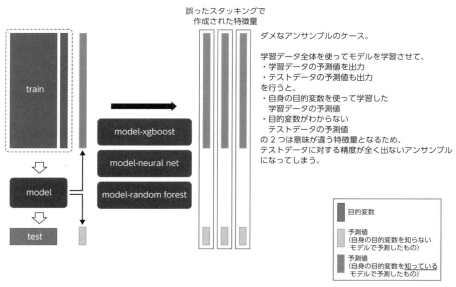

図7.5　スタッキングのダメな例

7.3.2 特徴量作成の方法としてのスタッキング

　スタッキングはアンサンブル手法ではあるのですが、特徴量を作成する手法としてとらえることもできます。スタッキングにより作成された値は「あるモデルの予測値」という特徴量と考えることができ、メタ特徴量と呼ばれることもあります。

　特徴量として考えると、その同質性がポイントになってきます。スタッキングにおいて注意しなくてはいけないのは、「あるモデルの予測値」という特徴量が学習データに対してもテストデータに対しても同じ意味の特徴量であることで、ここではこれを同質性と表現しています。先ほどのダメなケースの図では、学習データに対しては「目的変数を知っている」予測値で、テストデータに対しては「目的変数を知らない」予測値です。これを2層目のモデルでの学習・予測に使ってしまうとひどいことになりますが、この原因は学習データとテストデータで同じ列に入っている「あるモデルの予測値」という特徴量の意味が全然違ってくるためです。

　ここまではっきりとした誤りでなくとも、target encodingの適用に誤りがあった場合やパラメータチューニングをしすぎた場合など、一部のモデルによって作成された予測値が「目的変数を少し知っている」ことがあります。その場合、2層目のモデルの学習においてその特徴量は本来よりも高く評価され、予測における影響力を他のモデルで作成された特徴量から食い取ってしまいます。しかしながら、テストデータに対しては、それほど良くない予測値を過大評価しているので精度が出ないことになってしまいます。

　また、スタッキングを特徴量作成ととらえることで工夫の幅が広がります。通常は目的変数を予測するモデルを作るところ、欠損が多い変数の値を予測するモデルや、回帰問題を目的変数の値が0かそうでないかの二値分類問題ととらえ直したモデルを作り、それらの予測値を特徴量にすることもできます。他にも、2層目のモデルにスタッキングで作成した特徴量とともに元のデータの特徴量やt-SNEなどの教師なし学習による特徴量を与えることがありますが、そういった考え方も自然に出てきます。

7.3.3 スタッキングの実装

スタッキングの実装は以下のようになります。

(ch07/ch07-01-stacking.pyの抜粋)

```python
from sklearn.metrics import log_loss
from sklearn.model_selection import KFold

# models.pyにModel1Xgb, Model1NN, Model2Linearを定義しているものとする
# 各クラスは、fitで学習し、predictで予測値の確率を出力する

from models import Model1Xgb, Model1NN, Model2Linear


# 学習データに対する「目的変数を知らない」予測値と、テストデータに対する予測値を返す関数
def predict_cv(model, train_x, train_y, test_x):
    preds = []
    preds_test = []
    va_idxes = []

    kf = KFold(n_splits=4, shuffle=True, random_state=71)

    # クロスバリデーションで学習・予測を行い、予測値とインデックスを保存する
    for i, (tr_idx, va_idx) in enumerate(kf.split(train_x)):
        tr_x, va_x = train_x.iloc[tr_idx], train_x.iloc[va_idx]
        tr_y, va_y = train_y.iloc[tr_idx], train_y.iloc[va_idx]
        model.fit(tr_x, tr_y, va_x, va_y)
        pred = model.predict(va_x)
        preds.append(pred)
        pred_test = model.predict(test_x)
        preds_test.append(pred_test)
        va_idxes.append(va_idx)

    # バリデーションデータに対する予測値を連結し、その後元の順序に並べ直す
    va_idxes = np.concatenate(va_idxes)
    preds = np.concatenate(preds, axis=0)
    order = np.argsort(va_idxes)
    pred_train = preds[order]

    # テストデータに対する予測値の平均をとる
    preds_test = np.mean(preds_test, axis=0)
    return pred_train, preds_test


# 1層目のモデル
# pred_train_1a, pred_train_1bは、学習データのクロスバリデーションでの予測値
```

```
# pred_test_1a, pred_test_1bは、テストデータの予測値
model_1a = Model1Xgb()
pred_train_1a, pred_test_1a = predict_cv(model_1a, train_x, train_y, test_x)

model_1b = Model1NN()
pred_train_1b, pred_test_1b = predict_cv(model_1b, train_x_nn, train_y, test_x_nn)

# 1層目のモデルの評価
print(f'logloss: {log_loss(train_y, pred_train_1a, eps=1e-7):.4f}')
print(f'logloss: {log_loss(train_y, pred_train_1b, eps=1e-7):.4f}')

# 予測値を特徴量としてデータフレームを作成
train_x_2 = pd.DataFrame({'pred_1a': pred_train_1a, 'pred_1b': pred_train_1b})
test_x_2 = pd.DataFrame({'pred_1a': pred_test_1a, 'pred_1b': pred_test_1b})

# 2層目のモデル
# pred_train_2は、2層目のモデルの学習データのクロスバリデーションでの予測値
# pred_test_2は、2層目のモデルのテストデータの予測値
model_2 = Model2Linear()
pred_train_2, pred_test_2 = predict_cv(model_2, train_x_2, train_y, test_x_2)
print(f'logloss: {log_loss(train_y, pred_train_2, eps=1e-7):.4f}')
```

7.3.4 スタッキングのポイント

スタッキングが効く場合、効かない場合

　コンペの性質によって、スタッキングの効果に違いがあります。スタッキングは学習データの情報を使いつくそうとする性質があるため、学習データとテストデータが同じ分布で、データ量が多いコンペでは有効です。逆に、時系列データなど学習データとテストデータの分布が異なるコンペでは、スタッキングは学習データに適合しすぎるような印象があり、スタッキングでなくモデルの加重平均によるアンサンブルが用いられることが多いです。

　特徴量作成で差がつきにくい場合、細かい精度の差を追い求めていくコンペになり、相対的にスタッキングが有効なようです。

　評価指標でも違いがあり、accuracyよりもloglossの方が細かく予測値をチューニングすることによるスコアの向上があるため、スタッキングが有効なようです。特に多クラス分類で評価指標がmulti-class loglossの場合、GBDTとニューラルネットをスタッキングすると大きなスコアの向上がみられることがあります（Kaggleの「Otto Group Product Classification Challenge」「Walmart Recruiting: Trip Type

Classification」など)。

テストデータの特徴量の作成方法

スタッキングでテストデータの特徴量を作成するときには、テストデータに対する予測を行う必要があります。その予測の方法を上記の説明では図7.6のように各foldのモデルの平均をとる方法としましたが、図7.7のように学習データ全体に対して学習し直したモデルで予測する方法もあります。

「4.1.2 モデル作成の流れ」でも説明していますが、クロスバリデーションを行ったあとにテストデータをどう予測するかは、スタッキングに限らず論点になります。

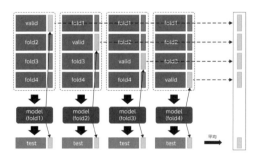 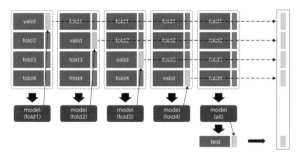

図7.6　スタッキング out-of-foldでのモデルの予測値（再掲）

図7.7　スタッキング out-of-foldでのモデルの予測値 - 学習データ全体に対して予測し直す

2層目のモデルに元の特徴量を加えるか？

2層目のモデルが学習するときに、1層目のモデルの予測値のみを特徴量にするか、1層目のモデルの元の特徴量も付加するかという選択肢があります（図7.8）。前者は学習時間が少なく、また過学習が起こりにくいです。後者は元の特徴量とモデルの予測値の関係性をとらえることができます。また、t-SNE、UMAPやクラスタリングなどの教師なし学習による特徴量を2層目のモデルの特徴量に与えることもあります。

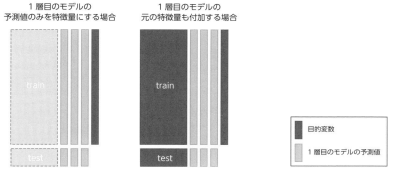

図7.8 2層目のモデルに元の特徴量を加えるか？

多層のスタッキング

　スタッキングでは、1層目のモデルの予測値という特徴量を作り、それを学習に用いて2層目のモデルを作ります。ここで、2層目のモデルの予測値という特徴量をさらに3層目のモデルの学習に用いることができます。このように、2層だけでなく、3層、4層とスタッキングさせていくことができます。徐々にスタッキングによる精度の上がり方は弱くなっていきますが、それでも多少の効果があることがあります。また、スタッキングの手法の選択肢がありどちらにするか迷った場合などには、2層目で両方試して、3層目で組み合わせるといったこともできます。

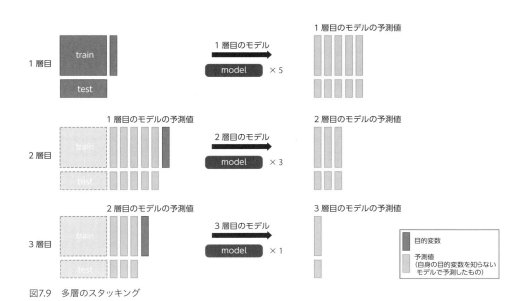

図7.9 多層のスタッキング

ハイパーパラメータ調整やアーリーストッピングでの注意点

　ハイパーパラメータを調整しすぎると、調整の結果としてバリデーションデータに過剰に適合した予測値ができてしまうことがあります。また、アーリーストッピングで作成したモデルでは、バリデーションデータに対して学習の進行が最適なところで止まっています。

　スタッキングでは特徴量として予測値を使いますが、これらの場合では、バリデーションデータに対して少しだけ「目的変数を知っている」予測値であるのに対し、テストデータに対してはそうではなく、同質でない可能性があります。「5.4.5 バリデーションデータやPublic Leaderboardへの過剰な適合」でも説明していますが、こういったことを考慮し、ハイパーパラメータ調整やアーリーストッピングでパラメータや決定木の本数を求めたあとに、foldの切り方を変えて学習・予測を行う方が良いという考え方があります。ただ、そこまで細かいところは気にしないという意見もあります。

最終的に出力すべき予測値ではなくても良い

　1層目のモデルによって出力する値は、何らかの形で予測に役に立つ値であれば良く、必ずしも最終的に出力すべき予測値である必要はありません。例えば、回帰問題においてある値以上／ある値以下の二値分類のモデルや、欠損が多い変数がある場合にその値を予測するモデルを作り、それらの予測値を2層目のモデルに与えることもできます。

モデルの予測値のさらなるメタ特徴量

　2層目のモデルに与える特徴量として、1層目のモデルの予測値を単に与えるだけではなく、1層目のあるモデルと別のモデルの予測値の差や、1層目の複数のモデルの予測値の平均や分散といった、さらなるメタ特徴量を作成することもできます。

分析への利用

　スタッキングを行う過程でモデルの予測値という特徴量が手に入ります。これを目的変数と組み合わせると、レコードごとにどの程度正しく予測できているかという情報が得られるため、その観点から分析が行えます。例えば、混同行列（分類タスクでの真の値のクラスと予測値のクラスの行列）を作ることや、あるカテゴリ変数の値な

ど何らかの条件で分けて精度を見て、予測が難しいレコードの条件を考察できます。

7.3.5 hold-outデータへの予測値を用いたアンサンブル

Kaggle Ensemble GuideでBlendingと呼ばれているテクニックについて紹介します[注5]。用語の使われ方には幅がありますが、KaggleのDiscussionなどではBlendingという用語は予測値の加重平均によるアンサンブルを指すことが多いため、ここでは「hold-outデータへの予測値を用いたアンサンブル」と呼ぶことにします。

モデルの予測値を次の層の特徴量として使う点は同じです。スタッキングではクロスバリデーションの分割ごとに学習させますが、この方法ではhold-outデータをまず分けてしまうのが異なる点です。2層目ではhold-outデータで学習し、テストデータの予測を行うことになります。

1. 学習データを、trainデータとhold-outデータに分ける
2. モデルをtrainデータで学習させ、hold-outデータ・テストデータの予測値を作成する（図7.10）
3. 2をアンサンブルしたいモデルの数だけ繰り返す
4. 2層目のモデルとして、2～3で作成した特徴量を使ってモデルの学習と予測を行う（図7.11）

注5 Hendrik Jacob van Veen, Le Nguyen The Dat, Armando Segnini. 2015. Kaggle Ensembling Guide. (accessed 2018 Feb 6) https://mlwave.com/kaggle-ensembling-guide/

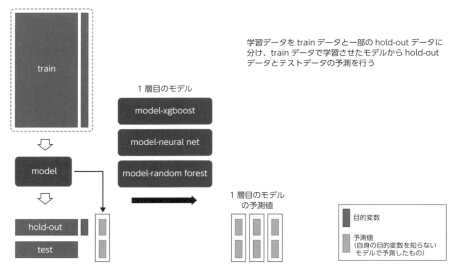

図7.10　hold-outデータへの予測値を用いたアンサンブル - 1層目のモデルでの特徴量作成

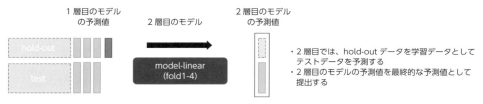

図7.11　hold-outデータへの予測値を用いたアンサンブル - 2層目のモデルでの予測

　この方法では、1層目のモデルをクロスバリデーションしないので計算時間が少ないことや、1層目のモデルの学習時にhold-outデータの目的変数をまったく見ないことからリークのリスクがやや小さいといったメリットがあります。しかし、使えるデータが少なくなるのは良いとは言えず、あまり使われることはありません。データ数が多くクロスバリデーションを行うための計算量が厳しいケースでは検討しても良いでしょう。

7.4 どんなモデルをアンサンブルすると良いか?

アンサンブルで高い効果を出すためには、多様性に富んだモデルを組み合わせるのが良いと言われています。

ほとんど同じ予測値を返すモデルであれば、アンサンブルをしてもそれほど変化はないでしょう。一方で、あるモデルは晴れの日の販売量を良く予測できていて、もう1つのモデルでは雨の日の販売量を良く予測できる場合、それらを上手く組み合わせればより良いモデルができそうです。他にも、線形的な関係を良くとらえるモデルと変数間の相互作用を良くとらえるモデルも組み合わせると良さそうです。このように、得意な部分が違うモデルを組み合わせることで精度が上がることが期待できます。

なお、低い精度であっても性質の異なるモデルであれば、アンサンブルによる精度の改善に寄与することがあります。アンサンブルにおいては、精度よりも多様性が重要で、単体で精度が低いモデルだからといって捨てない方が良いことがあります。

多様性に富んだモデルを作るには、以下のような方法があります。

7.4.1 多様なモデルを使う

例えばGBDTなどの決定木系モデル、ニューラルネット、線形モデル、k近傍法ではそれぞれ予測値の境界が異なるため、互いの弱いところを補完できるのではないかと考えられます。特に、単体で精度が高いモデルであるGBDTとニューラルネットでのアンサンブルをまず試してみると良いでしょう。

アンサンブルでは、以下のモデルがよく使われているようです。

- GBDT
- ニューラルネット
- 線形モデル
- k近傍法
- Extremely Randomized Trees(ERT) もしくはランダムフォレスト
- Regularized Greedy Forest(RGF)
- Field-aware Factorization Machines(FFM)

> **INFORMATION**
>
> Kaggle GrandmasterのKazAnovaによると、良いスタッキングのソリューションは以下のモデルを含んで構成されることがたびたびあるとのことです[注6]。
>
> - 2〜3つのGBDT（決定木の深さが浅いもの、中くらいのもの、深いもの）
> - 1〜2つのランダムフォレスト（決定木の深さが浅いもの、深いもの）
> - 1〜2つのニューラルネット（1つは層の数が多いもの、1つは少ないもの）
> - 1つの線形モデル

7.4.2 ハイパーパラメータを変える

モデルが同じでも、以下のようにハイパーパラメータを変えてみることで、モデルの多様性が増すでしょう。

- 交互作用の効き具合を変える（決定木の深さを変えるなど）
- 正則化の強さを変える
- モデルの表現力を変える（ニューラルネットの層やユニット数を変えるなど）

7.4.3 特徴量を変える

以下のように、使う特徴量やその組み合わせを変えることも有効でしょう。

- 特定の特徴量の組を使う／使わない
- 特徴量のスケーリングをする／しない
- 特徴選択を強く行う／あまり行わない
- 外れ値を除く／除かない
- データの前処理や変換の方法を変える

注6 「Stacking Made Easy: An Introduction to StackNet by Competitions Grandmaster Marios Michailidis (KazAnova)」http://blog.kaggle.com/2017/06/15/stacking-made-easy-an-introduction-to-stacknet-by-competitions-grandmaster-marios-michailidis-kazanova/

7.4.4 問題のとらえ方を変える

以下のように、問題のとらえ方を変えたり、問題を解くのに助けとなる何らかの値を予測するモデルを作成し、その予測値を特徴量とすることもできます。

- 回帰タスクで、ある値以上とある値以下との二値分類タスクのモデルを作る
- 0以上の値をとる販売額の回帰タスクで、販売されたかどうか（＝販売額が0か0以外か）の二値分類タスクのモデルを作る
- 多クラス分類において、一部のクラスのみを予測するモデルを作る。そのモデルでは、その一部のクラスに特化した手法を用いることができる
- 重要だが欠損が多い特徴量がある場合に、その特徴量を予測するモデルを作る
- あるモデルによる予測値の残差（＝目的変数－予測値）に対して予測するモデルを作る

7.4.5 スタッキングに含めるモデルの選択

スタッキングに含めるモデルをどう選択するかについては、以下で紹介する手法が考えられます。ただ、あまり確立した方法はないようです。

単純な手法としては、モデルを作るごとにスタッキングのモデルとして含め、それにより精度が良くなれば残し、そうでなければ対象外とすることを繰り返す方法が考えられます。自動化された手法としては、「6.2.3 反復して探索する方法」で説明したGreedy Forward Selectionやそれを簡便化した方法がありますが、計算量によっては適用が難しい場合があります。

相関係数が0.95以下かつ、2つの母集団の確率分布が異なるかを検定するコルモゴロフ－スミルノフ検定統計量が0.05以上のモデルを、精度が高い順に選ぶという手法もあります[注7, 注8, 注9, 注10]。単純に精度が高いものを選ぶだけでは同じようなモデルばかりで多様性がなくなってしまうため、その点を考慮した方法です。

注7 「世界一のデータサイエンティストを目指して ～Kaggle参加レポート3～（Kysmo's Tech Blog）」http://kysmo.hatenablog.jp/entry/2018/05/10/094208

注8 「The Good, the Bad and the Blended（Toxic Comment Classification Challenge）」https://www.kaggle.com/c/jigsaw-toxic-comment-classification-challenge/discussion/51058

注9 「An easy way to calculate model correlations（Toxic Comment Classification Challenge）」https://www.kaggle.com/c/jigsaw-toxic-comment-classification-challenge/discussion/50827

注10 コルモゴロフ－スミルノフ検定統計量は値の分布のみを見て値の順序は見ないため、値の分布が同じであれば、予測値の順序つまりレコードの予測値の大小関係に違いがあっても統計量が小さくなることに注意が必要です。この点を補うなら、スピアマンの順位相関係数を用いる方法も考えられます。

また、モデルの選択にあたっては以下のような分析が助けになるでしょう。

- バリデーションの結果をログに出力し、各モデルのスコアを把握できるようにしておく
- モデルの多様性を評価するために、モデルの予測値の相関係数を計算したり、異なるモデルの予測値同士の散布図をプロットする
- モデルのバリデーションでのスコアと、そのモデルの予測値を単独で提出したときのPublic Leaderboardのスコアをプロットする
  こうすることで、バリデーションでの評価は良いが、何らかの理由でPublic Leaderboardでは良くないモデルを把握できます。

> **AUTHOR'S OPINION**
>
> アンサンブルによるソリューションの意義について議論されることがあります。例えば、数百個などのモデルをアンサンブルして作ったモデルで少し精度が上がったところで何の意味があるの?という疑義が呈されることがあります。筆者(T)は以下のように考えています。
>
> - スタッキングの手法は、複数のモデルを混ぜ合わせる効果的かつシンプルな方法として有用
> - 実務的にも、タスクによってはわずかな精度向上が多くの利益をもたらすケースがある
> - アンサンブルにより達成した精度とシンプルなアプローチで達成できる精度を比較できることには意味がある
>
> 分析コンペの価値や面白さの観点からは、多数のモデルのアンサンブルによる解法が上位を占めるコンペはあまり好きではありません。問題を良く解釈し、効果的な特徴量の作成や分析による解法で勝てるコンペであってほしいと思っています。

7.5 分析コンペにおけるアンサンブルの例

比較的アンサンブルの効いたコンペでの例を紹介します。

> **AUTHOR'S OPINION**
> 一部のソリューションでは作成されたモデルの数に圧倒されますが、効果的な特徴量を見付けて単体で高い精度のモデルを作ることの重要性を忘れてはいけません。(T)

7.5.1 Kaggleの「Otto Group Product Classification Challenge」

2015年に行われたKaggleの「Otto Group Product Classification Challenge」の例を紹介します。このコンペは、商品を匿名化された特徴量をもとに9クラスの商品カテゴリに分類する多クラス分類タスクで、評価指標はmulti-class loglossでした。

1位の入賞者がフォーラムにソリューションを公開していますが、以下のように1層目のモデル・特徴量を作成したとのことです[注11]。GBDT・ニューラルネット・K近傍法をはじめとした多数のモデルのアンサンブルが行われています。

```
Models and features used for 2nd level training:
X = Train and test sets
-Model 1: RandomForest(R). Dataset: X
-Model 2: Logistic Regression(scikit). Dataset: Log(X+1)
-Model 3: Extra Trees Classifier(scikit). Dataset: Log(X+1) (but could be raw)
-Model 4: KNeighborsClassifier(scikit). Dataset: Scale( Log(X+1) )
-Model 5: libfm. Dataset: Sparse(X). Each feature value is a unique level.
-Model 6: H2O NN. Bag of 10 runs. Dataset: sqrt( X + 3/8)
-Model 7: Multinomial Naive Bayes(scikit). Dataset: Log(X+1)
-Model 8: Lasagne NN(CPU). Bag of 2 NN runs. First with Dataset Scale( Log(X+1) ) and second with
 Dataset Scale( X )
-Model 9: Lasagne NN(CPU). Bag of 6 runs. Dataset: Scale( Log(X+1) )
-Model 10: T-sne. Dimension reduction to 3 dimensions. Also stacked 2 kmeans features using the T-
 sne 3 dimensions. Dataset: Log(X+1)
```

注11 「1st PLACE - WINNER SOLUTION - Gilberto Titericz & Stanislav Semenov」（Otto Group Product Classification Challenge）https://www.kaggle.com/c/otto-group-product-classification-challenge/discussion/14335

- Model 11: Sofia(R). Dataset: one against all with learner_type="logreg-pegasos" and loop_type="balanced-stochastic". Dataset: Scale(X)
- Model 12: Sofia(R). Trainned one against all with learner_type="logreg-pegasos" and loop_type="balanced-stochastic". Dataset: Scale(X, T-sne Dimension, some 3 level interactions between 13 most important features based in randomForest importance)
- Model 13: Sofia(R). Trainned one against all with learner_type="logreg-pegasos" and loop_type="combined-roc". Dataset: Log(1+X, T-sne Dimension, some 3 level interactions between 13 most important features based in randomForest importance)
- Model 14: Xgboost(R). Trainned one against all. Dataset: (X, feature sum(zeros) by row). Replaced zeros with NA.
- Model 15: Xgboost(R). Trainned Multiclass Soft-Prob. Dataset: (X, 7 Kmeans features with different number of clusters, rowSums(X==0), rowSums(Scale(X)>0.5), rowSums(Scale(X)< -0.5))
- Model 16: Xgboost(R). Trainned Multiclass Soft-Prob. Dataset: (X, T-sne features, Some Kmeans clusters of X)
- Model 17: Xgboost(R): Trainned Multiclass Soft-Prob. Dataset: (X, T-sne features, Some Kmeans clusters of log(1+X))
- Model 18: Xgboost(R): Trainned Multiclass Soft-Prob. Dataset: (X, T-sne features, Some Kmeans clusters of Scale(X))
- Model 19: Lasagne NN(GPU). 2-Layer. Bag of 120 NN runs with different number of epochs.
- Model 20: Lasagne NN(GPU). 3-Layer. Bag of 120 NN runs with different number of epochs.
- Model 21: XGboost. Trained on raw features. Extremely bagged (30 times averaged).
- Model 22: KNN on features X + int(X == 0)
- Model 23: KNN on features X + int(X == 0) + log(X + 1)
- Model 24: KNN on raw with 2 neighbours
- Model 25: KNN on raw with 4 neighbours
- Model 26: KNN on raw with 8 neighbours
- Model 27: KNN on raw with 16 neighbours
- Model 28: KNN on raw with 32 neighbours
- Model 29: KNN on raw with 64 neighbours
- Model 30: KNN on raw with 128 neighbours
- Model 31: KNN on raw with 256 neighbours
- Model 32: KNN on raw with 512 neighbours
- Model 33: KNN on raw with 1024 neighbours
- Feature 1: Distances to nearest neighbours of each classes
- Feature 2: Sum of distances of 2 nearest neighbours of each classes
- Feature 3: Sum of distances of 4 nearest neighbours of each classes
- Feature 4: Distances to nearest neighbours of each classes in TFIDF space
- Feature 5: Distances to nearest neighbours of each classed in T-SNE space (3 dimensions)
- Feature 6: Clustering features of original dataset
- Feature 7: Number of non-zeros elements in each row
- Feature 8: X (That feature was used only in NN 2nd level training)

7.5 分析コンペにおけるアンサンブルの例

> ○ **INFORMATION**
>
> ソースコードが公開されていないので、正確には何を意味するかわからないモデルもあります。また、最終的なソリューションに含めているものの効果があるかよく分からないモデルも含まれています。ですので、こういったソリューションを見るときにはすべてを理解しようとしない方が良いでしょう。

2位のソリューションでも、図7.12のようにスタッキングが行われています。入賞者によると、GBDTとニューラルネットを2層目で組み合わせることがとても重要で、またk近傍法もスタッキングのための特徴量として役に立ったとのことです。なお、与えられたそのままのデータと、TF-IDFの処理を適用したデータに対して、それぞれ並行してモデルを作っていったとのことです。

図7.12　Otto Group Product Classification Challenge 2位のモデル[注12]

7.5.2 Kaggleの「Home Depot Product Search Relevance」

次に、2016年に行われたKaggleの「Home Depot Product Search Relevance」の例を紹介します。このコンペは、Home Depotのサイトで検索された語句と、商品との関連度を予測する（正解とされる関連度は人間によって付与されたもの）タスクで、評価指標はRMSE（平均二乗誤差）でした。検索された語句や商品のタイトル・説明がテキストで提供されており、自然言語処理の技術が問われるタスクでした。

3位のソリューションでは、テキストに対する前処理、さまざまな特徴作成を行ったあとに、GBDT、ニューラルネット、線形モデルなどによるスタッキングを行っています（図7.13）。

このソリューションについては、入賞者インタビューの記事のほか、丁寧に記述され

注12 出典：「OTTO PRODUCT CLASSIFICATION WINNER'S INTERVIEW: 2ND PLACE, ALEXANDER GUSCHIN ¯_(ツ)_/¯」http://blog.kaggle.com/2015/06/09/otto-product-classification-winners-interview-2nd-place-alexander-guschin/

たコードとドキュメントが公開されていますので、参考になるでしょう[注13、注14]。

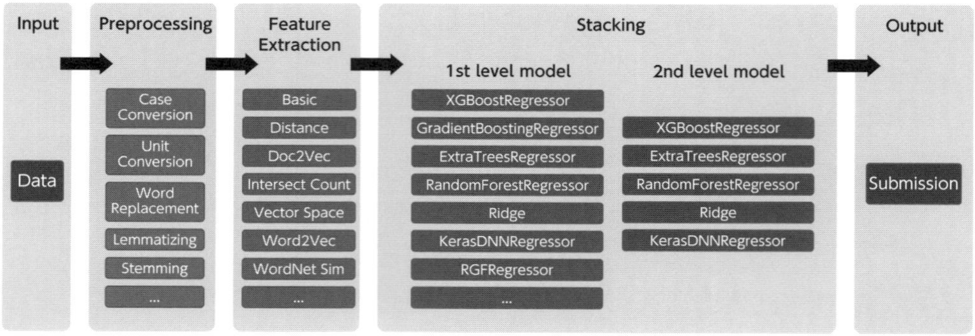

図7.13　Home Depot Product Search Relevance 3位のモデル[注15]

7.5.3　Kaggleの「Home Credit Default Risk」

　2018年に行われたKaggleの「Home Credit Default Risk」の例を紹介します。このコンペは、消費者金融の会社であるHome Credit社によって開催され、顧客の貸し倒れ率を予測するものでした。

　評価指標はAUCで、学習データとテストデータは主に時系列とプロジェクト（サービスを開始する地域や商品性など）で分割されていました。学習データとテストデータの分割がこのように行われているため、クロスバリデーションによる学習データにおける評価値とPublic Leaderboardにおけるスコアの整合性をとることが非常に難しく、スタッキングを行うと過学習する傾向にありました。

　そのため、2位のソリューションでは筆者（M）がadversarial stochastic blendingと名づけた独自手法が使用されています。この手法は、「5.4.3 学習データとテストデータの分布が違う場合」で紹介したadversarial validationを利用した手法です。加重平均をとることによりアンサンブルを行いますが、学習データではなくテストデータに合うように各モデルの重みを調整するために、テストデータに近い学習データをサンプリングして使用します。

注13「Home Depot Product Search Relevance, Winners' Interview: 3rd Place, Team Turing Test | Igor, Kostia, & Chenglong」http://blog.kaggle.com/2016/06/01/home-depot-product-search-relevance-winners-interview-3rd-place-team-turing-test-igor-kostia-chenglong/
注14「Kaggle_HomeDepot」https://github.com/ChenglongChen/Kaggle_HomeDepot
注15 出典：「HOME DEPOT PRODUCT SEARCH RELEVANCE, WINNERS' INTERVIEW: 3RD PLACE, TEAM TURING TEST | IGOR, KOSTIA, & CHENGLONG」
　　 http://blog.kaggle.com/2016/06/01/home-depot-product-search-relevance-winners-interview-3rd-place-team-turing-test-igor-kostia-chenglong/

手順は以下のようになります。

1. 学習データとテストデータに対してadversarial validationを行い、学習データに対する「テストデータらしさ」を予測するモデルを作成し、求める
2. スタッキングを行うときと同様に、各モデルでの予測値をout-of-foldで求める
3. 1で求めた「テストデータらしさ」をもとに、学習データの中から一定の割合（50%など）でデータをサンプリングする
4. サンプリングしたデータに対して、加重平均の各モデルの重みを最適化する
5. 上記の3～4を重みの平均値が収束するまで十分な回数繰り返す

この手順のコードは以下のようになります。

(ch07/ch07-03-adversarial.pyの抜粋)

```python
# モデルの予測値を加重平均する重みの値をadversarial validationで求める
# train_x: 各モデルによる確率の予測値（実際には順位に変換したものを使用）
# train_y: 目的変数
# adv_train: 学習データのテストデータらしさを確率で表した値

from scipy.optimize import minimize
from sklearn.metrics import roc_auc_score

n_sampling = 50  # サンプリングの回数
frac_sampling = 0.5  # サンプリングで学習データから取り出す割合


def score(x, data_x, data_y):
    # 評価指標はAUCとする
    y_prob = data_x['model1'] * x + data_x['model2'] * (1 - x)
    return -roc_auc_score(data_y, y_prob)


# サンプリングにより加重平均の重みの値を求めることを繰り返す
results = []
for i in range(n_sampling):
    # サンプリングを行う
    seed = i
    idx = pd.Series(np.arange(len(train_y))).sample(frac=frac_sampling, replace=False,
                                                    random_state=seed, weights=adv_train)
    x_sample = train_x.iloc[idx]
    y_sample = train_y.iloc[idx]

    # サンプリングしたデータに対して、加重平均の重みの値を最適化により求める
```

```
# 制約式を持たせるようにしたため、アルゴリズムはCOBYLAを選択
init_x = np.array(0.5)
constraints = (
    {'type': 'ineq', 'fun': lambda x: x},
    {'type': 'ineq', 'fun': lambda x: 1.0 - x},
)
result = minimize(score, x0=init_x,
                  args=(x_sample, y_sample),
                  constraints=constraints,
                  method='COBYLA')
results.append((result.x, 1.0 - result.x))

# model1, model2の加重平均の重み
results = np.array(results)
w_model1, w_model2 = results.mean(axis=0)
```

　この手法は、あくまでも学習データとテストデータの性質が大きく異なる（このケースではadversarial validationにおけるAUCは0.9以上）場合に有効です。また、スコアの上昇への寄与は特徴量の改善のように大きくはありませんので、コンペ終盤におけるスコアの最後の一押しに利用するくらいのイメージを持つと良いでしょう。

　なお、「テストデータらしさ」でデータにウェイトを付けて線形モデルを適用するなどの方法は、このケースでは上手く行かなかったようです。また、学習データをサンプリングする割合をPublic Leaderboardのスコアを見ながら調整することも行われました。

> **AUTHOR'S OPINION**
>
> 実際のビジネスにおいて、これまで蓄積してきた学習データとは異なる分布・属性をもつ新規顧客に対してサービスを提供するような場合があります。そのようなケースでは、こういったアプローチでビジネスに貢献することも考えられます。(M)

　なお、大人数のチームであったため、このチームのソリューション全体は図7.14のようにかなり複雑です。

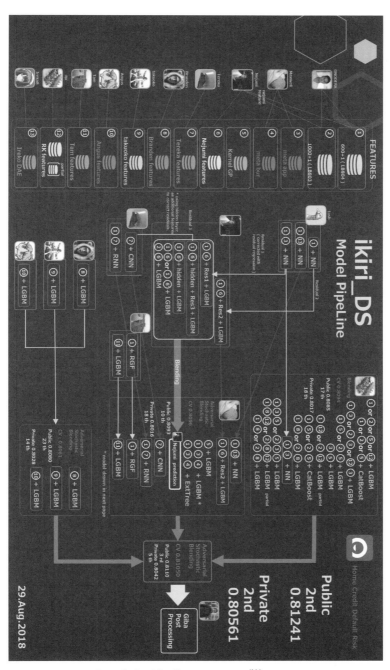

図7.14　Home Credit Default Risk 2位のソリューション[注16]

注16 出典：「2nd place solution（team ikiri_DS）（Home Credit Default Risk）」https://www.kaggle.com/c/home-credit-default-risk/discussion/64722

付　録

A.1　分析コンペの参考資料
A.2　参考文献
A.3　本書で参照した分析コンペ

A.1 分析コンペの参考資料

Kaggleなどの分析コンペに取り組むにあたって、特に参考になるサイト・資料を紹介します。

分析コンペのプラットフォーム

1章でも紹介しましたが、改めて分析コンペのプラットフォームのサイトを紹介します。他にもいくつかありますが、まずはこれらのサイトを見ると良いでしょう。Kaggleは分析コンペのプラットフォームとして最も有名で、KernelやDiscussionから手法を学ぶことができるなど学習リソースとしても充実しています。国内ではSIGNATEが比較的良くコンペを開催しています。

- Kaggle
  https://www.kaggle.com/

- SIGNATE
  https://signate.jp/

各種記事など

- No Free Hunch（Kaggleの公式ブログ）
  http://blog.kaggle.com/
  Winners' Interviewsというカテゴリの記事に過去の入賞者のインタビューが載っており、入賞したソリューションでの手法や重要な気づきが紹介されています。

- How to Win a Data Science Competition: Learn from Top Kagglers
  https://www.coursera.org/learn/competitive-data-science
  Courseraというオンライン講座サイト上の分析コンペの技術に特化したコースです。講師陣はKaggleのGrandmasterであり、他ではなかなか紹介されない、分析コンペで必要になる考え方やテクニックを学ぶことができます。

- Profiling Top Kagglers: Bestfitting, Currently #1 in the World
  http://blog.kaggle.com/2018/05/07/profiling-top-Kagglers-bestfitting-currently-1-in-the-world/
  圧倒的な強さと綺麗な解法でKagglerに衝撃を与え、2018年にKaggleのランキング1位となったBestfittingのインタビューです。その解法を生み出すストイックな姿勢が分かります。

- Winning Data Science Competitions
  https://www.slideshare.net/OwenZhang2/tips-for-data-science-competitions
  2015年まで長くKaggleのランキング1位だったOwenのスライドです。2015年の資料ですが、分析コンペの概要やテクニック、注意すべき点が良くまとまっています。

日本語情報源

コンペの概要やDiscussionは英語で書かれているため、ある程度は英語の情報源に接することが必要なのですが、以下のように日本語での資料や日本のコミュニティもあります。

- Kaggler-ja Slack
  日本における分析コンペのSlackコミュニティです。初心者が質問するためのチャネルやコンペ終了前後の順位の実況を行うチャネルなどがあり、活発な情報交換が行われています。https://kaggler-ja.herokuapp.com/ から登録できます。(業者や勧誘でなければ誰でも登録できます)

- Kaggler-ja Wiki
  https://kaggler-ja-wiki.herokuapp.com/
  Slackでは情報が流れてしまうので、まとまった形で残しておくためにWikiが作られました。初心者ガイド、よくある質問やkaggle関連リンク集があります。

- Kaggle Tokyo Meetupの資料
  Kaggle Tokyo Meetupというオンサイトでの勉強会が何度か開催されており、その発表資料として入賞者のソリューションが多数公開されています。
  Kaggler-ja Wiki内のkaggle関連リンク集からたどることができます。

- データ分析コンテストの勝者解答から学ぶ
  https://speakerdeck.com/smly/detafen-xi-kontesutofalse-sheng-zhe-jie-da-

付　録

karaxue-bu

データ分析コンテストの技術と最近の進展

https://speakerdeck.com/smly/detafen-xi-kontesutofalseji-shu-tozui-jin-falsejin-zhan

Kaggle GrandmasterのKohei氏のスライドです。最近のデータ分析コンペの状況が良くまとまっており、また戦略が参考になります。

A.2 参考文献

第2章

- Competitions（How to use Kaggle）
  https://www.kaggle.com/docs/competitions
- Week3 Metrics Optimization（Coursera - How to Win a Data Science Competition: Learn from Top Kagglers）
  https://www.coursera.org/learn/competitive-data-science/
- 3.3. Model evaluation: quantifying the quality of predictions（scikit-learn v0.21.2 documentation）
  https://scikit-learn.org/stable/modules/model_evaluation.html
- 1.16. Probability calibration（scikit-learn v0.21.2 documentation）
  http://scikit-learn.org/stable/modules/calibration.html
- モデル最適化指標・評価指標の選び方（DATAROBOT ブログ）
  https://blog.datarobot.com/jp/モデル最適化指標-評価指標の選び方

第3章

特徴量の作成

- Week1 Feature Preprocessing and Generation with Respect to Models
  Week3 Advanced Feature Engineering I
  Week4 Advanced feature engineering II
  （Coursera - How to Win a Data Science Competition: Learn from Top Kagglers）
  https://www.coursera.org/learn/competitive-data-science/
- Alice Zheng・Amanda Casari、『機械学習のための特徴量エンジニアリング —その原理とPythonによる実践』、株式会社ホクソエム訳、オライリー・ジャパン、2019年
- Wes McKinney、『Pythonによるデータ分析入門 第2版 —NumPy、pandasを使ったデータ処理』、瀬戸山雅人ほか訳、オライリー・ジャパン、2018年。
- 本橋智光、『前処理大全［データ分析のためのSQL/R/Python実践テクニック］』、技術評論社、2018年

- 原田達也、『画像認識 (機械学習プロフェッショナルシリーズ)』、講談社、2017年
- 坪井祐太ほか、『深層学習による自然言語処理 (機械学習プロフェッショナルシリーズ)』、講談社、2017年
- 岩田具治、『トピックモデル (機械学習プロフェッショナルシリーズ)』、講談社、2015年
- 斎藤康毅、『ゼロから作るDeep Learning②──自然言語処理編』、オライリー・ジャパン、2018年

自然言語処理

- 5.2.3.1. The Bag of Words representation (scikit-learn v0.21.2 documentation)
  https://scikit-learn.org/stable/modules/feature_extraction.html#the-bag-of-words-representation
- Approaching (Almost) Any NLP Problem on Kaggle
  https://www.kaggle.com/abhishek/approaching-almost-any-nlp-problem-on-kaggle
- An Introduction to Deep Learning for Tabular Data(fast.ai)
  https://www.fast.ai/2018/04/29/categorical-embeddings/
- AllenNLP
  https://allennlp.org/

第 4 章

ライブラリと関連論文

- xgboost
  - （ドキュメント）https://xgboost.readthedocs.io/en/latest/
  - (Github) https://github.com/dmlc/xgboost/
  - Chen, Tianqi, and Carlos Guestrin. "Xgboost: A scalable tree boosting system." Proceedings of the 22nd acm sigkdd international conference on knowledge discovery and data mining. ACM, 2016.

- lightgbm
  - （ドキュメント）https://lightgbm.readthedocs.io/en/latest/
  - (Github) https://github.com/microsoft/LightGBM/
  - Ke, Guolin, et al. "Lightgbm: A highly efficient gradient boosting decision

tree." Advances in Neural Information Processing Systems. 2017.

- catboost
    - (ドキュメント) https://catboost.ai/docs/
    - (Github) https://github.com/catboost/catboost
    - Prokhorenkova, Liudmila, et al. "CatBoost: unbiased boosting with categorical features." Advances in Neural Information Processing Systems. 2018.
    - Dorogush, Anna Veronika, Vasily Ershov, and Andrey Gulin. "CatBoost: gradient boosting with categorical features support." arXiv preprint arXiv:1810.11363 (2018).

- keras
    - (ドキュメント) https://keras.io/
    - (Github) https://github.com/keras-team/keras

- pytorch
    - (ドキュメントなど) https://pytorch.org/
    - (Github) https://github.com/pytorch/pytorch

- chainer
    - (ドキュメント) https://docs.chainer.org/en/stable/
    - (Github) https://github.com/chainer/chainer

- tensorflow
    - (ドキュメント) https://www.tensorflow.org/
    - (Github) https://github.com/tensorflow/tensorflow

- scikit-learn
    - (線形モデル) 1.1. Generalized Linear Models
      https://scikit-learn.org/stable/modules/linear_model.html
    - (k近傍法) 1.6. Nearest Neighbors
      http://scikit-learn.org/stable/modules/neighbors.html
    - (ランダムフォレスト、ERT) 1.11. Ensemble methods
      http://scikit-learn.org/stable/modules/ensemble.html

- vowpal wabbit
  - (Github) https://github.com/VowpalWabbit/vowpal_wabbit
- rgf
  - (Github) https://github.com/RGF-team/rgf
  - Johnson, Rie, and Tong Zhang. "Learning nonlinear functions using regularized greedy forest." IEEE transactions on pattern analysis and machine intelligence 36.5 (2013): 942-954.
- libffm
  - (Github) https://github.com/ycjuan/libffm
  - Juan, Yuchin, et al. "Field-aware factorization machines for CTR prediction." Proceedings of the 10th ACM Conference on Recommender Systems. ACM, 2016.
- xlearn
  - (Github) https://github.com/aksnzhy/xlearn

書籍・記事など

- 平井有三、『はじめてのパターン認識』、森北出版、2012年
- 岡谷貴之、『深層学習 (機械学習プロフェッショナルシリーズ)』、講談社、2015年
- 斎藤康毅、『ゼロから作るDeep Learning: Pythonで学ぶディープラーニングの理論と実装』、オライリー・ジャパン、2016年

- A Kaggle Master Explains Gradient Boosting
  http://blog.kaggle.com/2017/01/23/a-kaggle-master-explains-gradient-boosting/

- NIPS2017読み会 LightGBM: A Highly Efficient Gradient Boosting Decision Tree
  https://www.slideshare.net/tkm2261/nips2017-lightgbm-a-highly-efficient-gradient-boosting-decision-tree

- An Introductory Guide to Regularized Greedy Forests (RGF) with a case study in Python (Analytics Vidhya)
  https://www.analyticsvidhya.com/blog/2018/02/introductory-guide-regularized-greedy-forests-rgf-python/

- 一歩Matrix Factorization、二歩Factorization Machines、三歩Field-aware Factorization Machines…『分解、三段突き！！』（F@N Ad-Tech Blog）
  https://tech-blog.fancs.com/entry/factorization-machines

第5章

- Week2 Validation（Coursera - How to Win a Data Science Competition: Learn from Top Kagglers）
  https://www.coursera.org/learn/competitive-data-science/
- Winning Data Science Competitions
  https://www.slideshare.net/OwenZhang2/tips-for-data-science-competitions

第6章

パラメータチューニング - ライブラリと関連論文

- hyperopt
  - （ドキュメント）https://github.com/hyperopt/hyperopt/wiki
  - （Github）https://github.com/hyperopt/hyperopt
  - Bergstra, James, Daniel Yamins, and David Daniel Cox. "Making a science of model search: Hyperparameter optimization in hundreds of dimensions for vision architectures." (2013).
  - Bergstra, James S., et al. "Algorithms for hyper-parameter optimization." Advances in neural information processing systems. 2011.

- optuna
  - （ドキュメント）https://optuna.readthedocs.io/en/latest/
  - （Github）https://github.com/pfnet/optuna

- ライブラリの公式ドキュメント
  - XGBoost Parameters（xgboostドキュメント）https://xgboost.readthedocs.io/en/latest/parameter.html
  - Notes on Parameter Tuning（xgboostドキュメント）https://xgboost.readthedocs.io/en/latest/tutorials/param_tuning.html
  - Parameters（lightgbmドキュメント）https://lightgbm.readthedocs.io/en/latest

- /Parameters.html
  - Parameters Tuning（lightgbmドキュメント）https://lightgbm.readthedocs.io/en/latest/Parameters-Tuning.html
  - Python package training parameters（catboostドキュメント）https://catboost.ai/docs/concepts/python-reference_parameters-list.html
  - Parameter tuning（catboostドキュメント）https://catboost.ai/docs/concepts/parameter-tuning.html

パラメータチューニング - 記事・書籍・論文など

- Bergstra, James, and Yoshua Bengio. "Random search for hyper-parameter optimization." Journal of Machine Learning Research 13.Feb (2012): 281-305.
- Week4 Hyperparameter Optimization（Coursera - How to Win a Data Science Competition: Learn from Top Kagglers）
  https://www.coursera.org/learn/competitive-data-science/
- PARAMETERS（Laurae++）
  https://sites.google.com/view/lauraepp/parameters
- Complete Guide to Parameter Tuning in XGBoost (Analytics Vidhya)
  https://www.analyticsvidhya.com/blog/2016/03/complete-guide-parameter-tuning-xgboost-with-codes-python/
- Kaggle Home Depot Product Search Relevance - Turing Test's 3rd Place Solution
  - (PDF) https://github.com/ChenglongChen/Kaggle_HomeDepot/blob/master/Doc/Kaggle_HomeDepot_Turing_Test.pdf
  - (Github) https://github.com/ChenglongChen/Kaggle_HomeDepot
  - （パラメータ空間）https://github.com/ChenglongChen/Kaggle_HomeDepot/blob/master/Code/Chenglong/model_param_space.py
- Hyperoptとその周辺について
  https://www.slideshare.net/hskksk/hyperopt
- Neural Networks Part 3: Learning and Evaluation（CS231n: Convolutional Neural Networks for Visual Recognition）
  http://cs231n.github.io/neural-networks-3/
- Optimizing hyperparams with hyperopt（FastML）
  http://fastml.com/optimizing-hyperparams-with-hyperopt/

特徴選択

- 1.13. Feature selection（scikit-learn v0.21.2 documentation）
  https://scikit-learn.org/stable/modules/feature_selection.html

- xgbfir
  （Github）https://github.com/limexp/xgbfir

- Approaching (Almost) Any Machine Learning Problem | Abhishek Thakur
  http://blog.kaggle.com/2016/07/21/approaching-almost-any-machine-learning-problem-abhishek-thakur/

- Introduction to Feature Selection methods with an example (or how to select the right variables?)（Analytics Vidhya）
  https://www.analyticsvidhya.com/blog/2016/12/introduction-to-feature-selection-methods-with-an-example-or-how-to-select-the-right-variables/

- Andreas C. Muller・Sarah Guido、『Pythonではじめる機械学習 —scikit-learnで学ぶ特徴量エンジニアリングと機械学習の基礎』、中田秀基訳、オライリー・ジャパン、2017年

- Feature selection（Wikipedia）
  https://en.wikipedia.org/wiki/Feature_selection

- 特徴選択（朱鷺の杜Wiki）
  http://ibisforest.org/index.php?特徴選択

不均衡データ

- imbalanced-learn
  （ドキュメント）http://contrib.scikit-learn.org/imbalanced-learn/stable/index.html

第7章

- Hendrik Jacob van Veen, Le Nguyen The Dat, Armando Segnini. 2015. Kaggle Ensembling Guide. [accessed 2018 Feb 6].
  https://mlwave.com/kaggle-ensembling-guide/

- Week4 Ensembling Tips and Tricks (Coursera - How to Win a Data Science Competition: Learn from Top Kagglers)
  https://www.coursera.org/learn/competitive-data-science/

- Stacking Made Easy: An Introduction to StackNet by Competitions Grandmaster Marios Michailidis (KazAnova)
  http://blog.kaggle.com/2017/06/15/stacking-made-easy-an-introduction-to-stacknet-by-competitions-grandmaster-marios-michailidis-kazanova/

- A Kaggler's Guide to Model Stacking in Practice
  http://blog.kaggle.com/2016/12/27/a-kagglers-guide-to-model-stacking-in-practice/

A.3 本書で参照した分析コンペ

Kaggle

- Titanic: Machine Learning from Disaster
  https://www.kaggle.com/c/titanic
- House Prices: Advanced Regression Techniques
  https://www.kaggle.com/c/house-prices-advanced-regression-techniques
- Heritage Health Prize
  https://www.kaggle.com/c/hhp
- Display Advertising Challenge
  https://www.kaggle.com/c/criteo-display-ad-challenge
- Microsoft Malware Classification Challenge (BIG 2015)
  https://www.kaggle.com/c/malware-classification
- Otto Group Product Classification Challenge
  https://www.kaggle.com/c/otto-group-product-classification-challenge
- Walmart Recruiting II: Sales in Stormy Weather
  https://www.kaggle.com/c/walmart-recruiting-sales-in-stormy-weather
- Facebook Recruiting IV: Human or Robot?
  https://www.kaggle.com/c/facebook-recruiting-iv-human-or-bot
- Crowdflower Search Results Relevance
  https://www.kaggle.com/c/crowdflower-search-relevance
- Caterpillar Tube Pricing
  https://www.kaggle.com/c/caterpillar-tube-pricing
- Coupon Purchase Prediction
  https://www.kaggle.com/c/coupon-purchase-prediction
- Rossmann Store Sales
  https://www.kaggle.com/c/rossmann-store-sales
- Walmart Recruiting: Trip Type Classification
  https://www.kaggle.com/c/walmart-recruiting-trip-type-classification
- Airbnb New User Bookings
  https://www.kaggle.com/c/airbnb-recruiting-new-user-bookings

- Prudential Life Insurance Assessment
  https://www.kaggle.com/c/prudential-life-insurance-assessment
- BNP Paribas Cardif Claims Management
  https://www.kaggle.com/c/bnp-paribas-cardif-claims-management
- Home Depot Product Search Relevance
  https://www.kaggle.com/c/home-depot-product-search-relevance
- Santander Customer Satisfaction
  https://www.kaggle.com/c/santander-customer-satisfaction
- Bosch Production Line Performance
  https://www.kaggle.com/c/bosch-production-line-performance
- Allstate Claims Severity
  https://www.kaggle.com/c/allstate-claims-severity
- Santander Product Recommendation
  https://www.kaggle.com/c/santander-product-recommendation
- Two Sigma Financial Modeling Challenge
  https://www.kaggle.com/c/two-sigma-financial-modeling
- Data Science Bowl 2017
  https://www.kaggle.com/c/data-science-bowl-2017
- Two Sigma Connect: Rental Listing Inquiries
  https://www.kaggle.com/c/two-sigma-connect-rental-listing-inquiries
- Quora Question Pairs
  https://www.kaggle.com/c/quora-question-pairs
- Mercedes-Benz Greener Manufacturing
  https://www.kaggle.com/c/mercedes-benz-greener-manufacturing
- Instacart Market Basket Analysis
  https://www.kaggle.com/c/instacart-market-basket-analysis
- Web Traffic Time Series Forecasting
  https://www.kaggle.com/c/web-traffic-time-series-forecasting
- Text Normalization Challenge - English Language
  https://www.kaggle.com/c/text-normalization-challenge-english-language
- Porto Seguro's Safe Driver Prediction
  https://www.kaggle.com/c/porto-seguro-safe-driver-prediction
- Passenger Screening Algorithm Challenge
  https://www.kaggle.com/c/passenger-screening-algorithm-challenge

- Zillow Prize: Zillow's Home Value Prediction (Zestimate)
  https://www.kaggle.com/c/zillow-prize-1
- Corporación Favorita Grocery Sales Forecasting
  https://www.kaggle.com/c/favorita-grocery-sales-forecasting
- TensorFlow Speech Recognition Challenge
  https://www.kaggle.com/c/tensorflow-speech-recognition-challenge
- Recruit Restaurant Visitor Forecasting
  https://www.kaggle.com/c/recruit-restaurant-visitor-forecasting
- Mercari Price Suggestion Challenge
  https://www.kaggle.com/c/mercari-price-suggestion-challenge
- Google Cloud & NCAA® ML Competition 2018-Men's
  https://www.kaggle.com/c/mens-machine-learning-competition-2018
- TalkingData AdTracking Fraud Detection Challenge
  https://www.kaggle.com/c/talkingdata-adtracking-fraud-detection
- Avito Demand Prediction Challenge
  https://www.kaggle.com/c/avito-demand-prediction
- Home Credit Default Risk
  https://www.kaggle.com/c/home-credit-default-risk
- Google AI Open Images - Object Detection Track
  https://www.kaggle.com/c/google-ai-open-images-object-detection-track
- TGS Salt Identification Challenge
  https://www.kaggle.com/c/tgs-salt-identification-challenge
- PLAsTiCC Astronomical Classification
  https://www.kaggle.com/c/PLAsTiCC-2018
- Human Protein Atlas Image Classification
  https://www.kaggle.com/c/human-protein-atlas-image-classification
- Quora Insincere Questions Classification
  https://www.kaggle.com/c/quora-insincere-questions-classification
- Google Analytics Customer Revenue Prediction
  https://www.kaggle.com/c/ga-customer-revenue-prediction
- Elo Merchant Category Recommendation
  https://www.kaggle.com/c/elo-merchant-category-recommendation
- Santander Customer Transaction Prediction
  https://www.kaggle.com/c/santander-customer-transaction-prediction

- Data Science for Good: City of Los Angeles
  https://www.kaggle.com/c/data-science-for-good-city-of-los-angeles

Kaggle以外

- SIGNATEの「第1回 FR FRONTIER：ファッション画像における洋服の『色』分類」
  https://signate.jp/competitions/36（2019年7月時点で非公開となっている）
- SIGNATEの「Jリーグの観客動員数予測」
  https://signate.jp/competitions/137
- TEPCO CUUSOOの東京電力需要予測コンテスト
  https://cuusoo.com/projects/50136

索引

A
accuracy 69
AUC 75

B
bag-of-words 202
balanced accuracy 98
batch normalization 253
Bayesian average 119
Bayesian Optimization 308, 343
binning 132
boruta 337
Box-Cox変換 127

C
catboost 241, 389
chainer 389
clipping 130
COBYLA 91
confusion matrix 67
cross entropy 72

D
DART 237
data augmentation 302
data leakage 107
decision tree feature transformation 205

E
EDA 41

F
eli5 336
embedding 151
embedding layer 151, 253
error rate 69
ERT 262
evaluation metrics 62
Expected Improvement 344
Exploratory Data Analysis 41
Extremely Randomized Trees 262

F
F1-score 71
Fair関数 102
feature hashing 141
FFM 263
Field-aware Factorization Machines 263
frequency encoding 142
Fβ-score 71
F値 71

G
GBDT 114, 116, 232
generalized log transformation 130
Gini係数 77
Gradient Boosting Decision Tree 114, 232
Greedy Forward Selection 339
group k-fold 278

H
hold-out法 221, 273

399

索 引

hold-out法 (時系列データ) 281
How to Win a Data Science Competition: Learn from Top Kagglers 384
hyperopt 311, 318, 391

K

Kaggle 7-8
keras 250, 389
k-nearest neighbor algorithm 260
k近傍法 260

L

label encoding 114, 139
Lasso 327
Latent Dirichlet Allocation 191
LDA 191-192
Leaderboard 4
leave-one-out 279
libffm 390
lightgbm 238, 388
Linear Discriminant Analysis 192
LogisticRegression 327
logloss 45, 72

M

macro-F1 79-80
MAE 65, 101
MAP@K 84
Matthews Correlation Coefficient 72
MCC 72, 103
Mean Absolute Error 65
mean-F1 79-80
micro-F1 79-80
Min-Maxスケーリング 126

multi-class accuracy 78
multi-class logloss 78

N

Nelder-Mead 91
n-gram 203
NMF 190
Non-negative Matrix Factorization 190
null importance 336

O

objective function 87
oblivious decision tree 241
one-hot encoding 114, 137
optuna 314, 391
out-of-fold 92, 94

P

Parzen Estimator 346
PCA 189
permutation importance 336
PR-AUC 103, 105
precision 70
precision-recall曲線 104
principal component analysis 189
Private Leaderboard 4, 34
PR曲線 104
pseudo labeling 266
Psuedo-Huber関数 102
Public Leaderboard 4, 32, 296
pytorch 389

Q

quadratic weighted kappa 81

R

R² 66
Random Forest 260
RankGauss 133
recall 70
regularization 226
Regularized Greedy Forest 262
ReLU 248
RF 260
RGF 262
Ridge 327
RMSE 63
RMSLE 64
Root Mean Squared Error 63
Root Mean Squared Logarithmic Error 64

S

scikit-learn 389
Sequential Model-based Global Optimization
 343
SIGNATE 7
SLSQP 91
SMBO 343
standardization 123
stratified k-fold 277
stratified sampling 277

T

target encoding 142, 241, 300
tensorflow 389
tf-idf 203
TopCoder 8
TPE 311, 343
Tree-structured Parzen Estimator 311, 344

U

t-SNE 193

U

UMAP 194

V

vowpal wabbit 390

W

window function 181
word embedding 151, 203

X

xgbfir 338
xgboost ... 88, 235-236, 243, 315, 318, 335, 388
xlearn 390

Y

Yeo-Johnson変換 127

あ

アーリーストッピング 227
アンサンブル 5, 48, 356
アンダーサンプリング 341
オートエンコーダ 195
オーバーサンプリング 342
オーバーフィッティング 226

か

カーネル密度推定法 346
回帰タスク 54
カイ二乗統計量 331
外部データ 60
過学習 226

401

索引

学習データ	2
カスタム評価指標	87
カスタム目的関数	87
カテゴリ変数	136
教師あり学習	218
クラスタリング	196
グリッドサーチ	306
クロスバリデーション	45, 222, 275
クロスバリデーション (時系列データ)	282, 284
欠損値	117-118
決定係数	66
決定木	232
勾配ブースティング木	114, 232
誤答率	69
混同行列	67

さ

再現率	70
時系列データ	60, 153, 171
次元削減	189
主成分分析	189
順位変換	132
順序変数	152
数値変数	123
スタッキング	96, 360
スピアマンの順位相関係数	330
正則化	123, 226
正答率	69
線形回帰モデル	256
線形判別分析	192
線形変換	123
線形モデル	115, 256
層化抽出	277
相関係数	329

| 相互情報量 | 332 |

た

対数変換	127
多クラス分類	55
タスク	3, 40
多層パーセプトロン	247
単変量統計	329
データセット	16, 59
テーブルデータ	59
適合率	70
テストデータ	3
統計量	167
特徴選択	328
特徴量	2, 114
特徴量の重要度	333-334
トピックモデル	204
ドロップアウト	252

な

| 二値分類 | 55 |
| ニューラルネット | 114, 247 |

は

(ハイパー)パラメータ	47, 218, 306, 315, 321, 327
バギング	228
パラメータチューニング	306, 318, 322
バリデーション	44, 220, 272
ピアソンの積率相関係数	329
非線形変換	127
非負値行列因子分解	190
評価指標	3, 40, 62, 87, 90
標準化	123
分散表現	151

402

分析コンペ	24
分類タスク	55
平均平方二乗誤差	63
ブースティング	228
ベイズ最適化	308, 311, 343

ま

マルチクラス分類	55
マルチラベル分類	55
モデル	114, 218
目的関数	87, 237, 251, 259
目的変数	2

や

| 予測確率 | 95 |

ら

ラグ特徴量	179
ランダムサーチ	306
ランダムフォレスト	260
リーク	50, 107, 148-149, 176
リード特徴量	182
レコメンデーション	56
ロジスティック回帰	256

技術評論社

Law of Awesome Data Scientist
前処理大全
データ分析のための SQL/R/Python実践テクニック

データサイエンスの現場において、その業務は「前処理」と呼ばれるデータの整形に多くの時間を費やすと言われています。「前処理」を効率よくこなすことで、予測モデルの構築やデータモデリングといった本来のデータサイエンス業務に時間を割くことができるわけです。本書はデータサイエンスに取り組む上で欠かせない「前処理スキル」の効率的な処理方法を網羅的に習得できる構成となっています。ほとんどの問題についてR、Python、SQLを用いた実装方法を紹介しますので、複数のプロジェクトに関わるようなデータサイエンスの現場で重宝するでしょう。

本橋智光 著、株式会社ホクソエム 監修
B5変形判／336ページ
定価（本体3,000円＋税）
ISBN 978-4-7741-9647-3

大好評発売中！

こんな方におすすめ
・データサイエンティスト
・データ分析に興味のあるエンジニア

技術評論社

Rユーザのための RStudio[実践]入門

RStudioはR言語のIDE（開発環境）です。エディタ、コンソール、グラフなどを1つの画面内で確認できるほか、データ分析プロジェクトをスムーズに進めるための機能が豊富に用意されているので、Rユーザにとって RStudioを利用したデータ分析はスタンダードになっています。本書は RStudioの基本的な機能を解説したあとに、データ分析ワークフローを一通り解説していきます。データの収集（2章）、データの整形（3章）、可視化（4章）、レポーティング（5章）など、データ分析に欠かせないこれらの要素の基礎を押さえることができます。また、本書はtidyverseパッケージを用いてこれらのデータ分析ワークフローを解説している側面を持ちます。tidyverseの考えに触れ、モダンなデータ分析をはじめましょう。

松村優哉、湯谷啓明、
紀ノ定保礼、前田和寛 著
B5変形判／240ページ
定価（本体2,780円＋税）
ISBN 978-4-7741-9853-8

大好評発売中！

こんな方におすすめ
・Rユーザ、データサイエンティスト、RStudioを使ってみたい方

技術評論社

Pythonユーザのための Jupyter[実践]入門

Jupyter NotebookはPythonユーザを中心に人気の高い、オープンソースのデータ分析環境です。インタラクティブにコードを実行でき、その結果を多彩なグラフや表などによって容易に表現できます。本書では、実践的な活用ノウハウを豊富に交えて解説します。また、可視化に際しては、Pythonで人気のライブラリ「pandas」「Matplotlib」「Bokeh」を中心に解説します。

池内孝啓、片柳薫子、
岩尾 エマ はるか、@driller 著
B5変形判／416ページ
定価（本体3,300円＋税）
ISBN 978-4-7741-9223-9

大好評発売中！

こんな方におすすめ
・PythonとJupyterでデータ分析や多様なグラフを出力したい方
・「pandas」や「Matplotlib」「Bokeh」の実践的な利用方法を知りたい方

PYTHON × MATH SERIES　　技術評論社

Pythonで理解する統計解析の基礎

膨大なデータを扱うときに基本となる知識が統計解析です。本書はこれから統計解析を学びたいと考える方に向けて、プログラミングの力を借りて実際にデータを確認することで、直感的な理解を促します。プログラミング言語にはPythonを利用します。
Pythonで統計解析を解説するメリットはいくつかあります。Python自体がシンプルで可読性が高い上に逐次実行できるため初心者でも理解しやすいと言えます。これ以外にも、Pythonは統計解析に関するライブラリが充実しており、複雑な計算やグラフの描画がかんたんにできます。また、Pythonは汎用的な言語ですので、システムの中にシームレスに組み込むことができます。本書によって統計解析を学習することで、Pythonのデータ解析スキルもあわせて習得できるでしょう。

谷合廣紀　著, 辻真吾　監修
B5変形判／320ページ
定価（本体2,980円＋税）
ISBN 978-4-297-10049-0

大好評発売中！

こんな方におすすめ
・統計解析を学びたいPythonユーザ

著者プロフィール

門脇大輔（かどわきだいすけ）

京都大学総合人間学部卒業後、生命保険会社でアクチュアリーとして10年ほど商品開発・リスク管理などに従事した後、Kaggleに出会ったことをきっかけにキャリアを放り出してKaggleや競技プログラミングで学んだ技術でお仕事をするようになった。

Kaggle Competitions Master（Walmart Recruiting II: Sales in Stormy Weather 優勝、Coupon Purchase Prediction 3位）、日本アクチュアリー会正会員

Kaggle: https://www.kaggle.com/threecourse
Twitter: https://twitter.com/threecourse

本書の4章、6章、7章および1章、2章、3章、5章の一部を執筆。

阪田隆司（さかたりゅうじ）

2012年に京都大学大学院修了後、国内電機メーカーに入社。以来、データサイエンティストおよび研究員として従事。仕事柄、データサイエンス・機械学習に興味を持ち、2014年よりKaggleを始め、2019年にKaggle Competitions Grandmasterとなる。

Kaggle: https://www.kaggle.com/rsakata
Twitter: https://twitter.com/sakata_ryuji

本書の3章、5章を執筆。

保坂桂佑（ほさかけいすけ）

東京大学大学院総合文化研究科広域科学専攻で天体シミュレーションの研究で修士号を取得後、データ分析のコンサルティング企業で、10年近く企業のデータ分析支援に携わった。その後大手Webサービス企業に入社し、データ活用の推進に携わったあと、現在はデータサイエンティストや機械学習エンジニアの育成、マネジメントに従事。プライベートでは子育てに専念中。Kaggle Competitions Expert

Kaggle: https://www.kaggle.com/hskksk
Twitter: https://twitter.com/free_skier

本書の1章、および6章の一部を執筆。

平松雄司（ひらまつゆうじ）

東京大学理学部物理学科卒業、同大学大学院理学研究科物理学専攻修了後、国内電機大手に就職した後、金融業界へと転身し、金融システム会社にてデリバティブクオンツ、国内大手損保

グループにてリスクアクチュアリー業務に携わった。現在は、アクサ生命保険株式会社にてシニアデータサイエンティストとして社内のデータ分析の促進に従事。また、東京大学へ研究員としても出向中で、医療データの分析・研究を行っている。日本アクチュアリー会準会員。

Kaggleを本格的に始めたのは2016年頃からであり、2018年にKaggle Competitions Masterとなっている。くまのぬいぐるみが好きでたまらない。

Kaggle: https://www.kaggle.com/maxwell110
Twitter: https://twitter.com/Maxwell_110

本書の2章、および7章の一部を執筆。

レビュワー

山本祐也（やまもとゆうや）

材料化学分野で博士号取得後、国内製造業2社で研究開発に携わる。その後、KaggleがきっかけでDataRobot Japanに入社し、データサイエンティストとして主に製造業向けの機械学習導入をサポートしている。Kaggle Competitions Master

Kaggle: https://www.kaggle.com/nejumi
Twitter: https://twitter.com/nejumi_dqx

本橋智光（もとはしともみつ）

システム開発会社の研究員、Web系企業のデータサイエンティストを経て、現在はデジタル医療スタートアップのサスメド株式会社のCTO。株式会社ホクソエムにも所属。量子アニーリングコンピュータの検証に個人事業主として従事。KDD CUP 2015 2位。

Kaggle: https://www.kaggle.com/tomomotofactory
Twitter: https://twitter.com/tomomoto_LV3

山本大輝（やまもとひろき）

画像処理分野で修士号を取得後、Acroquest Technology株式会社に入社。

データサイエンティストとして従事し、機械学習・データ分析の研究開発及びシステムの導入を支援している。学生時代から始めたKaggleを業務の傍らで継続し、Kaggle Competitions Masterとなった。

Kaggle: https://www.kaggle.com/tereka
Twitter: https://twitter.com/tereka114

■ Staff

装丁・本文デザイン●トップスタジオデザイン室（轟木亜紀子）
DTP●株式会社トップスタジオ（木内利明）
編集協力●門脇大輔
担当●高屋卓也

Kaggleで勝つデータ分析の技術

2019年10月22日　初版　第1刷発行
2022年 4月27日　初版　第12刷発行

著　者　門脇大輔、阪田隆司、保坂桂佑、
　　　　平松雄司
発行者　片岡　巌
発行所　株式会社技術評論社
　　　　東京都新宿区市谷左内町 21-13
　　　　電話　03-3513-6150　販売促進部
　　　　　　　03-3513-6177　雑誌編集部
印刷／製本　昭和情報プロセス株式会社

定価はカバーに表示してあります。

本書の一部または全部を著作権法の定める範囲を越え、無断で
複写、複製、転載、あるいはファイルに落とすことを禁じます。

© 2019　門脇大輔、阪田隆司、保坂桂佑、
　　　　　平松雄司

造本には細心の注意を払っておりますが、万一、乱丁（ページの乱れ）
や落丁（ページの抜け）がございましたら、小社販売促進部までお
送りください。送料小社負担にてお取り替えいたします。

ISBN978-4-297-10843-4　C3055
Printed in Japan

■お問い合わせについて
　本書に関するご質問は記載内容についてのみとさせていた
だきます。本書の内容以外のご質問には一切応じられません
ので、あらかじめご了承ください。なお、お電話でのご質問
は受け付けておりませんので、書面またはFAX、弊社Web
サイトのお問い合わせフォームをご利用ください。

【宛先】
〒162-0846
東京都新宿区市谷左内町 21-13
株式会社技術評論社　雑誌編集部
「Kaggleで勝つデータ分析の技術」係
FAX　03-3513-6173
URL　https://gihyo.jp

　ご質問の際に記載いただいた個人情報は回答以外の目的に使
用することはありません。使用後は速やかに個人情報を廃棄し
ます。